| 麥田金老師 |

經典月餅&時尚菓子

麥田金——著

麥田金老師開課資訊

教室名稱	報名電話	上課地址
麥田金烘焙教室	03-374-6686	桃園市八德區銀和街 17 號

台北市、新北市

教室名稱	報名電話	上課地址
172 探索教室	02-8786-1828	台北市信義區虎林街 164 巷 60 弄 8 號 1 樓
110 食驗室	02-8866-5031	台北市士林區忠誠路一段 110 號
易烘焙 diy EZ baking	02-2706-0000	台北市大安區信義路四段 265 巷 5 弄 3 號
好學文創工坊	02-8261-5909	新北市土城區金城路二段 378 號 2 樓
柏麗烘焙教室	02-2998-2338	新北市新莊區昌平街 71 巷 8 號 1 樓
快樂媽媽烘焙教室	02-2287-6020	新北市三重區永福街 242 號

桃園、新竹、苗栗

教室名稱	報名電話	上課地址
富春手作料理私廚	03-491-9142	桃園市中壢區明德路 260 號 4 樓
36 號廚藝教室	03-553-5719	新竹縣竹北市文明街 36 號
愛莉絲烘焙廚藝學園	03-755-1900	苗栗縣竹南鎮三泰街 231 號

台中、彰化

教室名稱	報名電話	上課地址
台中 - 永誠行 - 民生店	04-2224-9876	台中市西區民生路 147 號
彰化 - 永誠行 - 彰新店	0912-631-570	彰化縣和美鎮彰新路二段 202 號

雲林、嘉義、台南

教室名稱	報名電話	上課地址
CC Cooking 教室	05-536-0158	雲林縣斗六市仁愛路 22 號
食藝谷廚藝教室	05-232-7443	嘉義市興達路 198 號
露比夫人 吃 . 做 . 買	05-231-3168	嘉義市西區遠東街 50 號
墨菲烘焙教室	06-249-3838	台南市仁德區仁義一街 80 號
朵雲烘焙教室	0986-930-376	台南市東區德昌路 125 號
大台南市社區工會	06-281-5577	台南市北區北成路 73 號

高雄、屏東

教室名稱	報名電話	上課地址
我愛三寶親子烘焙教室	0926-222-267	高雄市前鎮區正勤路 55 號
旺來昌 - 公正店烘焙教室	07-713-5345 轉 36	高雄市前鎮區公正路 181 號
旺來昌 - 博愛店烘焙教室	07-345-3355 轉 36	高雄市左營區博愛三路 466 號
愛奶客烘焙教室	08-737-2322	屏東市華正路 158 號

東部

教室名稱	報名電話	上課地址
宜蘭縣果子製作推廣協會	0926-260-022	宜蘭縣員山鄉枕山路 142-1 號
社團法人宜蘭縣餐飲推廣協會	03-960-5563 0920-355-222	宜蘭縣五結鄉國民南路 5-15 號

作者序

/ 與中秋月餅有著非常深厚的感情 /

1999 年，麥田金在興趣的帶領下，踏入烘焙業，開啟了快樂的烘焙人生。接到的第一張訂單，就是中秋月餅禮盒設計。從純手工製作，到半自動化機器生產，從一天二百顆月餅的產量，到現在每小時一千顆鳳梨酥的量產，麥田金食品公司二十二年來，與中秋月餅有著非常深厚的感情。

為了更了解中式漢餅的文化和精髓，為了更深入學習中式糕餅的製作；麥田金 2005 年，前往中國學習中式糕餅及廣式點心。在廣州的陶陶居、上下九、北京路上的糕餅店、美心食品以及廣州飯店，學得許多中式漢餅的技術。麥田金食品，在我一步一腳印的努力下，逐漸成長、茁壯。每年中秋，都能創造出新的銷售佳績。

/ 在傳統中開始加入了時尚的元素 /

隨著時代的變遷，近十年來，台灣吹起了日韓流行風。日本及韓國點心在台盛行，年輕人口味的改變，外國糕點瑰麗的外表、新奇的風味，讓台灣中秋送禮市場，在傳統中開始加入了時尚的元素。有鑑於此，麥田金於 2015 年起連續 5 年，每年皆前往日本及韓國，學習最新的糕點製作方法，並取得多張韓國專業糕餅甜點師師資證照，將最新的技術帶回台灣。再將台灣人喜歡的口味，與日韓糕點美麗的外型，做出完美的融合，重新設計成適合台灣市場的伴手禮盒。於 2016 年起至今，每年都讓烘焙學生們，學習到最新最流行的產品，讓大家的禮盒，走在時尚烘焙的最前端。

/ 將廚房變身成小型月餅製造廠 /

二十二年來，麥田金除了經營食品公司之外，投入大量的心力在烘焙教學裡。除了培育出許多業界優秀的師傅及人才外，也讓家庭主婦、上班族、小資族、小額創業者們，學習到第二專長，進而可以將廚房變身成小型月餅製造廠，讓大家將學到的月餅製作技術發揮出來，送禮、與家人朋友分享、接單賺取小額零用錢，讓大家可以一邊練手藝，一邊賺飽荷包，開創事業的第二春。

/ 一向都是用最高規格 /

在烘焙課程裡，麥田金對於開課品質的堅持和要求，一向都是用最高規格，禮遇所有參與課程的學員。從課前的出國進修，回國後的新內容閉關研發、產品設定、食材取得、營養成分分析、新品拍照、講義編排、包裝設計、全台巡迴授課、課後學員問題解答服務，每一次的課程推出，都是我許多許多心血的結晶。感謝全台學員的支持與熱情參與。

/ 感謝 /

與上優（優品）出版社合作多年，出版社薛董事長與林副總經理，在麥田金每年獨立發行的講義印刷及出版上，給予麥田金諸多的協助。這次，在出版社力邀下，將麥田金近幾年來，對中式糕餅與日韓甜點的研習及教學心得，彙集成傳統月餅與時尚菓子這本書，出版給大家學習與收藏。感謝麥田金全台合作的 22 家烘焙教室力挺推薦，感謝麥田金公司工作人員：玉雪、小文、姮慧、淇淇、阿關、曉卿，在本書拍攝及校稿過程中，給予許多的協助。在大家的努力下，順利將這本書推薦給海內外的烘友們。書中每一道產品，製作上使用的工具都很簡單，原料很好取得，產品好吃、好做、好漂亮。希望大家能輕鬆上手、好好練功，一起加入每年伴手禮市場幾百億的藍海商機裡。

這，是我創作新式伴手禮盒的原動力。讓我們一起加油哦！

麥田金

推｜薦｜序

台南｜墨菲烘焙教室

墨菲烘焙教室和麥田金老師從 2016 年 6 月配合至今也有 5 年了，在這五年中，對麥老師的評價真的是第一名！她對她自己進修真的是停不下來，每年一定國外進修，來提昇自己的眼界和實力，學成歸國的技術結合自身的想法，回台授課。讓我最欽佩的事是麥老師對於課程的講義都不假他人之手，自己請攝影師將細節拍出來，搭配上產品的設計，還有產品外包裝等等…每一個細節都讓人感受到麥老師的用心，所以老師所出的書一定會很棒！

曾聽到好幾個學員要求，可不可以請其它老師做的講義像麥老師一樣，這也代表麥田金老師對每一個環節都做到讓學員可以感受到用心，這是真的很不容易，請各位讀者一定要很大力的推這一本書！

趙敏清

台中｜永誠行

麥田金老師的著作從解密烘焙、蛋糕與裝飾等一系列甜點教學製作，都讓我們在學習中充滿幸福感，及至經驗傳承、鑑定考試密技亦成為學員們競技考照的寶典。在千呼萬盼中第八本書終於要出版了，在家就可做出各式美味的月餅，值此防疫時期，人們宜保持適當安全距離之際，更如上天賜予我們的最佳禮物。

除了實務經驗的累積甚而遠赴重洋至海外研習，時而主動與頂尖主廚交流，樂活的學習態度造就了超凡的技藝，老師更是親力親為的在粉絲專頁上回答鐵粉們的提問。在大家的引頸期盼中，麥老師的第八本著作即將出版。將複雜的月餅製作過程簡易化，讓讀者可輕鬆進入烘焙的世界。衷心推薦這本好書，讓大家能享受動手做烘焙的喜悅，親手做出幸福的味道！

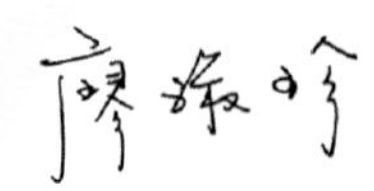

宜蘭｜社團法人宜蘭縣餐飲推廣協會

在烘焙界掀起熱潮，長期關注市場脈動，

領先潮流、獨樹一格、手藝精湛的麥田金老師。

每一療癒甜點，超萌造型、觸動人心、幸福之味

每一靠譜配方，精準比例、倒背如流、技藝超群

每一重點技法，熟能生巧、得心應手、關鍵竅門

每一經典作品，顛覆傳統、口味獨特、創意無限

從專業的角度，跟著麥老師學烘焙，淺顯易懂且詳細解說，讓大家在烘焙製作上少走彎路，且麥老師在海內外不斷精進學習，持續求新、求變、求精、求知之精神、廣受好評！力推好書，好書具有啟發精進學習能力，建立自己人生價值觀！

理事長 林麗惠

台北｜110 食驗室　No.110 cooking studio

麥田金老師的甜點總是漂亮和美味兼具，參加實體課的同學除了能做出完成度 100％的成品外，還能夠獲得如同食譜書般圖文詳細的講義，與將漂亮的包材帶回家。在這廣大的烘焙實體課程裡，只有麥田金老師做得到！老師對於食材的要求、美味的堅持，是我跟她配合將近五年來深刻的感受，當麥老師的學生非常的幸福！

非常在乎細節的麥田金老師要出第八本著作，這是烘焙人的一大福音啊！不管你是家庭烘焙者或是專業職人，都非常值得購入本書，因為老師不藏私的把所有細節分享給大家，除了照著做一定會成功之外，還能激發你對烘焙更多的想法，Jessica 真心推薦給大家。

陳婉菁

台北｜易烘焙

展讀此書前，早已預期收穫滿滿；畢竟，身為麥田金老師的藍帶學妹兼鐵粉的我，早已被她在烘焙舞台上的魅力及獨特見解給深深吸引。隨著書中文句開展，細細品味，深思其中奧妙，一顆顆金黃酥脆的月餅，也彷彿飄香而來。如果你也是一位烘焙愛好者，這本精華精選之作你一定不容錯過，因為透過麥田金老師平易且詳盡的文字，將過往你可能也熟知的技巧，做了更深刻的解讀和拆解。如果你是一位喜愛烘焙的新手，更應該將此書仔細閱讀，麥田金老師將手把手傳授，如何在家也做出如同名店的經典月餅。

現在，我又準備重溫一次，真是每讀一遍，都有不同的收穫。

Tiffany

新竹｜36 號烘焙廚藝

依稀記得與麥田金老師的緣分是在「36 號烘焙廚藝」還沒創立之時，那時老師已是活躍於烘焙教學圈的人氣講師，而我還只是台下那位認真追星的學生；對於麥老師的專業用心與認真教學的態度，大家都有目共睹；也因此才能在學生心目中獲得高評價，連從沒做過烘焙的新手素人，課後也能在家接單開啟斜槓烘焙人生；至今麥老師在 36 教室，一直是課程秒殺系的超夯名師。

在此恭喜麥老師第八本大作問世，一本結合中秋月餅與精選伴手禮品項的武林秘笈，結合老師豐富的教學經驗，圖文分解操作搭配各步驟詳細解析，喜愛烘焙的好朋友們，您絕對不能錯過喔！

雲林｜CC Cooking 烘焙教室

身為國內外備受注目的頂尖甜點師，以其法國藍帶廚藝學院背景之姿，作品匠心獨具而華麗，關注市場脈動與時尚需求之敏銳度無人能出其右！

以日本燒菓子為創意紮根，

嚴密計算香氣與美味兼俱之人氣甜點，

致力於傳統糕點製作教學，

為國內外極為推崇之甜點教主，此人就是麥田金老師！

強力推薦麥田金老師第八本大作！

——— 楊旆熙

台南｜大台南市社區職業工會職訓中心烘焙廚藝教室

《have your cake and eat it》

很多人都覺得，甜點跟身材是不可兼得的。

您錯了，麥田金老師就是最好的例子！

我常覺得麥老師是甜點解剖師，食譜總是有鉅細靡遺的拆解步驟與說明，除了美味，月餅跟老師本人也都美的過份。本書裡的內容，除了大家熟悉的中式酥餅外，最特別的是韓式冰皮、日式冰皮、韓式豆沙皮和水果仿真菓子。如果你也想嚐口每年都會期待中秋到來的月餅，跟著麥老師，翻開書本，打開烤箱，那些讓你滿懷期待的月餅，就會出現在你家！

理事長

高雄｜我愛三寶親子烘焙料理教室

因為經營烘焙教室之故而與麥田金老師結緣。與麥老師接觸，就了解麥老師的強大其來有自。她除了自律、創新，更有一顆體貼的心。有幸參與麥老師分享課程的好朋友，必定都能滿載而歸。

本書集結麥老師多年的功力，除了有傳統的品項及技法，更有獨到的創新思維，一再走在烘焙的先端。麥老師在百忙之中仍抽出時間撰寫本書，集結多年實作、教學的經驗，內容豐富且解說仔細，購買本書的朋友真可說是買到賺到，誠摯的邀請各位讀者加入，一起優游在麥老師變化萬千的烘焙世界。

盧依增

台南｜朵雲烘焙廚坊

跟麥老師的緣分，緣起於烘焙教室的相遇。第一次跟老師配合就留下了非常深刻的印象！從老師上課的態度、課程的講解、給同學的產品包裝，就知道老師從不吝嗇跟同學分享她所知道的知識，給同學的總是多更多！就怕您不來參加，而不是怕您帶太多知識跟成品回家。老師一直以來都以教學為志業，陸續出過 7 本書，不誇張，每一本都是熱賣搶手，媲美教科書等級的烘焙書籍。這次老師要出第八本烘焙用書，此書非常適合小額及在家創業的朋友，喜歡的朋友一定要先搶先贏！

田瓊惠

宜蘭｜宜蘭縣果子製作推廣協會

與麥老師結緣是來自協會證照班學生的大力引薦。合作多年來，她創造了一股「麥田金風潮」，都是未演先轟動，場場爆滿。

她的教學除了美味，更把操作流程精簡並系統化，從中再把科學理論帶入，讓大家很容易心領神會、融會貫通。除製程、美味、科學外，麥老師最與眾不同之處，還會帶入大家最不上手的美學藝術，更是讓手作產品大大加分。不論你是烘焙菜鳥，還是職場老手；要家庭烘焙樂，或大量接單，誠摯推薦麥田金老師的烘焙書，一定讓您輕鬆上手並大獲好評。

嘉義｜Ruby夫人吃・做・買(露比夫人)

<在凡事講求視覺美感的時代，糕點界的大藝術家非麥田金老師莫屬>

每逢中秋時節，就會有大量顧客在選購材料時詢問糕點、酥類作法，但客人們強中還有強中手，就算露比夫人的同仁群英薈萃，偶爾還是被考倒，所幸麥田金老師總是如及時雨般，在重要節日前大方傳授關於月餅的知識及做法。

麥田金老師初次來露比上課時，除了滿滿一車的器具材料外，最令人印象深刻的應該是講義，與其稱之為講義，其實更像是精裝版的糕點書，中間再置入幾頁老師的專業寫真就能上架販售了！僅僅一堂課，麥田金老師團隊準備得如此齊全、細緻，可想而知由老師執筆的書會有多精彩。

麥迷都知道老師上課的魔力。從原料介紹、產品特性、品質判斷、操作理論、製作流程等…解說得滴水不漏。課堂中總是充斥著歡笑聲，認真幽默、邏輯極強的麥式節奏讓教室跟學員都感到安心，一邊聽老師解說，一邊照著精美的講義操作，就算是新手也能輕鬆完成，完成的成品總是美到捨不得吃。

逆齡生長的麥田金老師其實已經累積 20 年的教學經驗，負笈前往各處進修，將所有的精華濃縮轉化成今日的作品。德國詩人歌德說「讀一本好書，就是和許多高尚的人談話。」在我們都沉迷、鑽研於此書時，更確信我們秉持共同的理念「為了做出更完美的產品、增進自己的技巧。」

以露比從事材料販售與烘焙教學的專業經驗，提供給各位朋友一句話「萬丈高樓平地起」，凡事基礎最重要，基礎穩了才能更上一層樓。選對了學習的書籍，就是最佳開始，就讓這本書帶領我們一同領略糕餅世界裡的奧秘吧！

陳金俊
黃𢁉

苗栗｜愛莉絲烘焙廚藝學園

第一次看到麥田金老師是在廚娘香Q秀的影片教學，那時老師就非常的有名氣，看螢幕裡的老師貴氣逼人，很有氣質，對老師就存在著偶像般的仰慕，後來在我一路玩烘焙，進而開了烘焙教室，心裡一直想著希望有天邀請老師來教室教學，讓苗栗的學生也可以不用遠到外地上課，終於如願的邀請到老師到愛莉絲烘焙教室教學，這讓苗栗的同學非常有福！麥老師真的非常平易近人，教學風格非常專業又讓人感覺輕鬆自在，常常分享很多不管是專業烘焙或是人生經驗，這次很榮幸可以為大家推薦麥田金老師的新書，這本書集合了非常多精彩內容，並且如同以往細節詳盡每個步驟毫不馬虎，美美的版面是老師天秤座的特質，不論新手老手照著步驟絕對會成功做出美美的成品，品項琳瑯滿目絕對值得收藏哦！

三重｜快樂媽媽 DIY 烘培食材

非常開心收到麥田金老師要出第八本書的消息，也很榮幸地受邀寫序。書中麥田金老師展現了許多匠心獨具的創意，每一款作品都是老師不斷的反覆試作，最終得到了絕佳之作。

對讀者而言，這是個難得的學習經驗，藉由書中一字一句的講解，並透過照片一步一步的呈現，都能感受到老師無私心血分享，經由這本書的教學過程，對節慶烘焙有很實用的理解。

感謝麥田金老師利用了書本做無聲的對話與交流，讓我們烘焙產業彼此的技藝共同提升，我們一起加油！

林欣儀

土城｜好學文創

麥田金老師在好學文創教學也邁入第 6 ～ 7 年了吧，這些年讓我看到一個明明可以當貴婦卻不當貴婦的一位鐵娘子，無論工作再忙再累，老師總是不斷地研發新產品，不斷地學習新的技術，傳授大家，連我都自嘆不如老師的二分之一啊！

教室開課以來沒有其他老師打破麥神老師的紀錄，曾經為了一個蛋糕課，一天湧入了 200 多通電話報名，從一個班突然暴增到八個班，這蛋糕又漂亮又好吃，還真是讓人回味無窮的美好回憶啊！

每年的月餅課和糖果課是大家擠破頭也要搶位的重頭戲，每次老師出新書，我都會買禮物贈送老師祝賀新書大賣，看著這幾年跟老師的合照，一再地證明這是有實力的照片（有實力的不是我啊），不用說也知道，老師出的新書沒有一本沒有大賣的，哈！老師真是實力了得，業界首屈一指阿！

對熱愛西點蛋糕能夠保持這麼多年的熱度、初心，這麼熱誠的教學，每天兢兢業業的為學員指導解惑，實屬難得！老師對待教室人員或是學員都好，永遠都是這麼客氣熱情，我一直堅持有誠信的老師，做出來的東西就是有誠信的品質，我敢打包票，老師讓很多學員學完後也賺了不少錢，我見識到不少人都有嘗到甜頭，今後我們仍將努力支持老師，我相信還有更多更好的產品從麥老師手上研發出來教導大家，我們拭目以待！麥神請繼續帶領大家，你還真不是蓋的！讚！

主任 蕭品嫻

屏東｜愛奶客 I Like 我家牧場烘焙屋

認識麥田金老師大約 7 年了，

我們是朋友，是同學，也是事業上合作的好夥伴。

麥田金老師是一位完美主義者，自我要求很高，對作品要求是更加嚴謹。

老師教學非常的仔細與用心，每次到中秋節的月餅課程，全省場場爆滿一位難求，這次老師將好吃又熱賣的月餅出書了！大家一定要收藏！

彭秋婷

高雄｜旺來昌食品原料購物廣場

今年絕不能錯過的好書，麥田金老師第八本著作，集結烘焙界女王歷年來的心血，讓烘焙菜鳥也能輕易上手的月餅書！

麥田金老師的課程，從食材的基本認識與特色運用，製作過程的操作與小撇步，美美的成品與包裝，到營養標示與保存期限的提供，處處都能感受到烘焙女王的用心與堅持，為的就是讓所有人都能輕易上手，做出屬於自己的月餅。更棒的是，麥老師每年都會出國進修，將外國流行的元素與食材，巧妙融入到產品中，激發出獨特創新的口味，這本書除了經典的中秋系列月餅，還有清爽的和菓子，也是老師這幾年來到日本、韓國學習的心得與分享。

誠摯熱情推薦，今夏防疫新生活必備的精神糧食，快跟著麥田金老師一起動手做月餅吧！

—— 陳冠妏

台北｜探索 172

再一次恭喜麥田金老師又出了一本實用的工具書，記得幾年前，麥田金老師正在教導韓式裱花課程。有一位同學因為有事，無法到班上課，只要求拿到老師幫忙做的成品就好。直到大家下課，同學都離開之後，那位同學才急忙趕到，沒想到老師，就請同學坐在旁邊，一步一步的指導裱花的技巧。這些讓我們非常的感動！麥田金老師一直在他的專業上，不斷的精進總是帶給同學耳目一新的產品。如今，又有一本新的作品要上市了，大家都很期待！

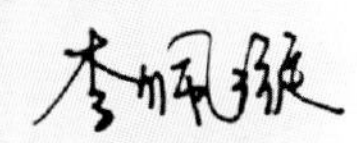

新莊｜柏麗手作烘培

新北柏麗教室，到今年七月邁入第五年。透過教室學員許願麥田金老師的課程，我和教室才有機會和老師結緣。常有同學或朋友問我，有沒有推薦或必上的課程，麥田金老師的課程總是我推薦的第一名。原因是什麼，真的來上一次就知道了！８小時的課程裡，從食材特性分析、到商業製作手法、到各種口味調整、到最後的接單包裝與定價，通通一次到位。課程CP值超高，總是堂堂爆滿，加場再加場呢！

麥田金老師是一位認真且自我要求非常高的老師，常常出國進修。將國外最新的餡料、手法、造型，結合在台灣的年節糕餅、糖果或甜點中，課程裡總是能看到，即便是傳統點心，也能有些不一樣又新奇的創意呢！很榮幸能為老師的第八本著作寫推薦，裡面除了有大家熟悉的傳統酥餅外，還有韓式、日式的各種餅皮與仿真子。不論你是烘焙新手或老手，都決不能錯過這本月餅工具書唷！

凱薩琳

桃園｜富春手作料理私廚

我認為「精準」是麥老師最佳的代名詞，不論是食品科學的理論，或是成品最後的裝飾，老師總是能用科學的方式，優雅的製作出感性的甜點。

跟老師配合上課多年，課堂的每份食譜，都非常用心製作，不但照片清楚且容易閱讀，課堂中也總是能有條不紊地跟學員解釋甜點的製作方式。

相信這一本集結麥老師多年烘焙經驗的食譜，絕對能帶給讀者不同的月餅製作技術與方法。

邱賢珠

嘉義｜食藝谷廚藝空間

阿潘以烘焙業者和烹飪教學者的身份推薦這本好書，玩烘焙，不僅能玩出高深的學問，也是創造美感的藝術工程。麥田金老師在烘焙業的學經歷豐富，「鉅細靡遺」是老師教學的特色，就像在教雕琢精緻的藝術品一般，她總是熱忱又不藏私的傾囊相授，讓大家收穫滿滿。更讓人佩服的是：老師堅持採用最健康天然的食材，輕輕鬆鬆、信手捻來就做出令人驚豔的作品，不只滿足了大家的求知慾，更是視覺上的極致享受。

麥田金老師對產品積極的研發與創新，且樂於分享自己的銷售經驗，這本書是值得學習和收藏的武林秘笈，是一本值得推薦的好書！

——潘美玲

彰化｜永誠行

具有實驗家不屈不撓精神—麥田金老師，每次研發的新作品，總是能為烘焙界創造新的領域與見解，老師慷慨解囊不藏私的教學態度，上課專業又親切幽默，讓學員們往往在未公開課程內容便紛紛報名，場場爆滿！人氣爆棚！

想學最完整的烘焙，零失敗的烘焙，非選擇麥田金老師莫屬！老師的書均載有詳細的步驟說明、操作理論解說、精美圖文對照，將複雜簡單化，從入門到精通，讓新手也能輕鬆製作出令人充滿幸福的甜點，這本葵花寶典值得您擁有！

——紀辰儒

目錄

Contents

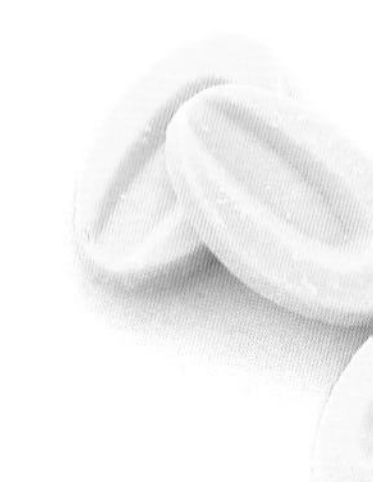

Part 1
前置作業、餡料

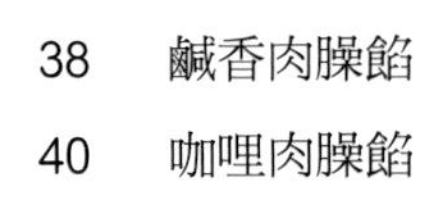

Part 2
油酥皮

Part 3
酥糕漿皮

Part 4
日韓冰皮

Part 5
韓式豆沙皮

Part 1
前置作業、餡料

無水奶油

份　　量　成品重量約 120 公克

保存期限　冷凍保存 2 年

奶油是從牛奶裡面提煉出來的，不同品牌的奶油，水分含量不一樣，大約為 14%～ 16%左右。提煉出來的奶油沒有加鹽的就是無鹽奶油，有加鹽的就是有鹽奶油。將奶油裡的水分用下列方式去除後，所產生的油就是：無水奶油或稱澄清奶油。此油脂中水分非常少，運用在油酥皮的產品裡，可讓口感更加酥脆可口。

材料 (g)

無鹽奶油	200

作法

1

準備無鹽奶油 200 公克，切成小塊，放入鍋中。

2

用小火煮到奶油融化。
注意：不要攪拌。

3

奶油表面會出現很多白色泡沫。

4

用小濾網把泡沫撈除乾淨。

5

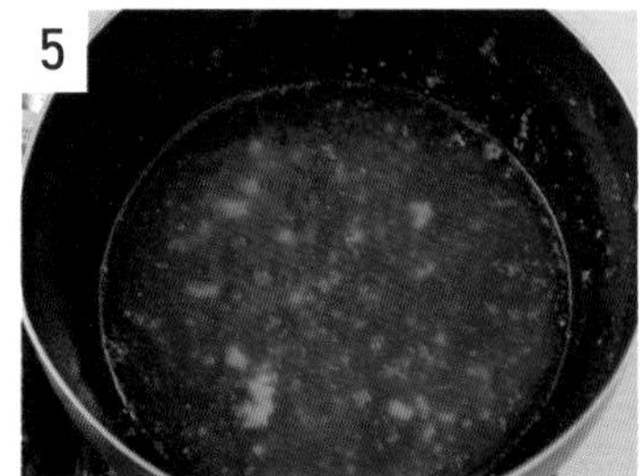

等融化奶油表面沒有泡沫出現了，熄火。

6

上層透明狀的奶油用湯匙輕輕撈起，用咖啡濾紙過濾。

7

慢慢讓奶油過濾到保鮮盒裡。

8

濾出來的油即為無水奶油（國外稱為澄清奶油）。

9

放入冷藏就會凝固。
冷藏保存即可。
製成率 60%。

烤熟鹹蛋黃

份　　量　20 顆

保存期限　冷凍保存 3 個月

材料 (g)

紅土醃製鹹鴨蛋	20 顆
米酒（白酒）	半瓶

作法

1

紅土醃製的鹹鴨蛋，將外殼洗淨、敲開。

2

取出鹹蛋黃，放入鋼盆中。
若使用冷凍的鹹蛋黃，使用前請先退冰。

3

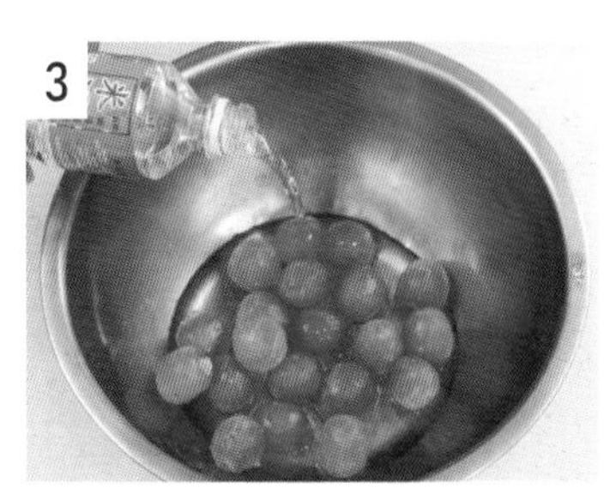

倒入米酒（或白酒），需淹過鹹蛋黃，浸泡 5 分鐘。

4

清洗乾淨、去腥味。小心檢查，若蛋黃上有附著的碎蛋殼，要仔細清除乾淨。

5

洗乾淨的鹹蛋黃，放置烤盤上，放入烤箱。
烤箱預熱全火 150℃，
若是鹹蛋黃切對半，烤焙時間約 15 ～ 20 分鐘；
若是鹹蛋黃烤整顆，烤焙時間約 20 ～ 25 分鐘。

6

烤熟、放涼備用。

筆記

紅豆沙餡

份　　量　成品重量約 840 公克

保存期限　冷凍保存 6 個月

材料 (g)

紅豆	300
二砂糖	210
水麥芽 (使用透明水麥芽或黃麥芽都可以。)	70
無鹽奶油	30

作法

紅豆洗淨，泡水 4 小時。
泡水 4 小時後，紅豆重量約 347 公克。

上爐煮滾 3 分鐘（殺菁）。把殺菁的水濾掉。
殺菁後紅豆重量約 370 公克。

加殺菁後紅豆重量 2 倍的水 740 公克，放入大同電鍋，外鍋 4 杯水，煮熟，取出，另加入 300 公克的冷開水，混合，過篩去皮。

過篩好的紅豆沙和水裝入豆漿布中，把多餘的水分擰乾。

去水後的熟紅豆沙重量約 582 公克，放入炒鍋中。

加入熟紅豆沙重量 (36%) 的二砂糖 210 公克，及熟紅豆沙重量 (12%) 的水麥芽 70 公克，開火，炒到二砂糖及麥芽融化。

加入熟紅豆沙重量 (5%) 的無鹽奶油 30 克，炒到水分收乾。

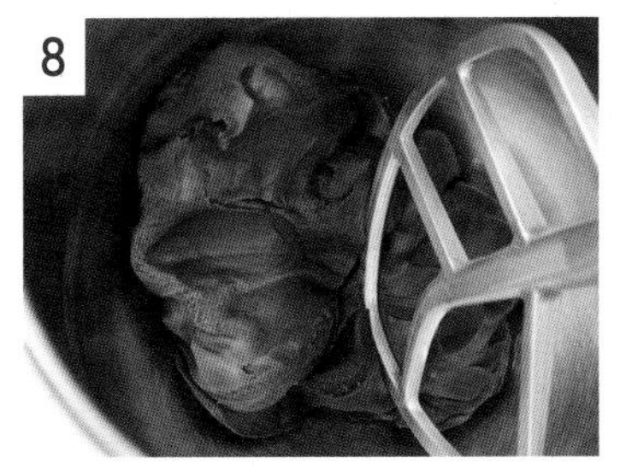

用攪拌機打均勻，裝入保鮮盒中，放入冷凍庫保存。

使用前從冷凍庫取出，室溫回軟，即可使用。

白豆沙餡

份　　量　成品重量約 740 公克

保存期限　冷凍保存 6 個月

材料 (g)

白鳳豆	300
細砂糖	190
水麥芽	64

作法

1 白鳳豆洗乾淨，泡水 4 小時，每 30 分鐘換一次水。
泡水 4 小時後，白鳳豆重量約 533 公克。

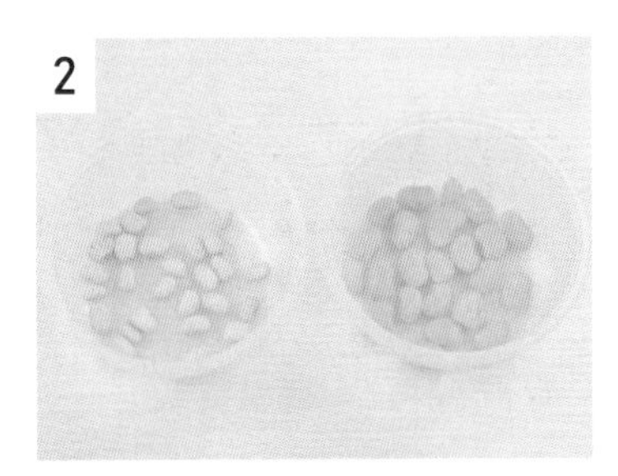

2 泡好的白鳳豆會變成 4 倍大。
左邊是沒泡水的白鳳豆大小
右邊是泡完水的白鳳豆大小

3 上爐煮滾 3 分鐘（殺菁），把殺菁的水濾掉。放涼後剝皮，以避免豆沙餡產生苦味。
剝完皮的白鳳豆重量約 470 公克。

4 剝完皮的白鳳豆放入大同電鍋，內鍋裡加入剝完皮的白鳳豆 2 倍的水 940 公克，外鍋 4 杯水，把白鳳豆煮熟。

5 煮熟的白鳳豆和水一起倒入調理機中打成泥。

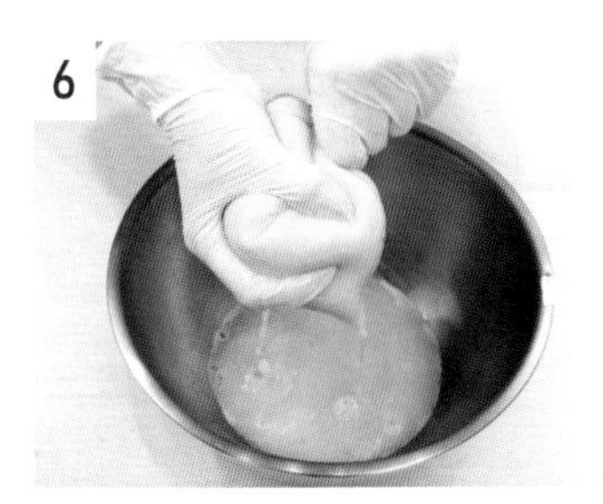

6 打好的豆泥裝入豆漿布中，把多餘的水分擰乾，成白豆沙。

7 去水後的熟白豆沙重量約 530 公克，放入炒鍋中，加入熟白豆沙重量（36％）的細砂糖 190 公克，及熟白豆沙重量（12％）的水麥芽 64 公克，開火，炒到細砂糖及麥芽融化。
糖重量可視個人喜好調整。

8 炒到水分收乾，放涼，倒入均質機打均勻，裝入保鮮盒中，放入冷凍庫保存。

9 使用前從冷凍庫取出，室溫回軟，即可使用。

綠豆沙餡

份　　量　成品重量約 860 公克

保存期限　冷凍保存 6 個月

材料 (g)

綠豆仁	300
細砂糖	218
水麥芽	73

作法

1

綠豆仁洗淨，泡水 2 小時。
泡水 2 小時後，綠豆仁重量約 569 公克。

2

上爐煮滾殺菁。把殺菁的水濾掉。
殺菁後綠豆仁重量約 574 公克。

3

加殺菁後綠豆仁重量 1.5 倍的水 861 公克，放入大同電鍋，外鍋 2 杯水，煮熟，過濾。

4

煮熟的綠豆仁連水一起倒在篩子上過篩。
若有均質機，可使用均質機均質。

5

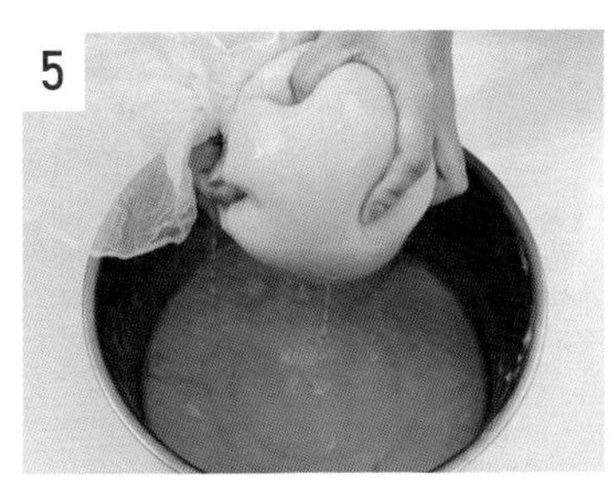

篩過的綠豆沙和水裝入豆漿布中，把多餘的水分擰乾。
熟綠豆沙重量約606公克。

6

加入熟綠豆沙重量 (36%) 的細砂糖 218 公克，及熟綠豆沙重量 (12%) 的水麥芽 73 公克，開火。
糖重量可視個人喜好調整。

7

炒到細砂糖及麥芽融化、水分收乾。

8

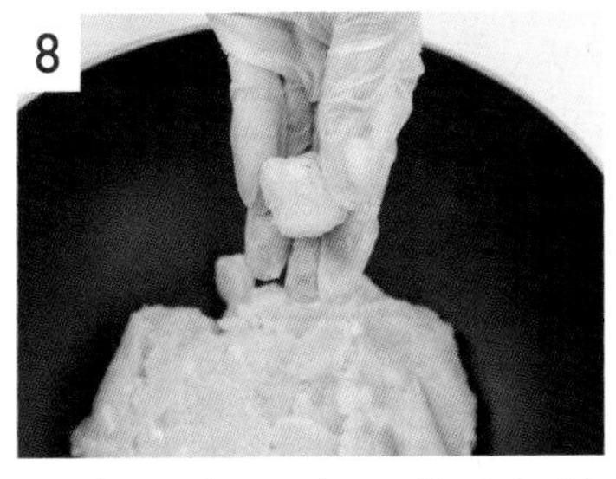

完成的綠豆沙不黏手，放涼。用均質機打勻。裝入保鮮盒中，放入冷凍庫保存。

9

使用前從冷凍庫取出，室溫回軟，即可使用。

芋頭餡

份　　量　成品重量約 1200 公克

保存期限　冷凍保存 6 個月

材料 (g)

材料	g
去皮後生芋頭	650
二砂糖	228
水麥芽	98
無鹽奶油	33
白豆沙餡 [P. 24]	300

作法

1

芋頭去皮、切小塊，放入大同電鍋中，外鍋 2 杯水，蒸熟。

2

鍋中放入
芋頭重量 (35%) 的二砂糖 228 公克
芋頭重量 (15%) 的水麥芽 98 公克
芋頭重量 (5%) 的無鹽奶油 33 公克
糖重量可視個人喜好調整。

3

加入蒸熟芋頭煮融化，趁熱倒入攪拌缸中。

4

慢速把芋頭打散。

5

轉中速打均勻。

6

完全打均勻。

7

加入材料總重量 30% 的白豆沙餡 (約 300 公克)。
先用慢速將白豆沙餡打散，再轉中速打均勻。
用白豆沙餡調整餡料軟硬度。

8

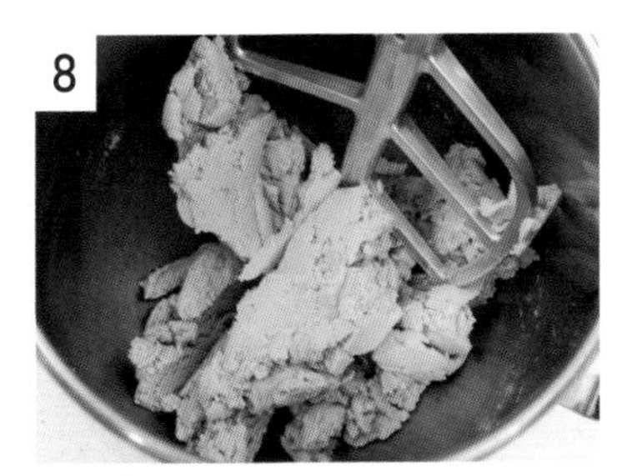

完成的芋頭餡不黏手，放涼。裝入保鮮盒中，放入冷凍庫保存。

9

使用前從冷凍庫取出，冷藏回軟，即可使用。

Tip

1、芋頭餡製作時，加入 30% 白豆沙餡，可以使成品較穩定，烤焙時不易爆開。
2、若是不加白豆沙餡，步驟 6 打勻的芋頭泥，要放回炒鍋中，小火，把水分收乾。

土鳳梨餡

份　　量　成品重量約 360 公克

保存期限　冷凍保存 6 個月

材料 (g)

材料	重量
去皮後鳳梨	900
二砂糖	130
水麥芽	26
無鹽奶油	13

作法

1

鳳梨切細絲，再切成小丁。

2

倒入豆漿布中。

3

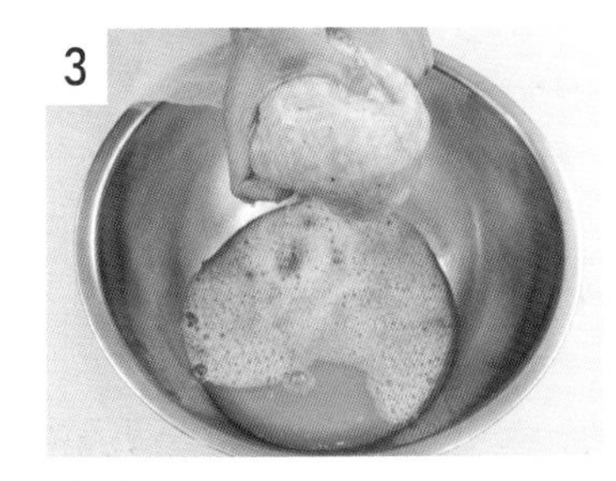

擰乾。

4

鳳梨肉重量約 260 公克，擠出來的鳳梨汁秤重後分成二份，一份用來煮鳳梨肉，一份備用。

5

鍋中放入以下材料煮融。
鳳梨肉重量 (50%) 的二砂糖 130 公克
鳳梨肉重量 (10%) 的水麥芽 26 公克
鳳梨肉重量 (5%) 的無鹽奶油 13 公克
糖重量可視個人喜好調整。

6

加入鳳梨肉，開火熬煮。

7

加入一份鳳梨汁。

8

煮到水分收乾，熄火，放涼，裝入保鮮盒中，放入冷凍庫保存。
製成率 40%。
若不小心炒太乾，可用備用鳳梨汁調整軟硬度。

9

使用前從冷凍庫取出，室溫回軟，即可使用。

筆記

棗泥核桃餡

份　　量　成品重量約 530 公克

保存期限　冷凍保存 6 個月

材料 (g)

材料	重量
黑棗	300
二砂糖	170
水麥芽 （使用透明水麥芽或黃麥芽都可以。）	85
芥花籽油	40
切碎核桃	70

作法

黑棗泡水至軟。

剝開、去籽、去皮。
重量約 280 公克。

加入 400 公克的水，放入大同電鍋，外鍋 2 杯水，蒸熟。

水分濾掉，黑棗趁熱倒入調理機中，打碎。
#蒸熟過濾後重量約 433 公克。

棗泥加入二砂糖、水麥芽，上爐炒到糖融化（不黏手）。

加入芥花籽油，炒到油完全被棗泥吸收。

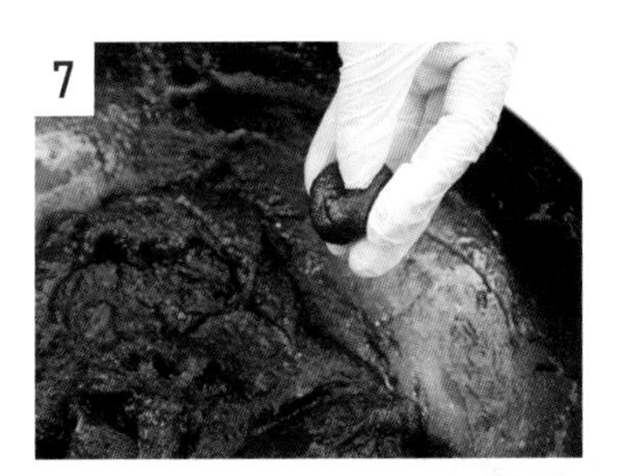

炒完不黏手。
重量約 460 公克。

切碎核桃放入烤箱，全火 100℃ 烤熟，放涼。

加入烤熟核桃拌勻即完成。

筆記

百香果柚子餡

份　　量　成品重量約 370 公克

保存期限　冷凍保存 6 個月

材料 (g)

材料	g
百香果汁	60
白豆沙餡 [P. 24]	300
韓國柚子醬	30
橘皮丁 （有分乾的和濕的，如果使用乾橘皮丁，可浸泡蘭姆酒至軟，過濾即可使用。）	50

作法

1

百香果切開挖出果肉。

2

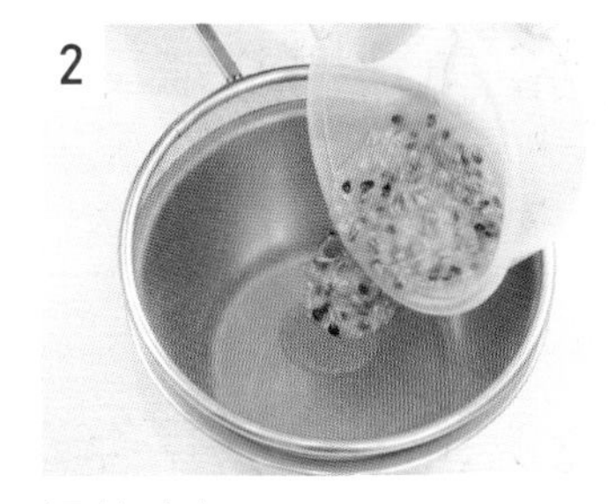

過篩去籽。

3

取60公克過篩好的百香果汁。

4

將百香果汁加入300公克白豆沙餡中。

5

攪拌均勻。

6

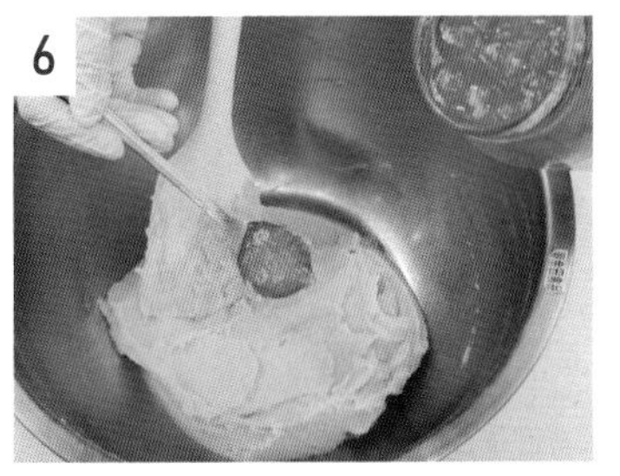

再加入30公克韓國柚子醬拌勻。

7

放入炒鍋中，加入橘皮丁。

8

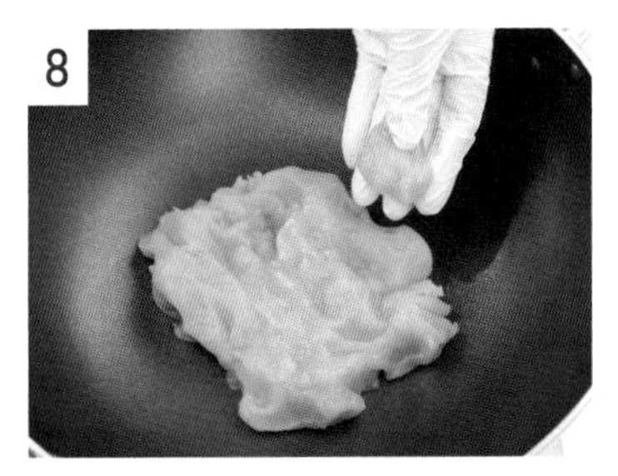

小火拌炒至水分收乾，熄火，放涼，裝入保鮮盒中，放入冷凍庫保存。

9

使用前從冷凍庫取出，室溫回軟，即可使用。

筆記

金沙地瓜餡

份　　量　成品重量約 360 公克

保存期限　冷凍保存 6 個月

材料 (g)

烤熟地瓜	280
細砂糖	10
無鹽奶油	20
烤熟鹹蛋黃［P. 21］	60

作法

1

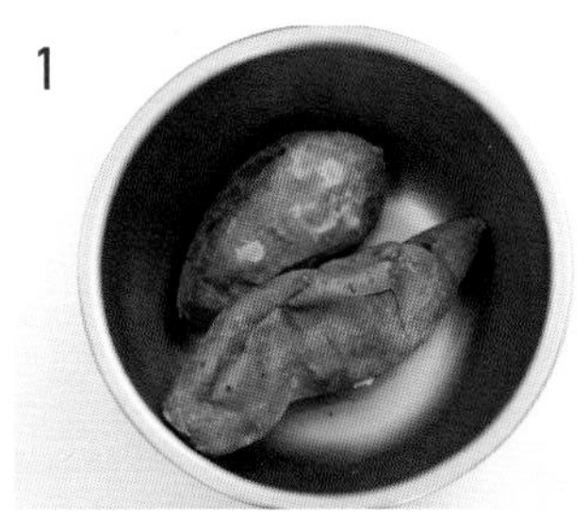

地瓜用烤箱烤熟，比較香，也可以蒸熟。不要用煮的，以免水分過多易爆餡。

2

去皮，加入細砂糖。

3

加入無鹽奶油，拌勻。

4

烤熟鹹蛋黃放入食物調理機。

5

打碎，成細沙狀。

6

加入拌好的地瓜餡中，拌成團。

筆記

鹹香肉臊餡

份　　量　成品重量約 280 公克

保存期限　冷凍保存 2 個月

材料 (g)

豬油	20
絞肉（肥瘦比 3：7）	150
醬油	20
二砂糖	10
白胡椒粉	4
熟白芝麻	20
油蔥酥	60
肉脯（剪碎）	60

作法

1

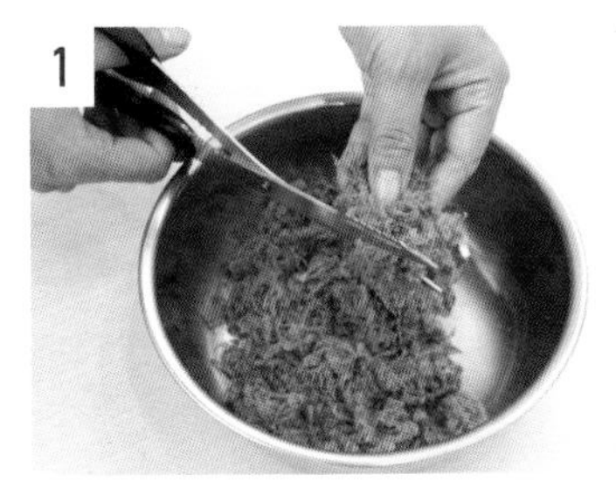

肉脯用剪刀剪碎。

2

起鍋，加入豬油，熱鍋後，加入絞肉。

3

絞肉炒到變色，加入醬油拌炒。

4

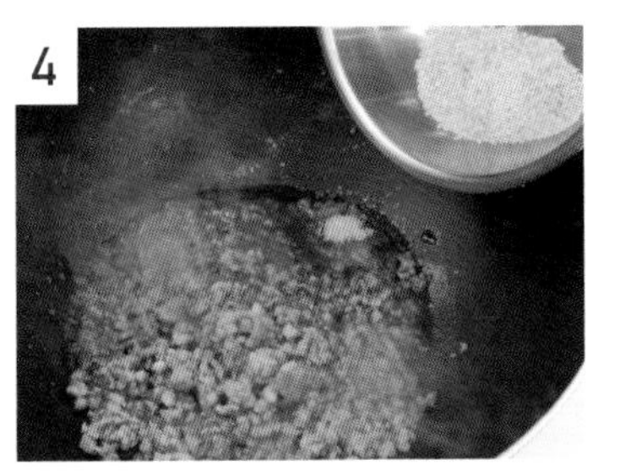

待肉上色後，加入二砂糖。

5

加入白胡椒粉調味，拌勻。

6

熄火，加入熟白芝麻、油蔥酥，拌勻。

7

加入剪碎肉脯。

8

拌炒均勻。

9

完成。

筆記

咖哩肉臊餡

份　　量　成品重量約 230 公克

保存期限　冷凍保存 2 個月

材料 (g)

材料	份量
豬油	20
絞肉 (肥瘦比 3：7)	240
鹽	4
二砂糖	10
咖哩粉	10
白胡椒粉	6
低筋麵粉	10

作法

鍋子燒熱，熄火，放入咖哩粉。

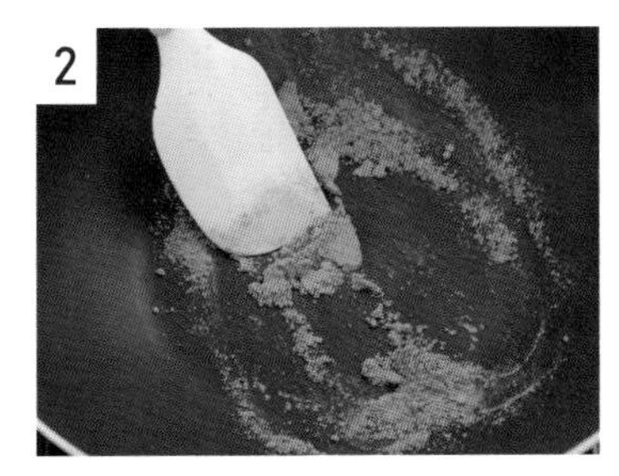

炒香，放涼備用。

鍋子燒熱，放入豬油，融化後，放入豬絞肉，炒熟。

加入鹽，炒勻。

加入二砂糖，炒勻。

加入炒香的咖哩粉，炒勻。

加入白胡椒粉，炒勻。

熄火，加入低筋麵粉，拌勻。
用麵粉吸乾鍋裡的水氣。

完成。

筆記

Part 2
油酥皮

小包酥
油皮油酥製作

保存期限　水油皮及油酥：冷藏可保存 4 ～ 5 天，冷凍可保存 3 個月
擀捲好的油酥皮：冷藏可保存 4 ～ 5 天，冷凍可保存 3 個月

奶油豆沙蛋黃酥｜P.48

百香金柚蛋黃酥｜P.50

滷肉肉臊綠豆椪｜P.52

咖哩肉臊綠豆椪｜P.54

干貝彩頭酥｜P.56

炫彩芋頭麻糬酥｜P.60

材料 (g)

＊可將豬油換成無水奶油。

＊此為示範重量，實際重量以每個品項材料為主。

水油皮（示範重量）	
中筋麵粉	270
糖粉	45
豬油	80
水	120

油酥（示範重量）	
低筋麵粉	180
豬油	90

作法

一、水油皮

1

中筋麵粉過篩在攪拌缸裡，加入過篩好的糖粉。

2

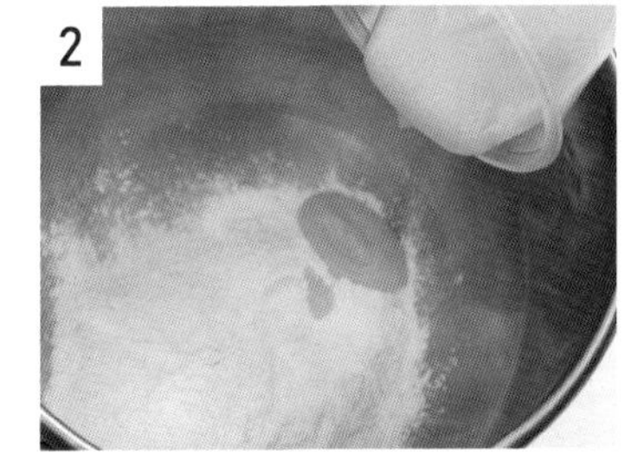

加入豬油。

3

加入水。

4

用槳狀拌打器攪拌，慢速 1 分鐘，中速攪拌 5 分鐘。

5

攪拌好的麵團成三光狀態。裝入塑膠袋中。冷藏鬆弛 30 分鐘（才不會出油）。

6

取出，分割成製作產品所需克數，鬆弛。

注意：鬆弛時請包好，以防止水油皮乾掉，可以放在冷藏保存，以防止水油皮出油。

二、油酥

7

低筋麵粉過篩在鋼盆裡。

8

加入豬油。

9

用刮刀壓拌，讓豬油和麵粉充分混合均勻。

可使用攪拌機及槳狀拌打器，慢速拌成團即可。

10

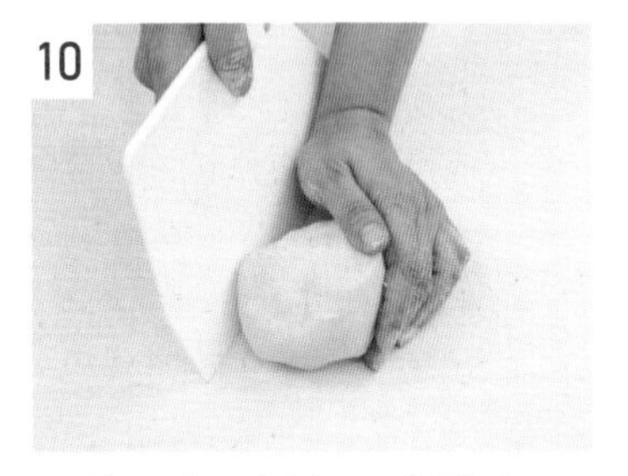

可移至桌面揉勻，成團即可。

不要拌太久，油若融化就會黏手，太黏手可以冷藏一下。

11

取出，分割成製作產品所需克數，放在冷藏保存。

12

PS：油酥可以先做好，冷凍可保存 3 個月，冷藏退冰即可使用。

三、油皮包油酥擀捲

13

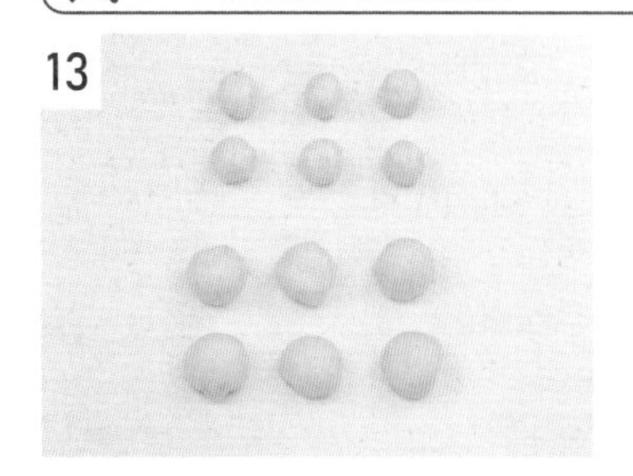

水油皮、油酥分割好。

14

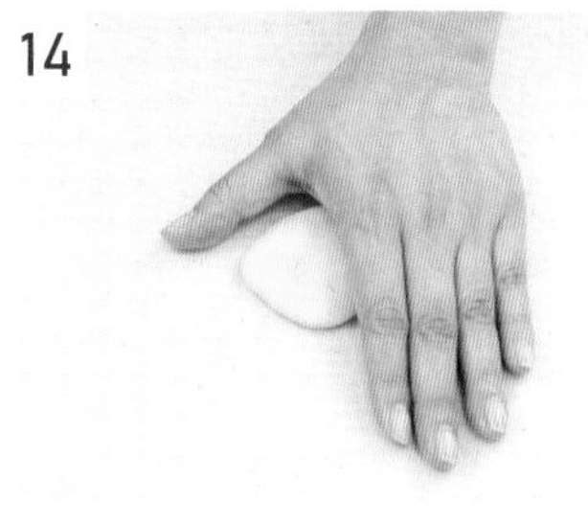

將水油皮用手掌心壓扁。

15

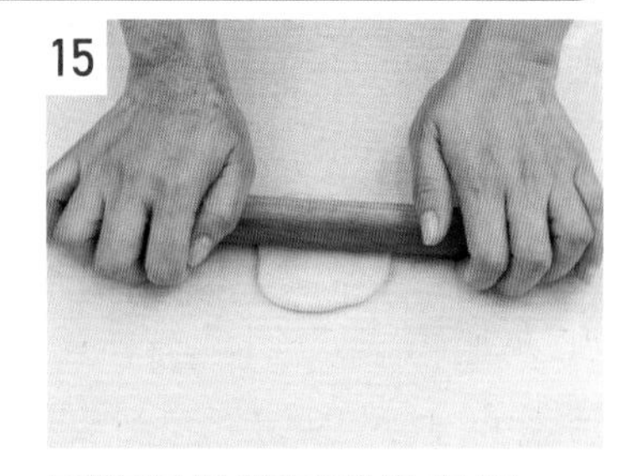

可使用擀麵棍稍微擀開。

16

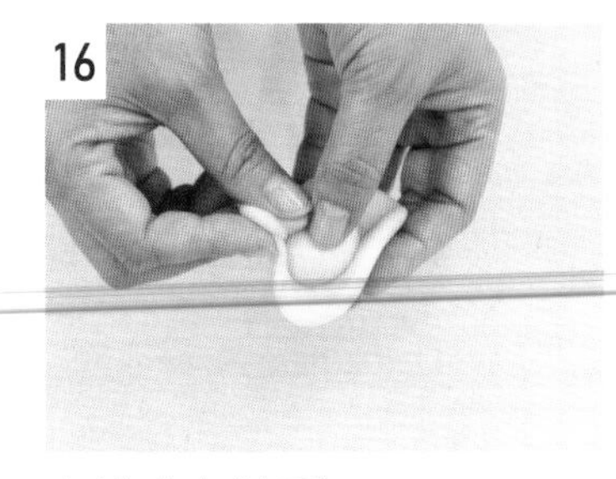

水油皮包油酥。

17

收口向上，用手掌心壓扁。

18

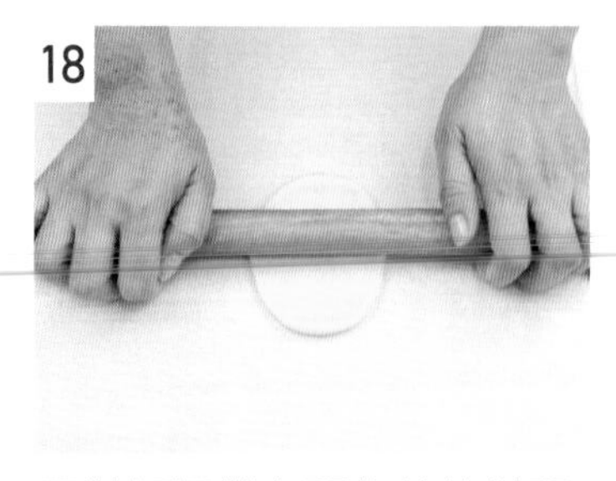

用擀麵棍從中間往前後擀開。

19

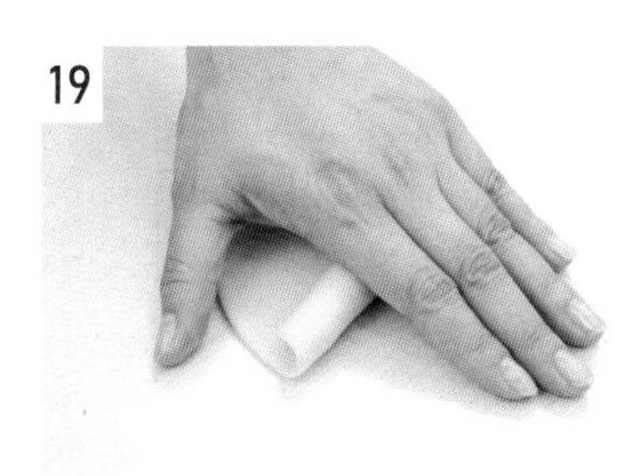

捲起。

20

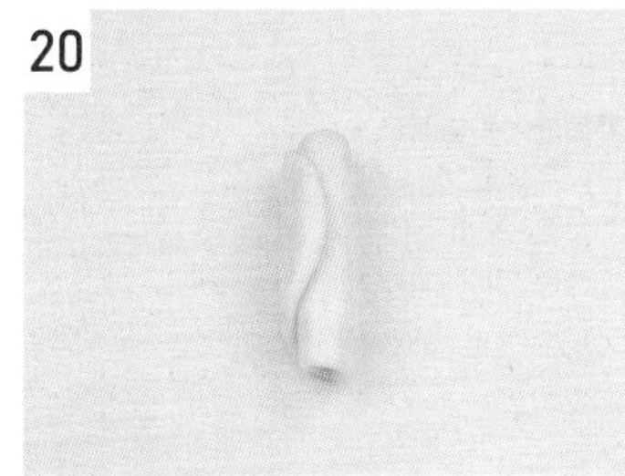

收口向上，拍扁。

21

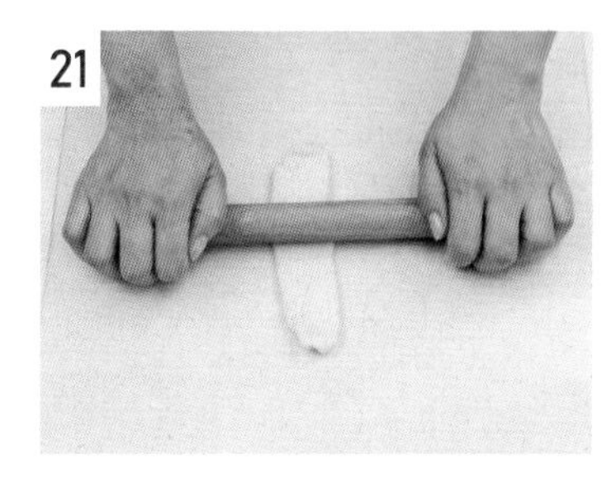

用擀麵棍從中間往前後擀開。

22

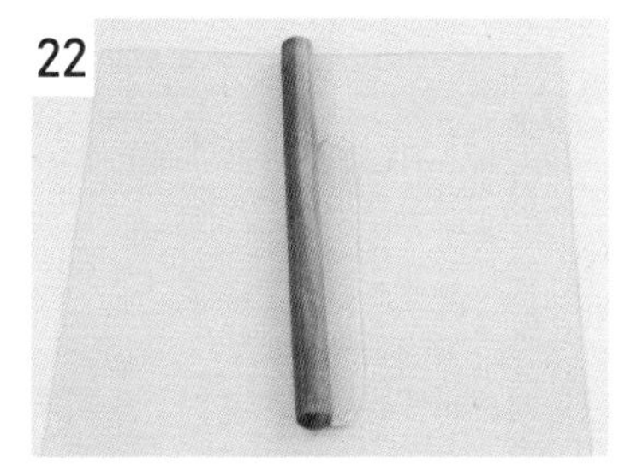

擀到 20 公分長。

23

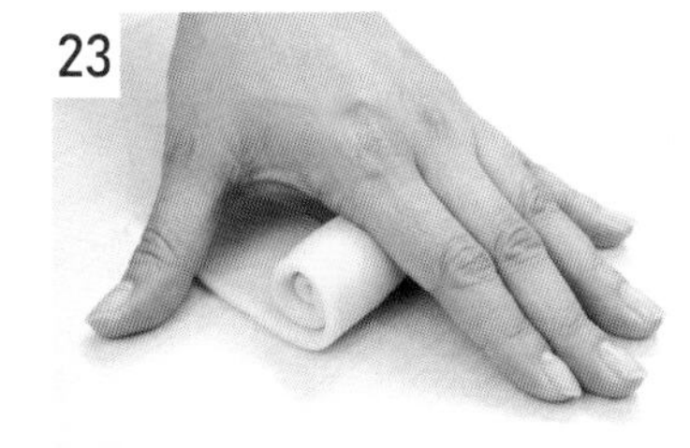

捲起。

24

放入保鮮盒中，冷藏鬆弛 20 分鐘，即可使用。

冷藏保存才不會出油。

擀捲好的油酥皮，冷藏可保存 4 ～ 5 天，冷凍可保存 3 個月。

四、整形成圓片狀

25

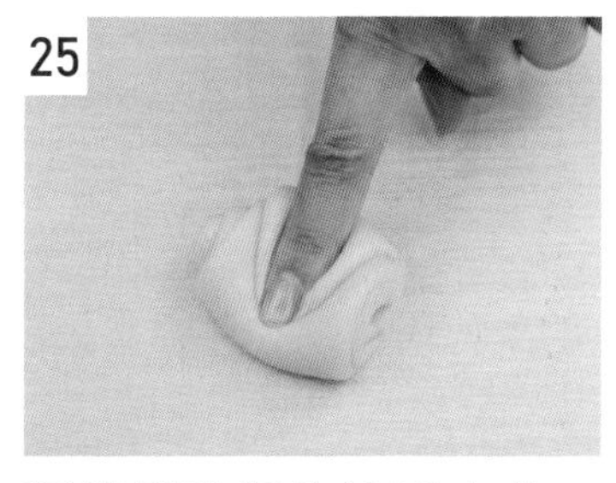

靜置鬆弛好的油酥皮收口朝上，食指壓住中間。

26

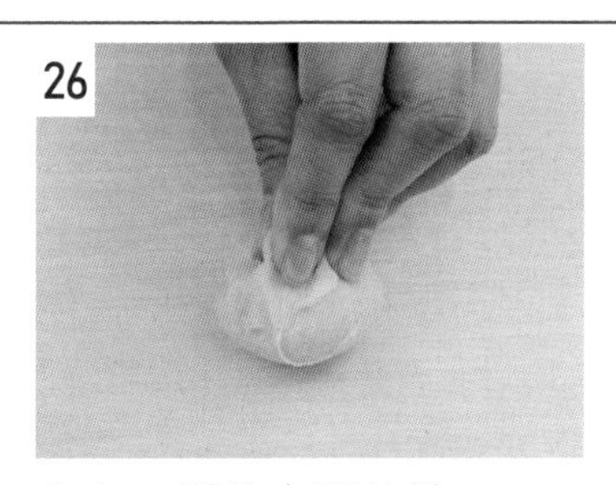

左右二側往中間收攏。

27

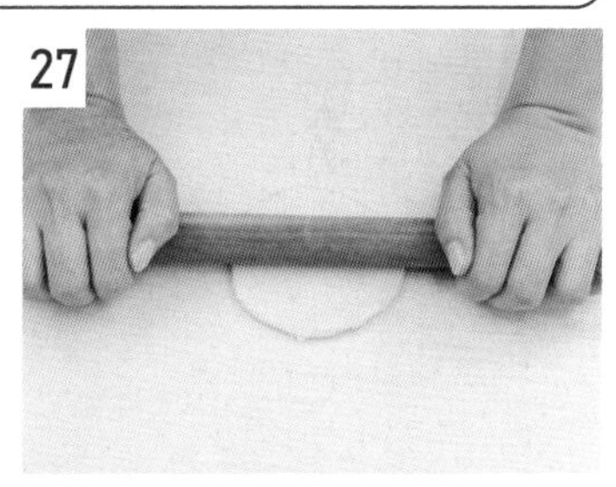

翻面、擀開、成扁圓片，用塑膠袋包好，放在冷藏，備用。

筆記

奶油豆沙蛋黃酥

份　量　24 個

保存期限　室溫可保存 5 ～ 7 天
冷藏可保存 14 天

烤箱預熱　上火 190 ／下火 170℃

操作方式　小包酥、暗酥

材料 (g) ＊可將豬油換成無水奶油。

水油皮	
中筋麵粉	270
糖粉	45
豬油	80
水	120

油酥	
低筋麵粉	180
豬油	90
內餡	
紅豆沙餡［P. 22］	600
烤熟鹹蛋黃［P. 21］	24 顆

蛋黃水	
蛋黃	60
水	3
淡色醬油	3
裝飾	
黑芝麻	適量

作法

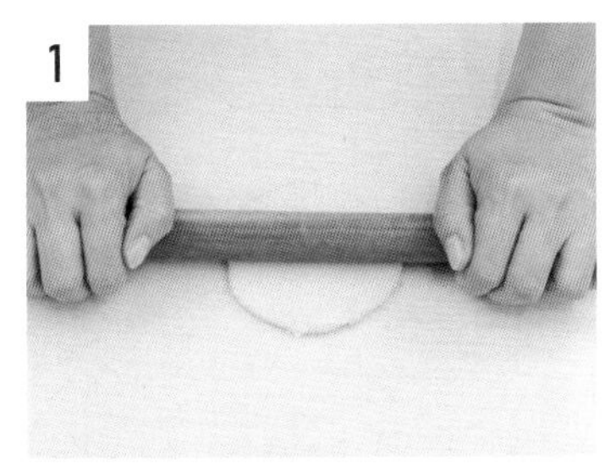

1 水油皮（分割 20 公克，共 24 個）、油酥（分割 10 公克，共 24 個）、擀捲、整形作法，請參考 P.45 ～ P.47。

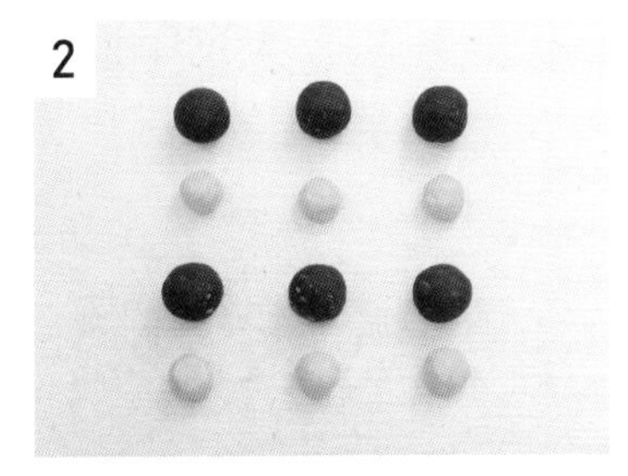

2 內餡分割：紅豆沙餡（分割 25 公克）和烤熟鹹蛋黃合計每份重量 35 公克。

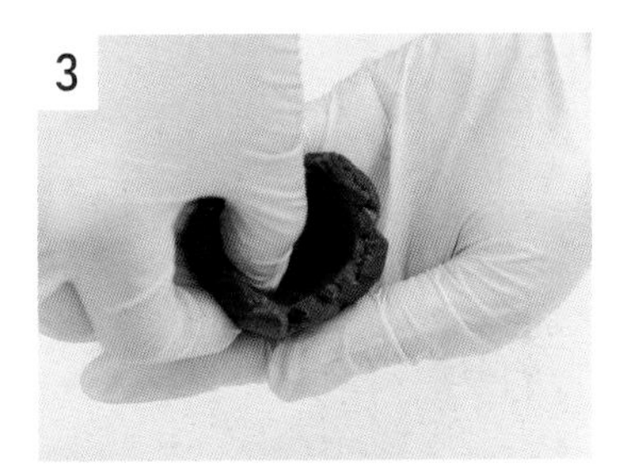

3 紅豆沙餡包入 1 顆烤熟鹹蛋黃。

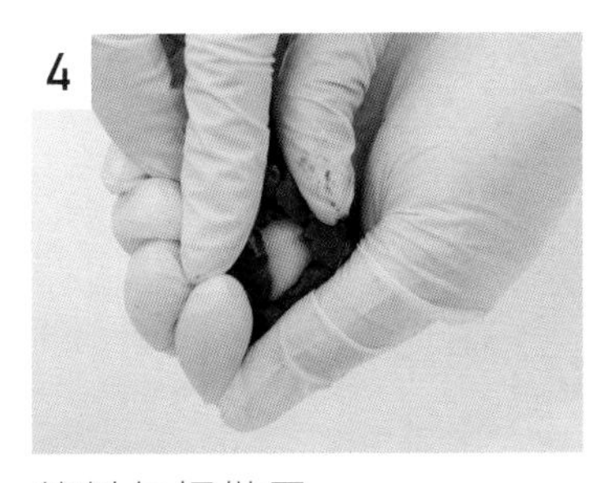

4 餡料包好備用。

5 取出擀好的油酥皮，包入內餡，收口收緊。

6 收口朝下，放上烤盤，上火 190 ／下火 170℃，烤焙 30 分鐘。

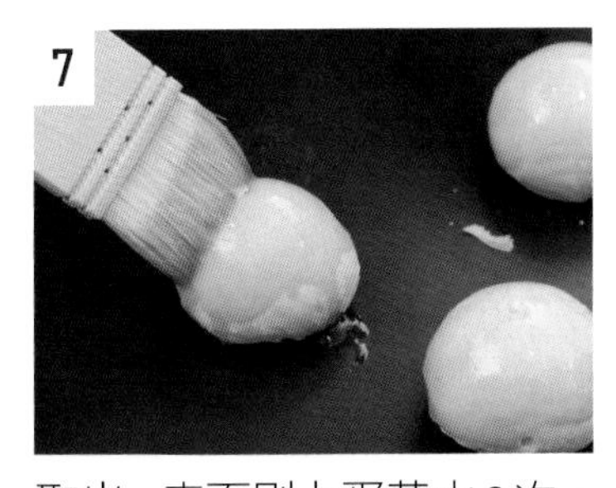

7 取出，表面刷上蛋黃水 2 次。蛋黃水調法：將材料拌勻過篩即可使用。

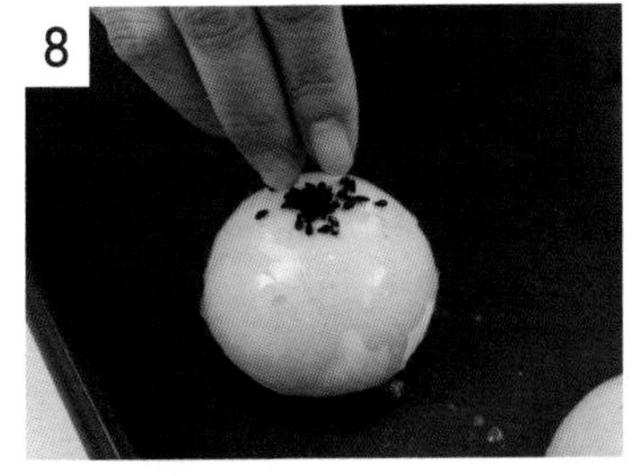

8 撒上黑芝麻裝飾。放入烤箱，續烤 5 ～ 10 分鐘，烤熟。

9 出爐後放涼、包裝。

百香金柚蛋黃酥

份　　量　24 個

保存期限　室溫可保存 5 ～ 7 天
　　　　　冷藏可保存 14 天

烤箱預熱　上火 190 ／下火 170℃

操作方式　小包酥、暗酥

材料 (g)　＊可將無水奶油換成豬油。

水油皮	
中筋麵粉	270
糖粉	45
無水奶油	80
水	120

油酥	
低筋麵粉	180
無水奶油	70
內餡	
百香果柚子餡［P. 34］	600
烤熟鹹蛋黃［P. 21］	24 顆

蛋黃水	
蛋黃	60
水	3
淡色醬油	3
裝飾	
黑芝麻	適量

作法

1

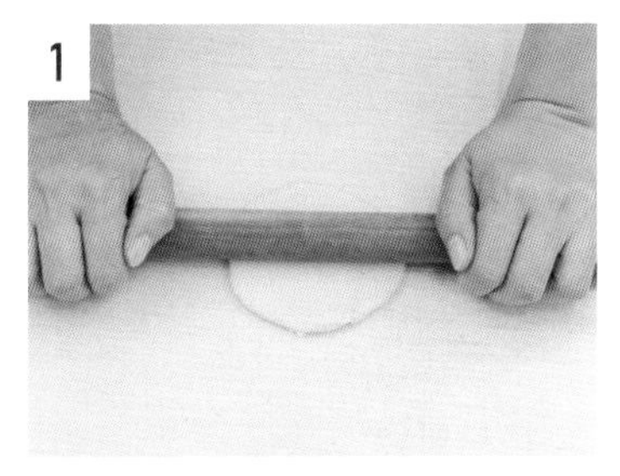

水油皮(分割 20 公克，共 24個)、油酥(分割 10公克，共24個)、擀捲、整形作法，請參考 P.45 ～ P.47。

2

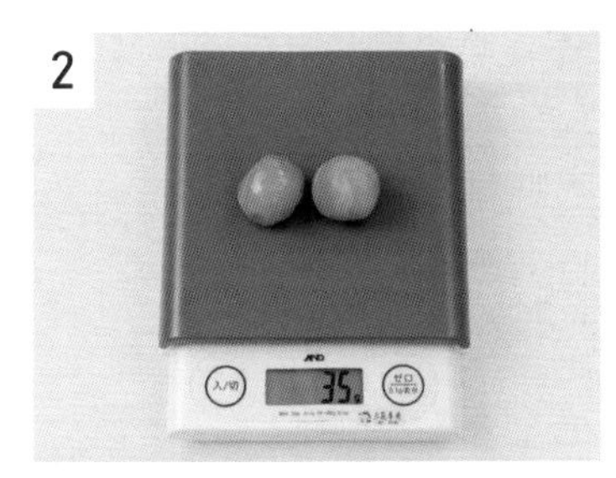

內餡分割：百香果柚子餡(分割 25 公克)和烤熟鹹蛋黃合計每份重量 35 公克。

3

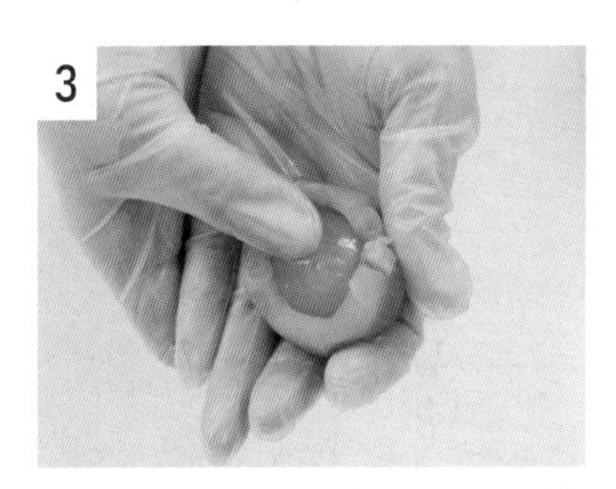

百香果柚子餡包入 1 顆烤熟鹹蛋黃。

4

餡料包好備用。

5

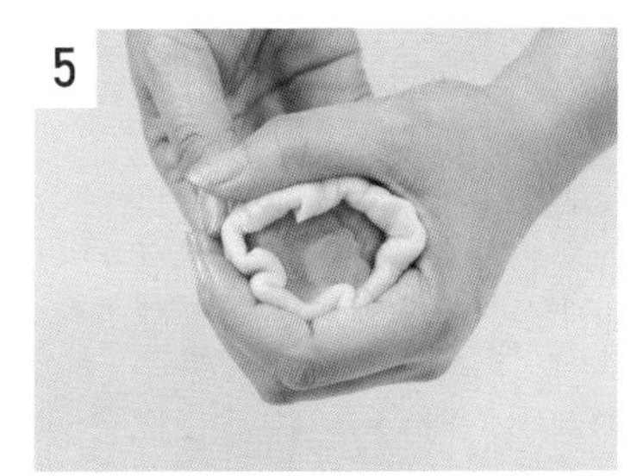

取出擀好的油酥皮，包入內餡，收口收緊。

6

收口朝下，放上烤盤，上火 190 ／下火 170℃ ，烤焙 30 分鐘。

7

取出，表面刷上蛋黃水 2 次。蛋黃水調法：將材料拌勻過篩即可使用。

8

撒上黑芝麻裝飾。放入烤箱，續烤 5 ～ 10 分鐘，烤熟。

9

出爐後放涼、包裝。

滷肉肉臊綠豆椪

份　　量　24 個

保存期限　室溫可保存 5 ～ 7 天
冷藏可保存 14 天

烤箱預熱　上火 180 ／下火 160℃

操作方式　小包酥、暗酥

材料 (g) ＊可將無水奶油換成豬油。

水油皮	
中筋麵粉	270
糖粉	45
無水奶油	80
水	120

油酥	
低筋麵粉	180
無水奶油	70

內餡	
綠豆沙餡 [P. 26]	600
鹹香肉臊餡 [P. 38]	240

作法

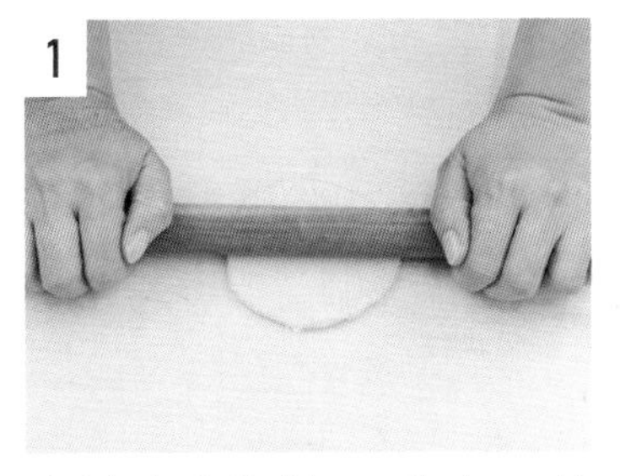

1 水油皮（分割 20 公克，共 24 個）、油酥（分割 10 公克，共 24 個）、擀捲、整形作法，請參考 P.45 ～ P.47。

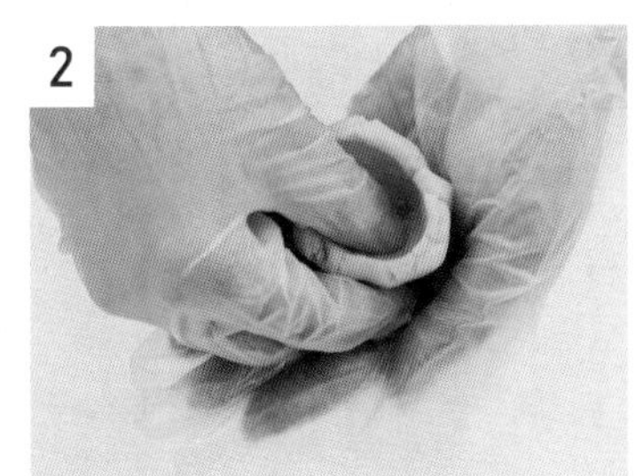

2 綠豆沙分割每個 25 公克，做出凹洞。

3 包入 10 公克鹹香肉臊餡。

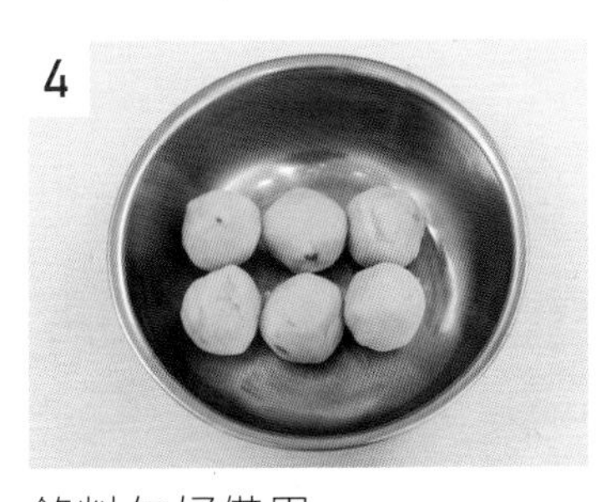

4 餡料包好備用。
只包綠豆沙餡不包鹹香肉臊餡的話，綠豆沙餡請分割每個 35 公克。

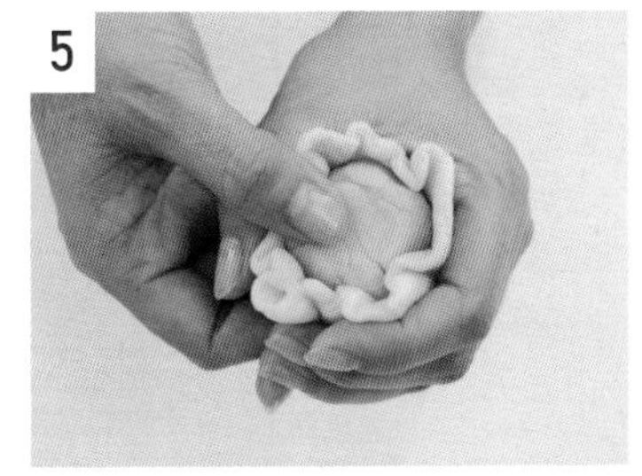

5 取出擀好的油酥皮，包入內餡，收口收緊。

6 收口朝下，蓋上印章。
印色調製法：將紅色色膏倒在海綿上，即可用印章沾來蓋，不需加水。

7 整形成圓形，排放在烤盤上。

8 放入烤箱，上火 180 ／下火 160℃，烤焙 30 分鐘，調頭續烤 5 ～ 10 分鐘，出爐。

9 出爐後放涼、包裝。

咖哩肉臊綠豆椪

份　　量　24 個

保存期限　室溫可保存 5 ～ 7 天
冷藏可保存 14 天

烤箱預熱　上火 180 ／下火 160℃

操作方式　小包酥、暗酥

材料 (g) ＊可將豬油換成無水奶油。

水油皮	
中筋麵粉	270
糖粉	30
咖哩粉（乾鍋炒香，放涼）	10
豬油	110
水	120

油酥	
低筋麵粉	180
豬油	90
內餡	
綠豆沙餡［P. 26］	600
咖哩肉臊餡［P. 40］	240

作法

1

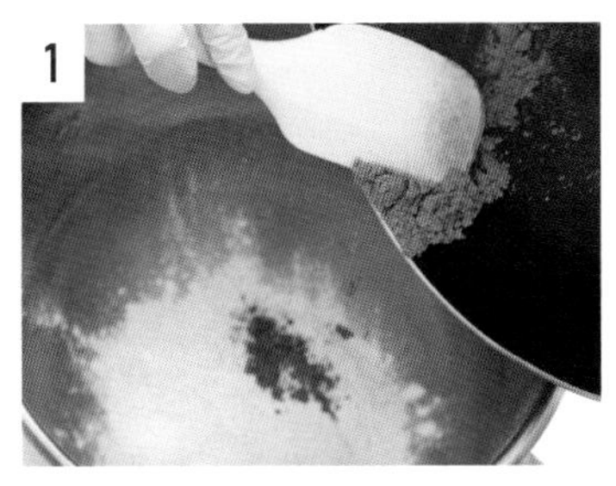

水油皮作法請參考 P.45。咖哩粉與糖粉同一步驟加入。完成的水油皮每個分割 20 公克，共 24 個。

2

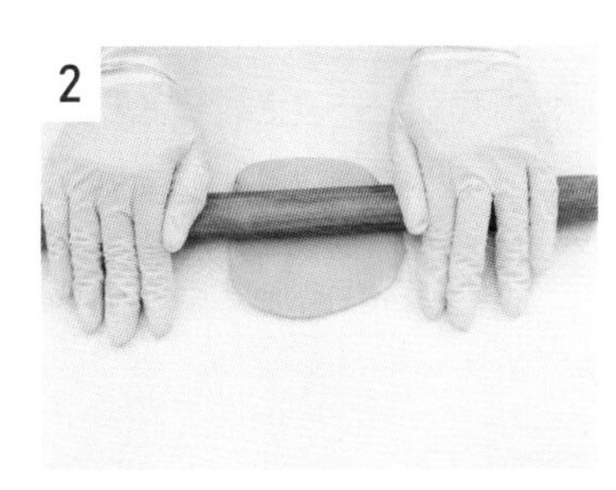

油酥（分割 10 公克，共 24 個）、擀捲、整形作法，請參考 P.46 ～ P.47。

3

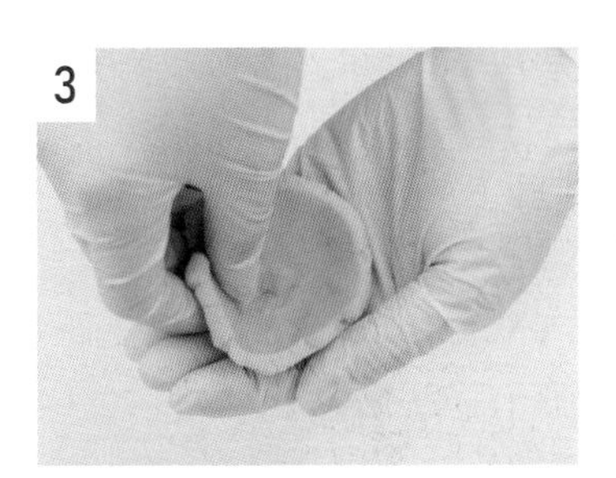

綠豆沙餡分割每個 25 公克，做出凹洞。

4

包入 10 公克咖哩肉臊餡。

5

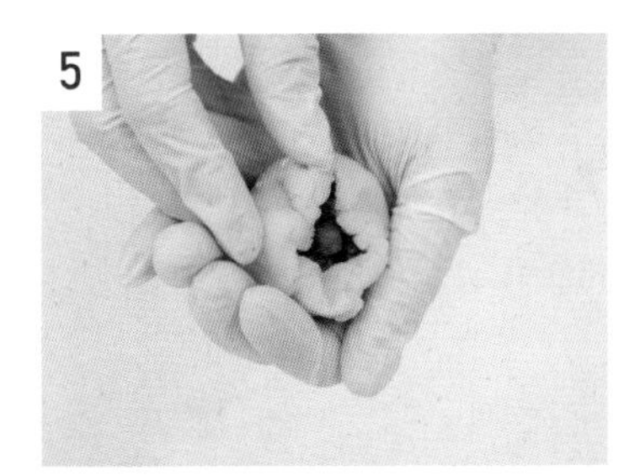

收口，包好，備用。

6

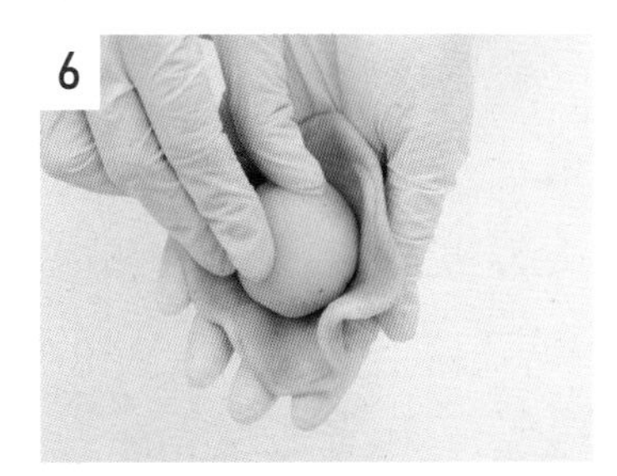

取出擀好的油酥皮，包入內餡，收口收緊。

7

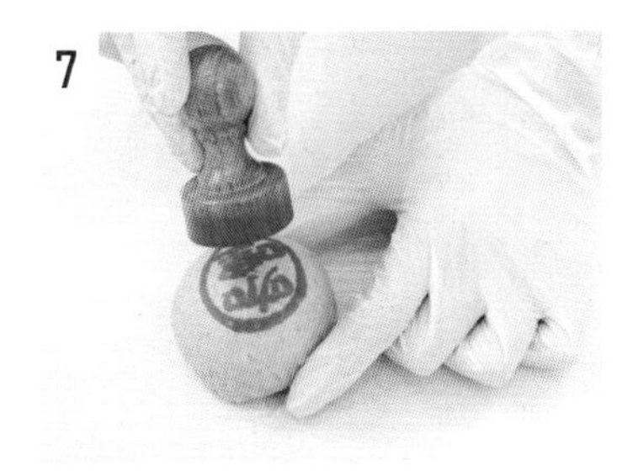

收口朝下，蓋上印章。

印色調製法：將紅色色膏倒在海綿上，即可用印章沾來蓋，不需加水。

8

整形成圓形，排放在烤盤上。

9

放入烤箱，上火 180 ／下火 160℃，烤焙 30 分鐘，調頭續烤 5 ～ 10 分鐘，出爐後放涼、包裝。

干貝彩頭酥

份　　量　24 個

保存期限　室溫可保存 4 天
冷藏可保存 7 天

烤箱預熱　上火 180 ／下火 160℃

操作方式　小包酥、明酥、雙酥

材料 (g)　＊可將豬油換成無水奶油。

水油皮	
中筋麵粉	285
糖粉	30
豬油	90
水	115
油酥	
低筋麵粉	170
豬油	85
內餡	
白蘿蔔	1200
鹽	6

調味料	
干貝	30
蝦米	60
鹽	8
細砂糖	8
白胡椒粉	5
香麻油	35
蔥花	170
裝飾	
豬油	適量

作法

一、水油皮、油酥、擀捲

1

水油皮作法請參考 P.45。
每個分割 40 公克，共 12 個。

2

油酥作法請參考 P.46。
每個分割 20 公克，共 12 個。

3

擀捲請參考 P.46 ～ P.47。

二、餡料

4

干貝用米酒浸泡一晚，放入電鍋中，外鍋兩杯水，蒸熟。

5

取出，用菜刀壓扁，剝成絲。

6

蝦米泡水 5 分鐘，泡軟。

將泡軟蝦米切碎。

白蘿蔔去皮、刨成絲。

加入鹽 6 公克，拌勻，靜置 10 分鐘。

取豆漿布放入白蘿蔔絲。

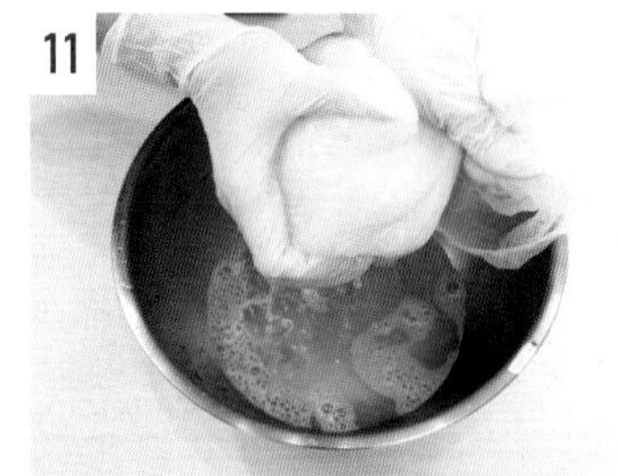

擰乾。

打開，再擠乾，確保水分擠掉，擠乾後約 410 公克。

加入調味料，鹽、細砂糖、白胡椒粉拌勻。

加入干貝絲。

加入切碎蝦米，拌勻。

加入蔥花。

再加入香麻油。

拌勻，備用。

三、包餡、成型

19

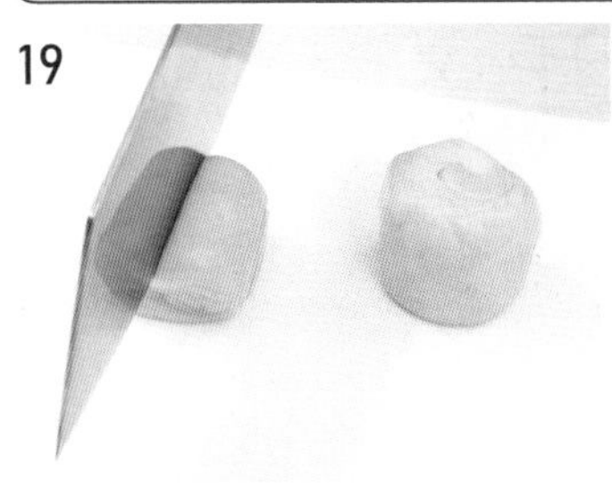

鬆弛好的油酥皮，直的切開，紋路會呈現直條狀。

20

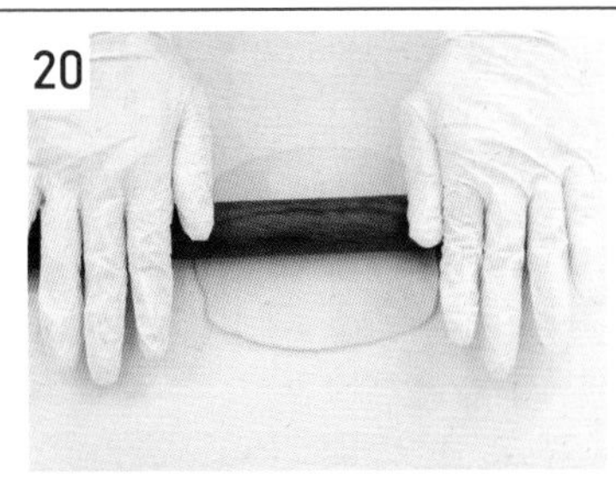

紋路面朝下，擀開成圓片狀。

21

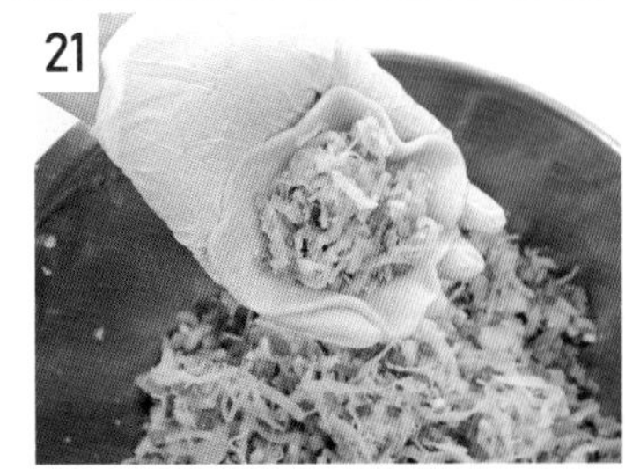

紋路面朝下，包入內餡每個 30 公克。

22

收口包緊，整形成圓形。

23

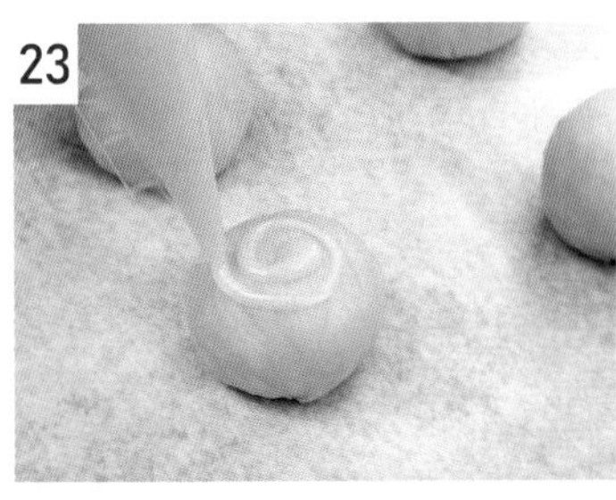

放上烤盤，表面擠上豬油。

24

放入烤箱，烤箱預熱，上火 180 ／下火 160℃，烤焙 30 分鐘，調頭續烤 5 ～ 10 分鐘。

烤熟出爐，放涼，包裝。

筆記

炫彩芋頭麻糬酥

- 份　　量　24 個
- 保存期限　室溫可保存 5 ～ 7 天
  冷藏可保存 14 天
- 烤箱預熱　上火 180 ／下火 160℃
- 操作方式　小包酥、明酥

材料 (g) ＊可將無水奶油換成豬油。

水油皮	
中筋麵粉	270
糖粉	45
無水奶油	80
水	120
內餡	
芋頭餡 [P. 28]	600
耐烤麻糬	24 顆

紅色油酥	
低筋麵粉	60
無水奶油	25
甜菜根粉	少許
黃色油酥	
低筋麵粉	60
無水奶油	25
黃梔子粉	少許

綠色油酥	
低筋麵粉	60
無水奶油	25
抹茶粉	少許

Tip
手粉使用高筋麵粉。

作法

一、水油皮

1

水油皮作法請參考 P.45。

2

取出完成的水油皮(分割 40 公克,共 12 個),用塑膠袋包好,冷藏鬆弛。

3
注意:鬆弛時請包好,以防止水油皮乾掉,可以放在冷藏保存,以防止水油皮出油。

二、彩色油酥

4

紅色油酥製作:
加入少許甜菜根粉在過篩好的低筋麵粉中。

5

粉料倒入無水奶油裡,用刮刀拌均勻。

6

拌成團即可,不要拌太久,才不會黏手。
太黏手可加少許手粉調整,或冷藏 10 分鐘即可使用。

7

黃色油酥製作：
加入少許黃梔子粉在過篩好的低筋麵粉中。

8

粉料倒入無水奶油裡，用刮刀拌均勻。

9

拌成團即可，不要拌太久，才不會黏手。

太黏手可加少許手粉調整，或冷藏 10 分鐘即可使用。

10

綠色油酥製作：
加入少許抹茶粉在過篩好的低筋麵粉中。

11

粉料倒入無水奶油裡，用刮刀拌均勻。

12

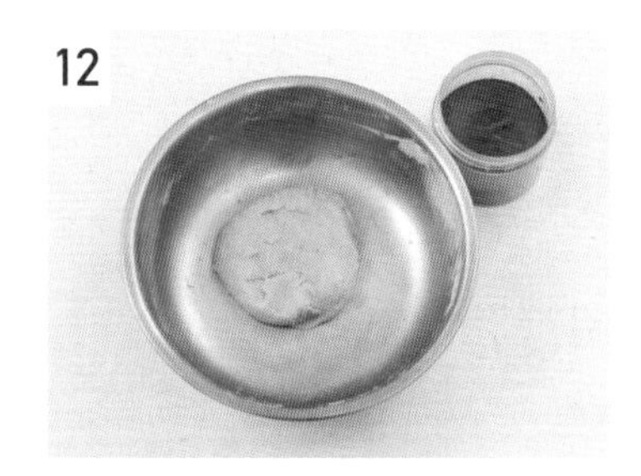

拌成團即可，不要拌太久，才不會黏手。

太黏手可加少許手粉調整，或冷藏 10 分鐘即可使用。

三、油皮包油酥擀捲

13

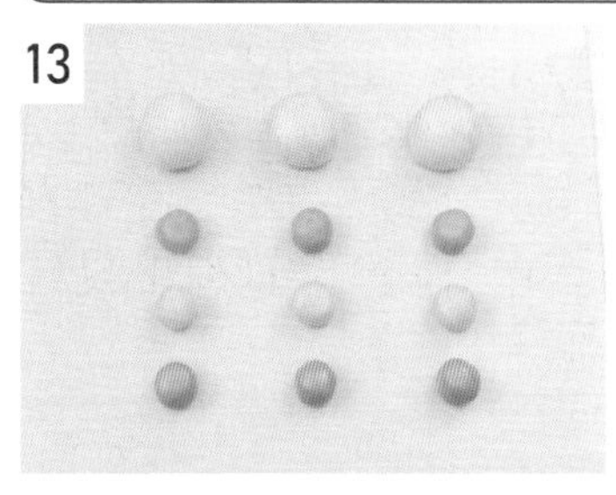

水油皮分 40 公克，12 個，油酥每色分 7 公克，各 12 個。

14

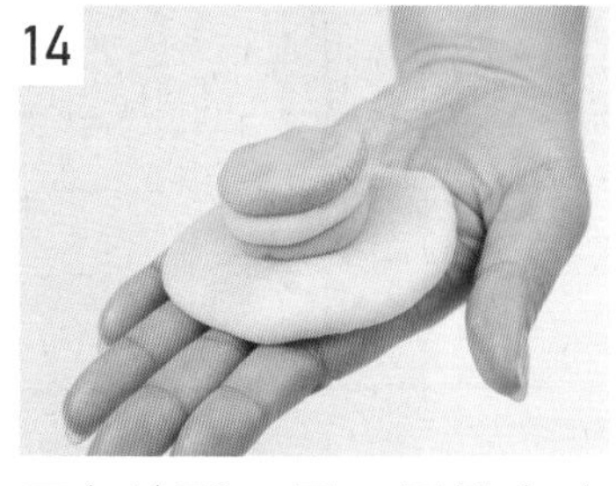

三色油酥一層一層疊在水油皮上。

15

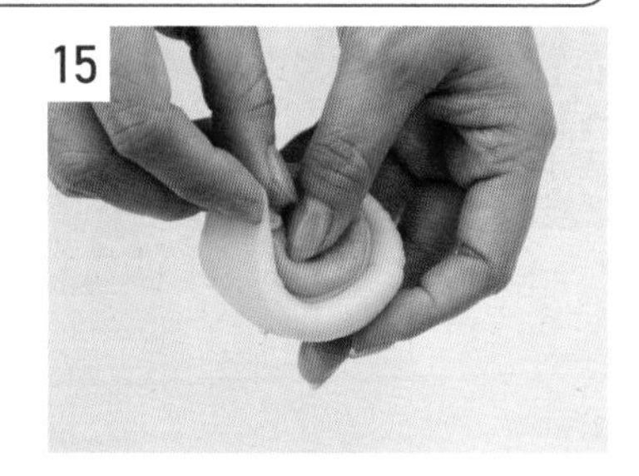

包起，收口朝上。

16

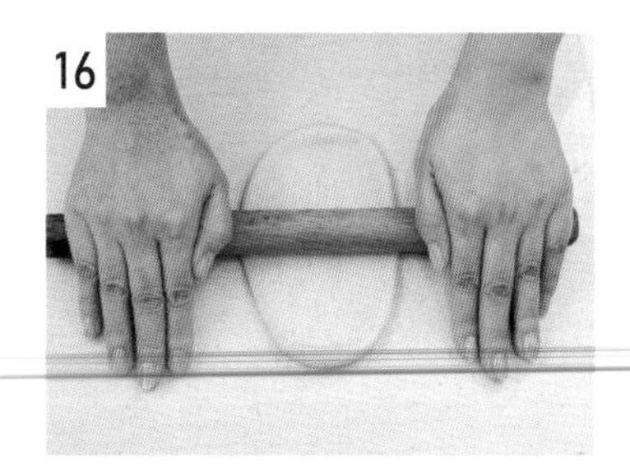

在桌面上用手掌心拍扁，擀麵棍從中間往前後擀開。

17

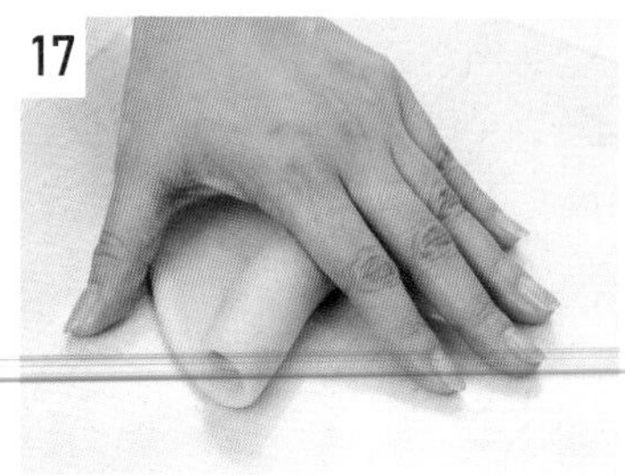

捲起。

18

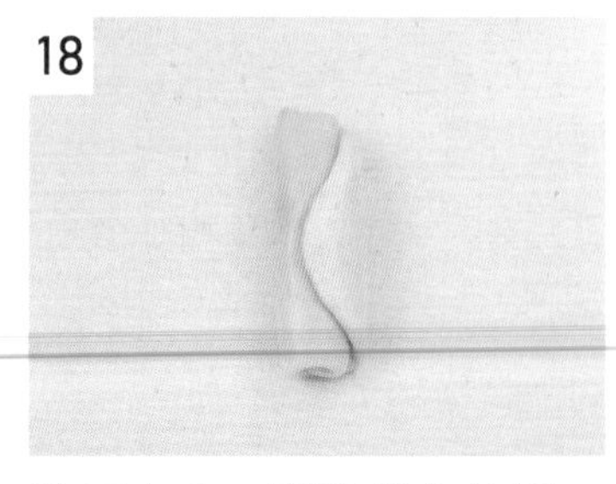

收口向上，用手掌心拍扁。

19

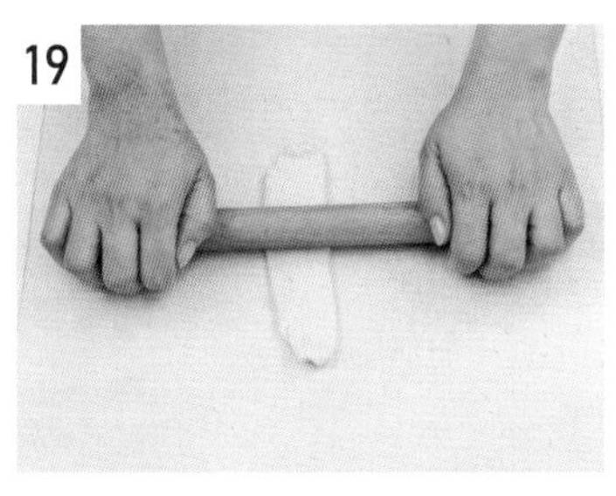

用擀麵棍從中間往前後擀開。

20

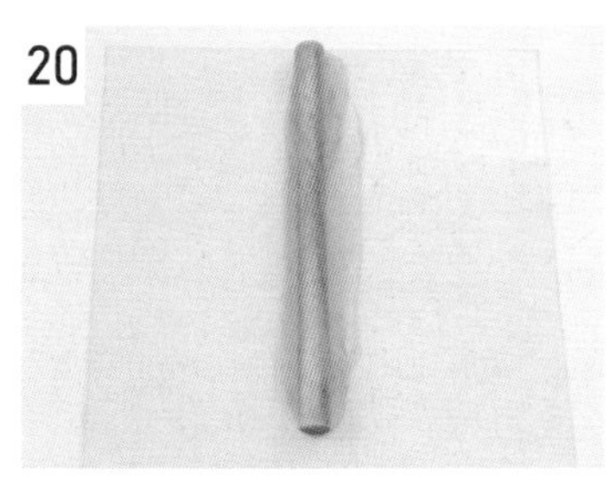

擀到 30 公分長。

21

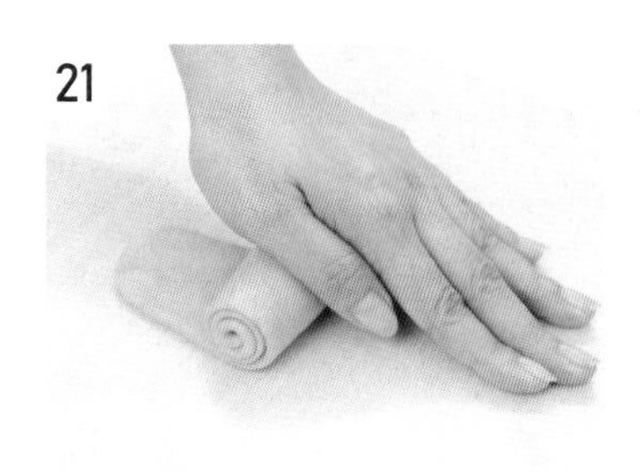

捲起。

22

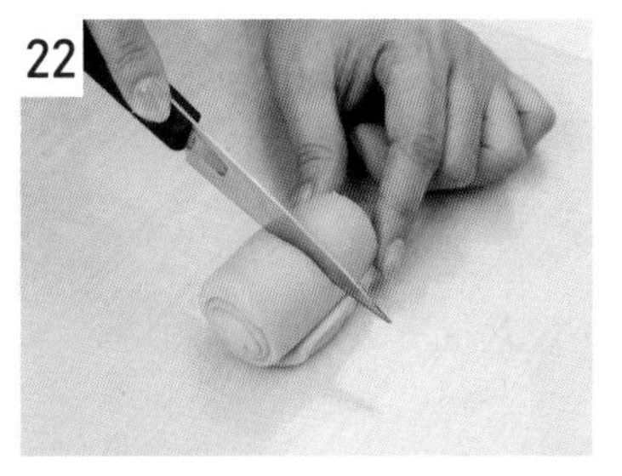

用刀子從中間切開。

23

放入保鮮盒中，冷藏鬆弛 20 分鐘，即可使用。

24

冷藏保存才不會出油。
擀捲好的油酥皮，冷藏可保存 4 ～ 5 天，冷凍可保存 3 個月。

四、包餡、成型

25

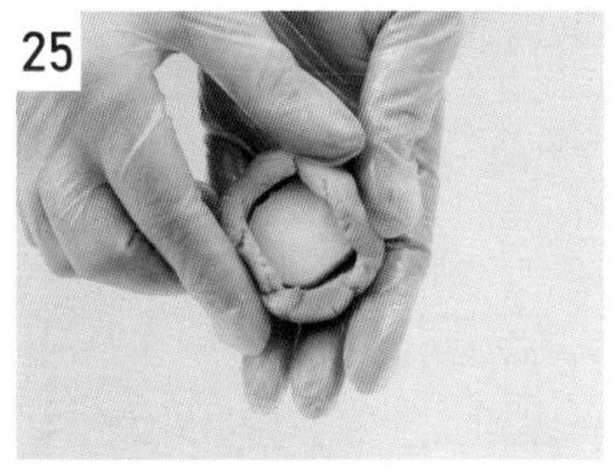

芋頭餡分割每個 25 公克，包入一顆 10 公克的耐烤麻糬，合計重量每份 35 公克。

26

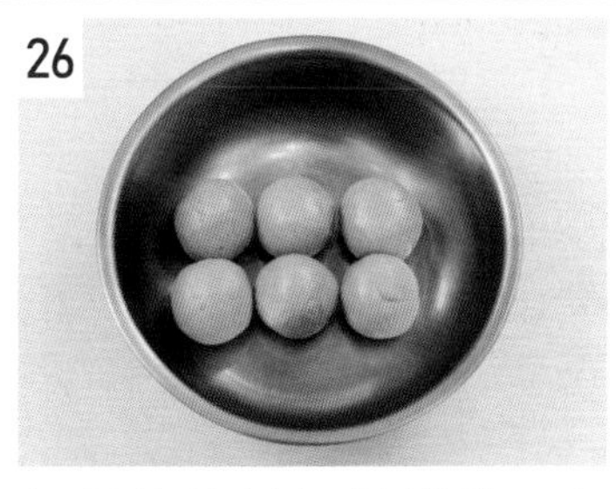

包好的餡料包保鮮膜，先放在冷凍庫備用。
包好的餡料冰入冷凍庫凍硬，避免耐烤麻糬太軟，不好成型。

27

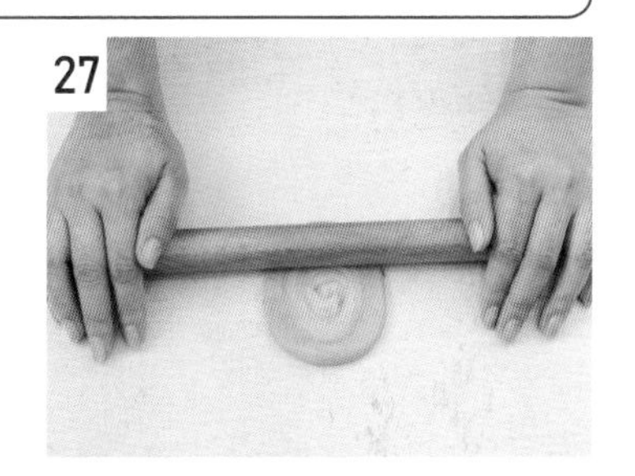

鬆弛好的油酥皮，切口朝上壓扁，用擀麵棍擀開成圓片。

28

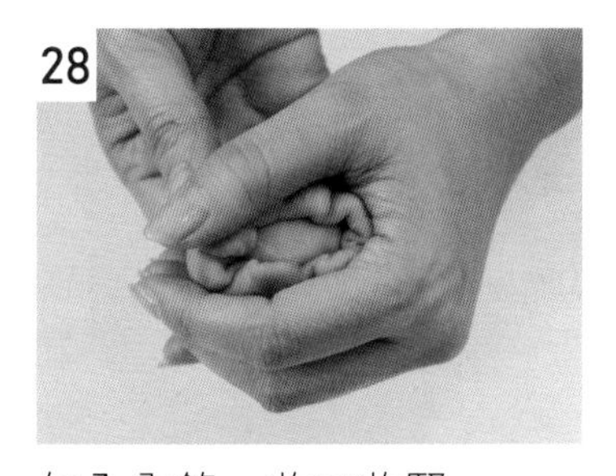

包入內餡，收口收緊。
注意擀開的切口面朝外，烤焙後產品的紋路才美。

29

收口朝下，整形成圓形，放上烤盤。

30

烤箱預熱，入爐上火 180 ／下火 160℃ ，烤焙 30 分鐘，調頭續烤 5 ～ 10 分鐘，出爐後放涼、包裝。

大包酥
油皮油酥製作

保存期限　水油皮及油酥：冷藏可保存 4 ～ 5 天，冷凍可保存 3 個月
擀折好的油酥皮：冷藏可保存 4 ～ 5 天，冷凍可保存 3 個月

脆皮菠蘿蛋黃酥／P.68

黃金月亮酥／P.72

千層芋頭酥／P.74

抹茶金沙流心酥／P.78

材料 (g)

＊可將豬油換成無水奶油。

＊此為示範重量，實際重量以每個品項材料為主。

水油皮（示範重量）	
中筋麵粉	260
糖粉	40
豬油	80
水	120

油酥（示範重量）	
低筋麵粉	165
豬油	85

Tip

手粉使用高筋麵粉。

作法

一、水油皮

1

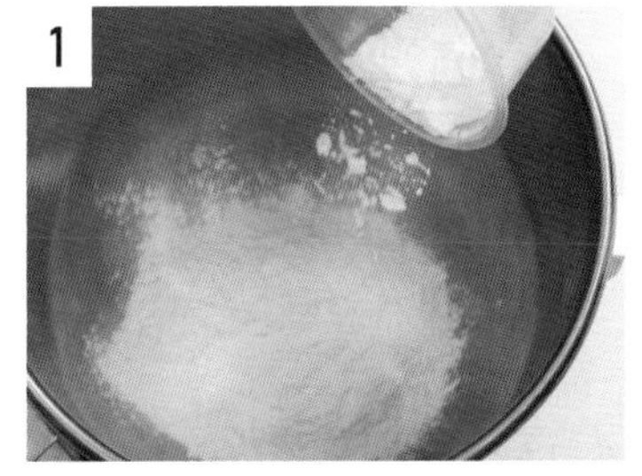

中筋麵粉、糖粉過篩在攪拌缸裡。

2

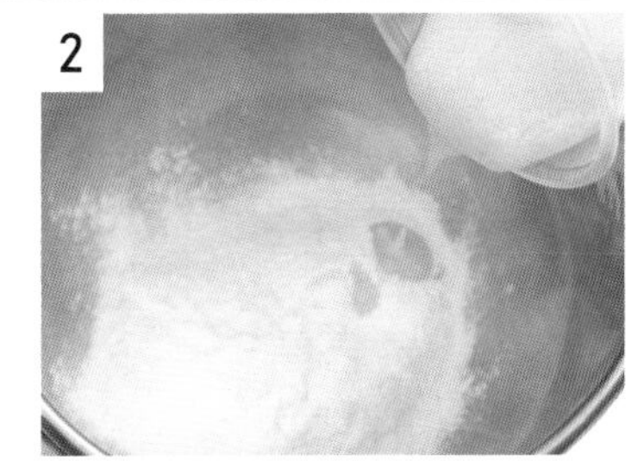

加入豬油。

3

加入水。

4

用槳狀拌打器攪拌，慢速 1 分鐘，中速攪拌 5 分鐘。

5

攪拌好的麵團成三光狀態。裝入塑膠袋中。放入冰箱冷藏 30 分鐘，才不會出油。

6

可以先做好，冷藏可保存 4～5 天，冷凍可保存 3 個月

二、油酥

7

低筋麵粉過篩在鋼盆裡，加入豬油。

8

用刮刀拌成團。

9

裝在塑膠袋裡，壓平，放入冰箱冷藏 30 分鐘。

可以先做好放在冷藏，可保存 4 ～ 5 天。

三、油皮包油酥擀折

10

桌面上撒手粉，水油皮攤開成油酥的二倍大，放上油酥。

11

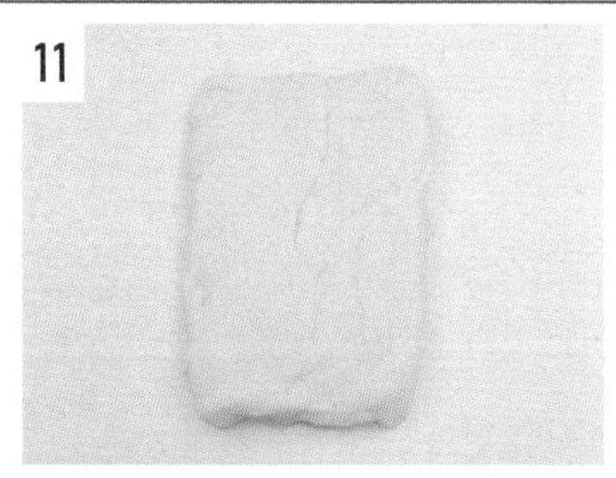

油皮包油酥包好，不要包入過多空氣。

12

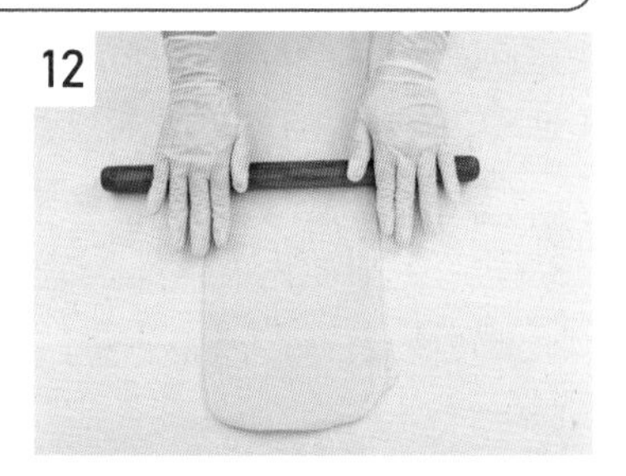

擀長成 60 公分，可在麵皮上刷上薄薄的手粉，防止沾黏。

13

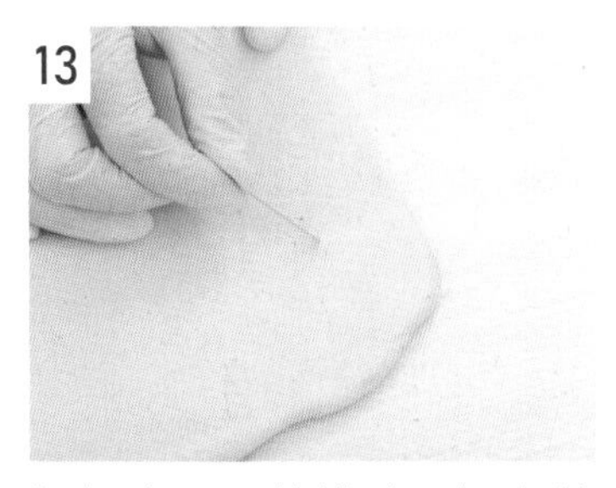

把氣泡用牙籤挑破，把多餘的手粉刷掉。噴水器噴上薄薄的水，用刷子刷均勻。

14

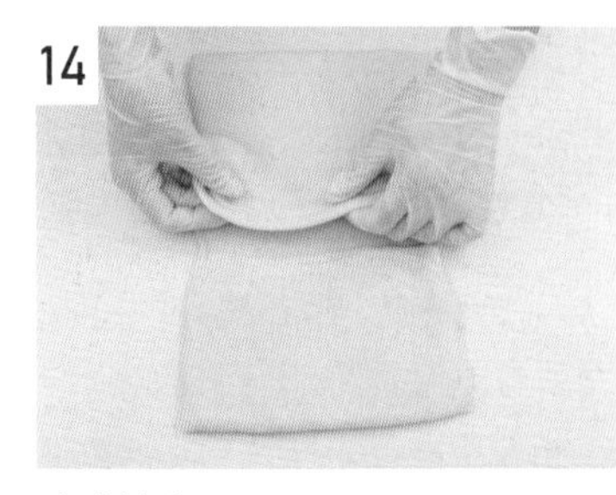

先對折。

15

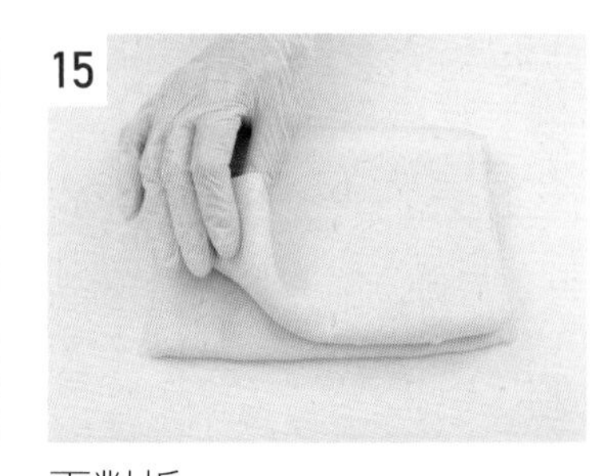

再對折。

16

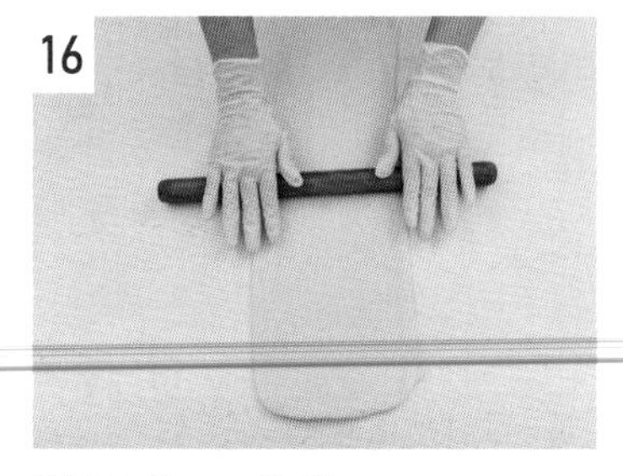

擀長成 60 公分。

17

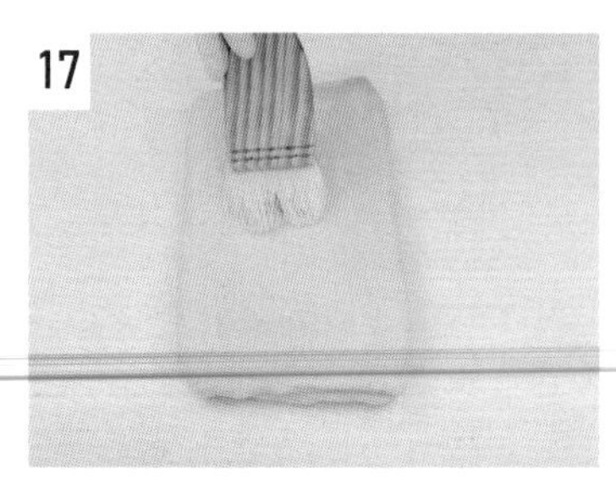

把氣泡用牙籤挑破，把多餘的手粉刷掉。噴水器噴上薄薄的水，用刷子刷均勻。

18

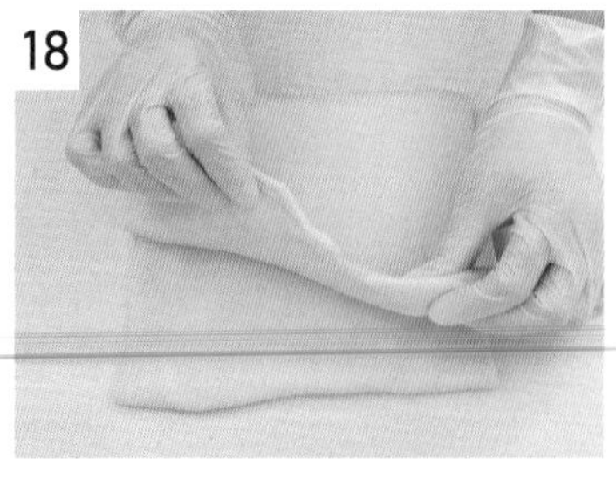

先對折，再對折，共 4 折。

用塑膠袋包好，放入冰箱冷藏 30 分鐘，鬆弛。

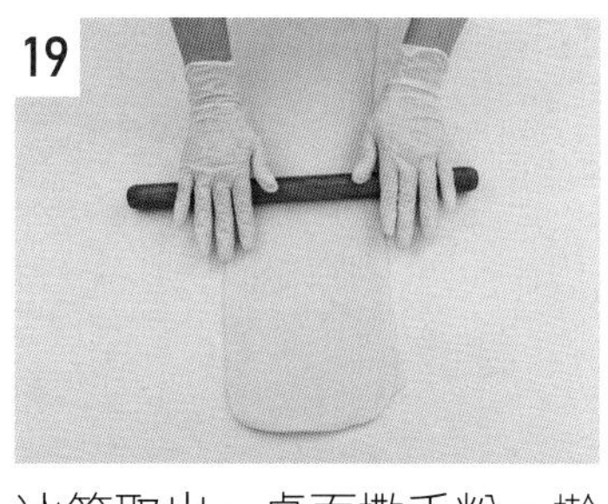

冰箱取出，桌面撒手粉，擀長成 60 公分，將多餘的手粉刷掉。

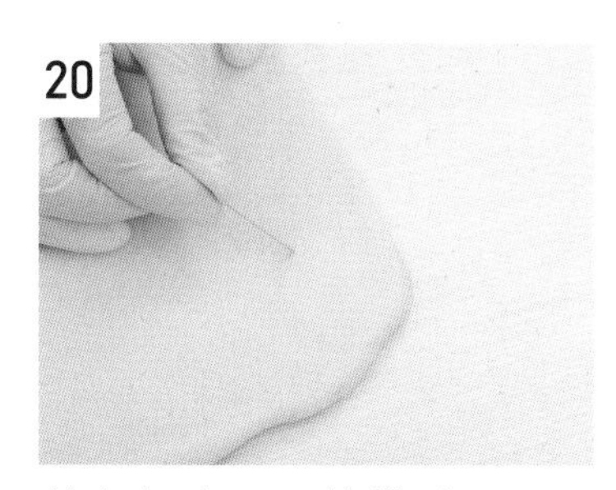

若有氣泡用牙籤挑破。

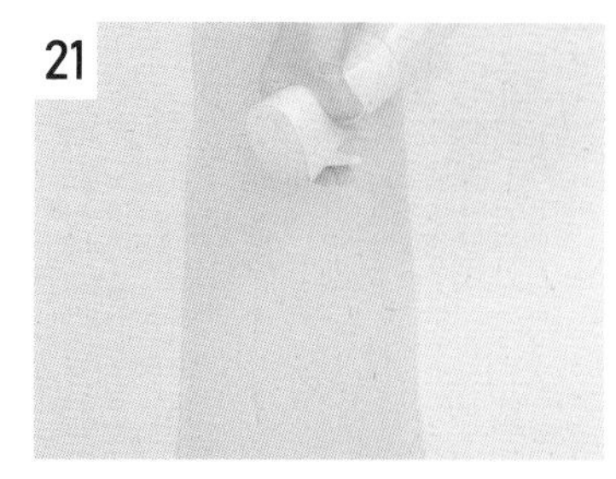

噴水器噴上薄薄的水，用刷子刷均勻。

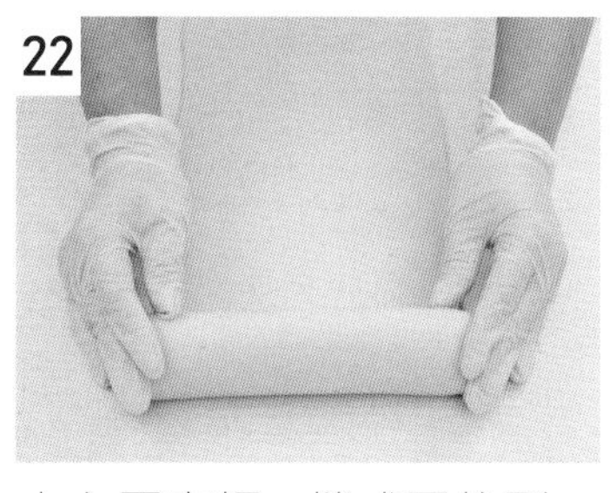

中心固定好，捲成圓柱形，捲緊。

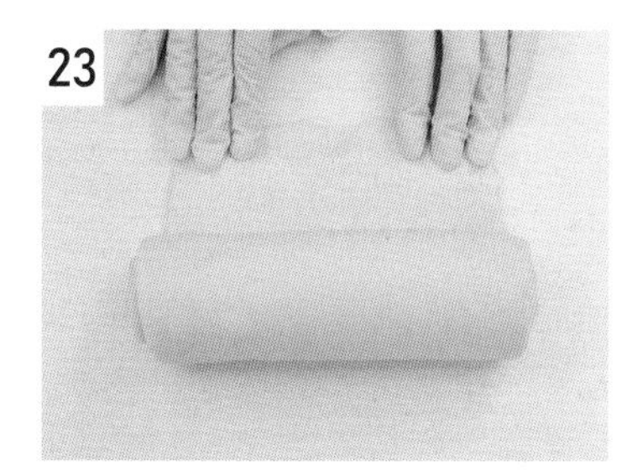

尾端用手指壓薄。

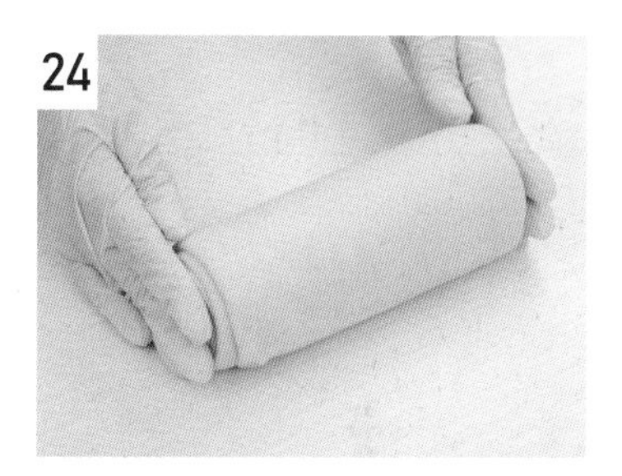

捲緊，放入冷凍 60 分鐘，凍硬。

裝入塑膠袋中，放入保鮮盒中，冷凍可保存3個月。

四、整形成圓片狀

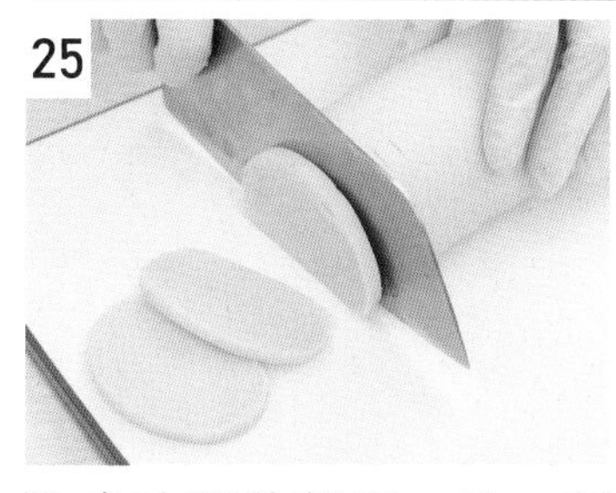

取出冰硬的麵團，量一下長度，平均切成 24 片。

切面二邊都刷上薄薄的手粉。

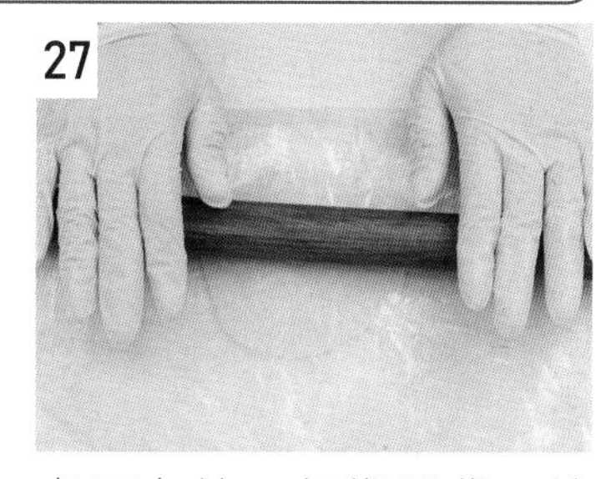

桌面上放一個塑膠袋，放上切好的油酥皮，切口朝上壓扁，再蓋上塑膠袋，用擀麵棍擀開成圓片，用塑膠袋包好，備用。

重點提醒

1、油酥皮做成圓柱狀，冷凍可保存 3 個月，可以先做好備用。
2、油酥皮使用前，放冷藏退冰一晚。
3、油酥皮擀折時，若會沾黏，可撒少許手粉防沾黏，不可太多，以免油酥皮太硬。
4、使用大包酥製作成的千層酥，層次更多、更清楚、更美。

脆皮菠蘿蛋黃酥

- 份　　量　24 個
- 保存期限　室溫可保存 5 ～ 7 天
  冷藏可保存 14 天
- 烤箱預熱　上火 190 ／下火 170℃
- 操作方式　大包酥、明酥

材料 (g) ＊可將豬油換成無水奶油。

脆皮	
豬油	55
細砂糖	45
蛋白	15
香草莢醬	0.5
低筋麵粉	80

水油皮	
中筋麵粉	190
糖粉	30
豬油	55
水	85
油酥	
低筋麵粉	120
豬油	60

內餡	
紅豆沙餡 [P. 22]	600
烤熟鹹蛋黃 [P. 21]	24 顆
蛋黃水	
蛋黃	60
水	3
淡色醬油	3

作法

一、脆皮

1

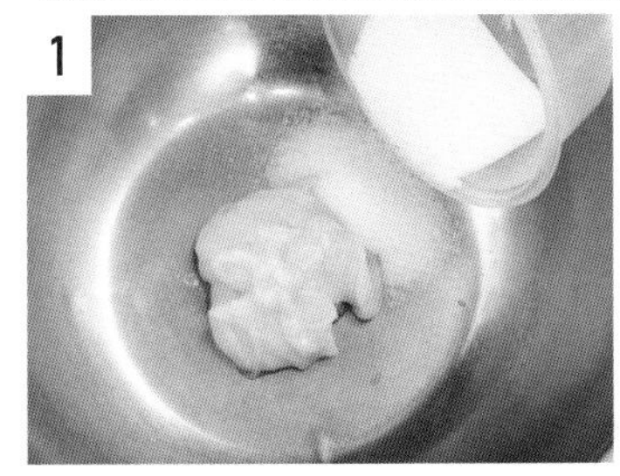

豬油加入細砂糖，用打蛋器攪拌到顏色變白。

2

加入蛋白，用打蛋器攪勻。

3

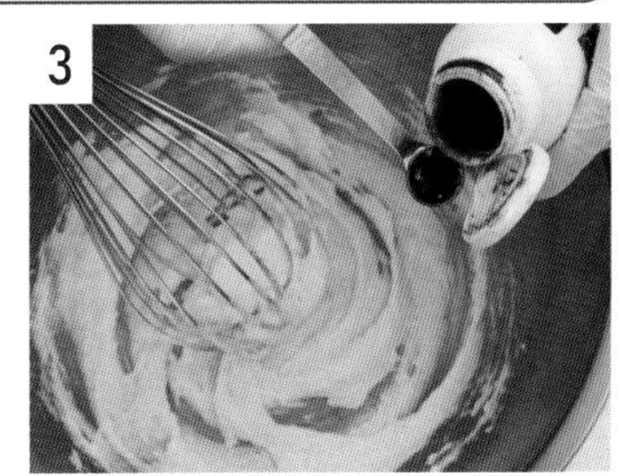

加入香草莢醬，攪勻。

4

低筋麵粉過篩加入。

5

用刮刀拌勻成團。

6

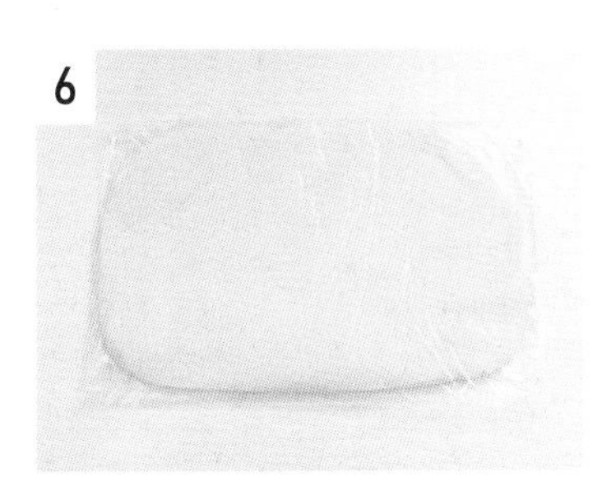

裝入塑膠袋中，冷凍冰硬 30 分鐘。

＃冷凍可保存 3 個月。

二、水油皮、油酥、擀折

7

水油皮作法請參考 P.65。

8

油酥作法請參考 P.66。

9

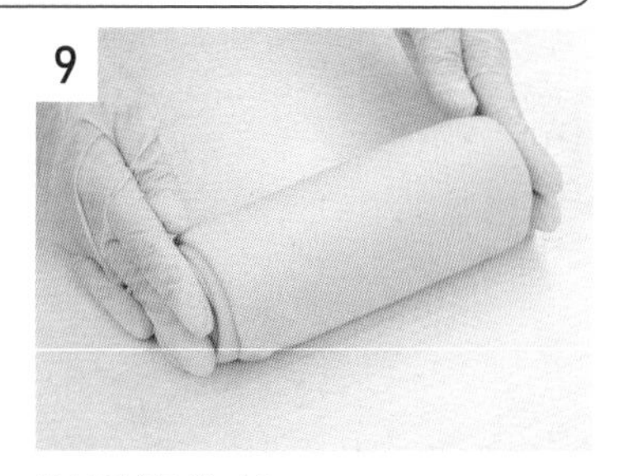

擀折請參考 P.66 ～ P.67。

三、包餡、成型

10

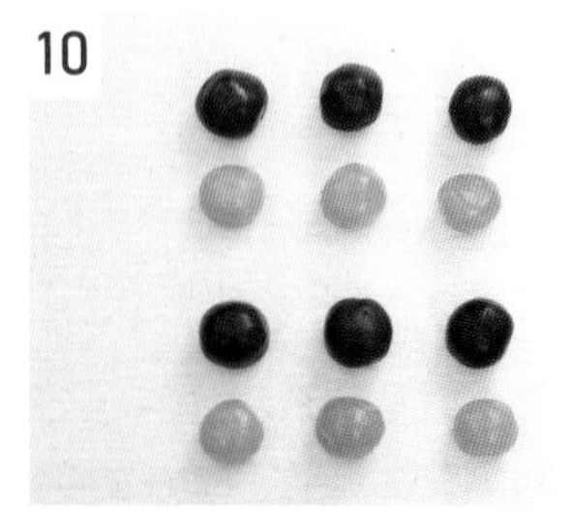

紅豆沙餡分割 25 公克，加上烤熟鹹蛋黃 1 顆，總重 35 公克。

11

取一個分割好的紅豆沙餡，做出凹洞。

12

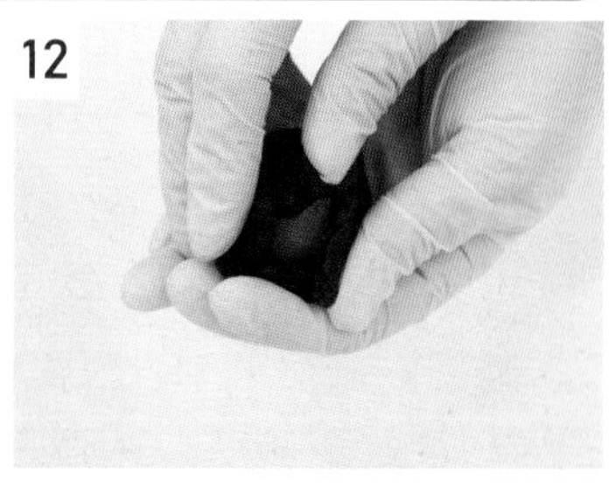

包入鹹蛋黃。

13

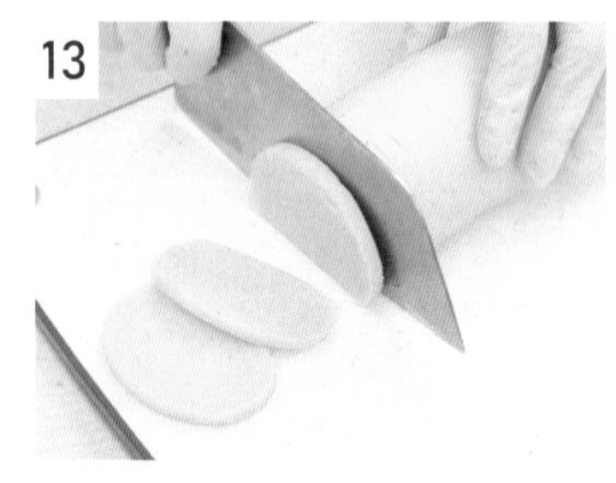

取出冰硬麵團量一下長度，平均切成 24 片。

14

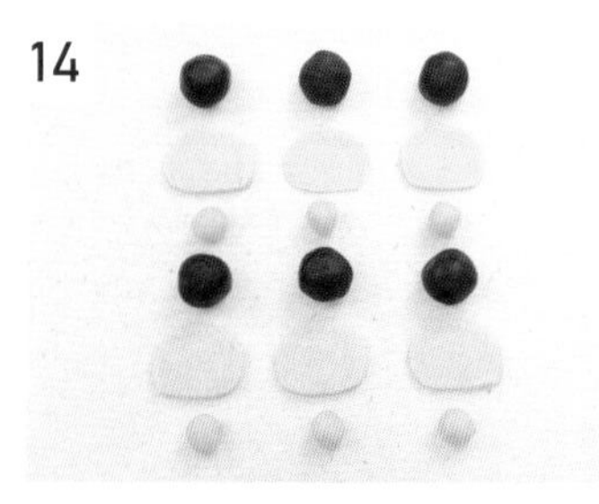

分好一顆內餡、一片油酥皮、一顆脆皮。

15

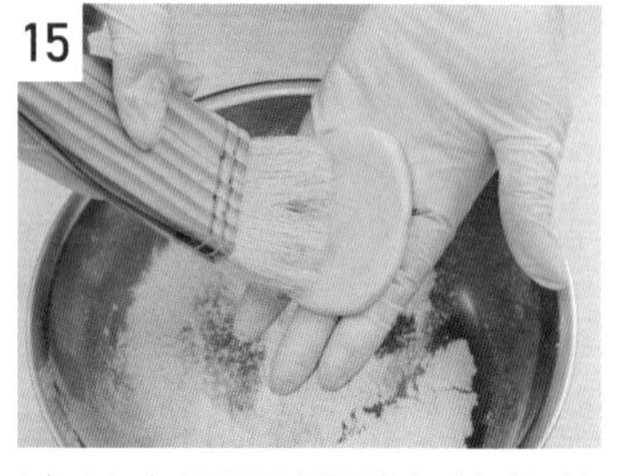

油酥皮兩面都刷上薄薄的手粉。

手粉使用高筋麵粉。

16

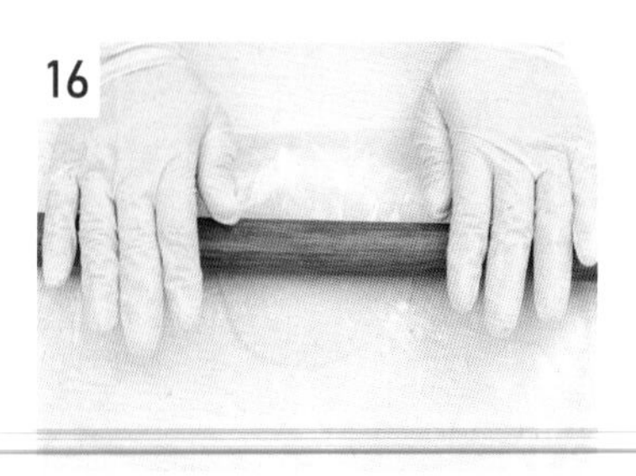

桌面上放一個塑膠袋，放上切好的油酥皮，切口朝上壓扁，再蓋上一片塑膠袋，用擀麵棍擀開成圓片。

17

包入內餡。

18

整形成圓形。

注意擀開的切口面朝外，烤焙後產品的紋路才美。

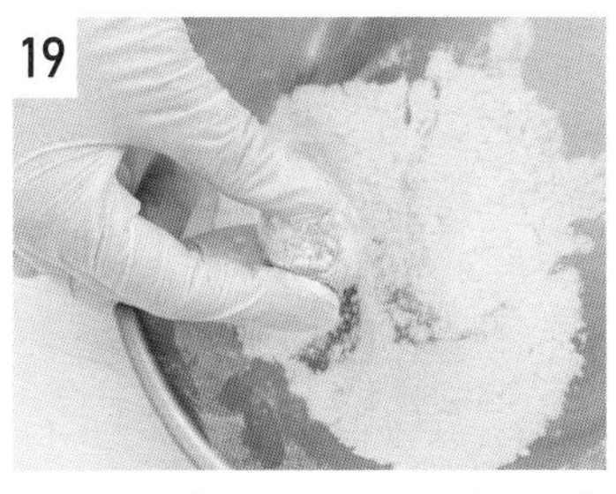

脆皮分割一個 8 公克，沾上高筋麵粉。

桌面上放一張塑膠袋，放上脆皮，上面再蓋一張塑膠袋。

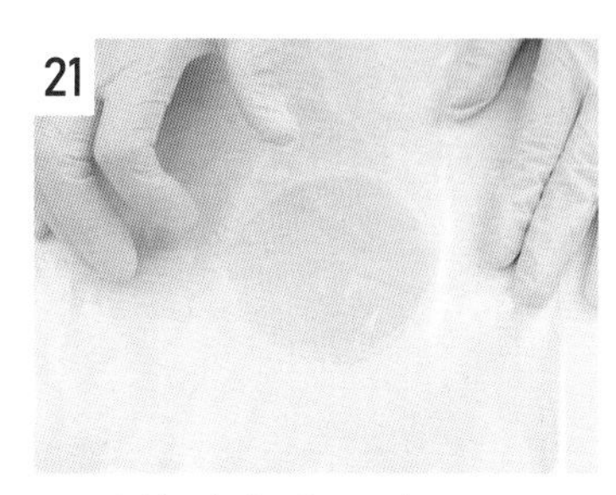

用手整形成扁圓形。

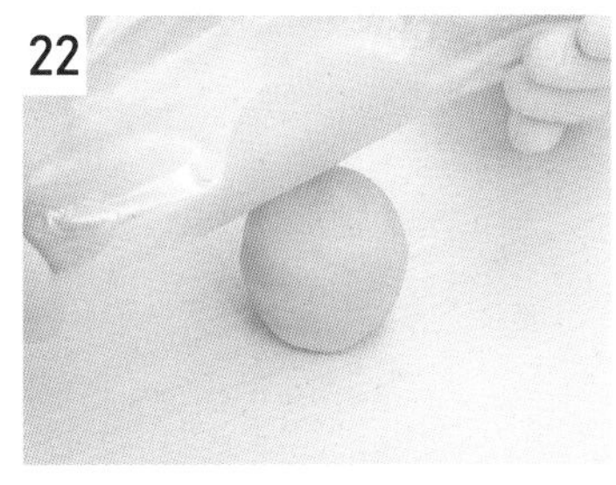

蓋在包好的蛋黃酥上貼緊。

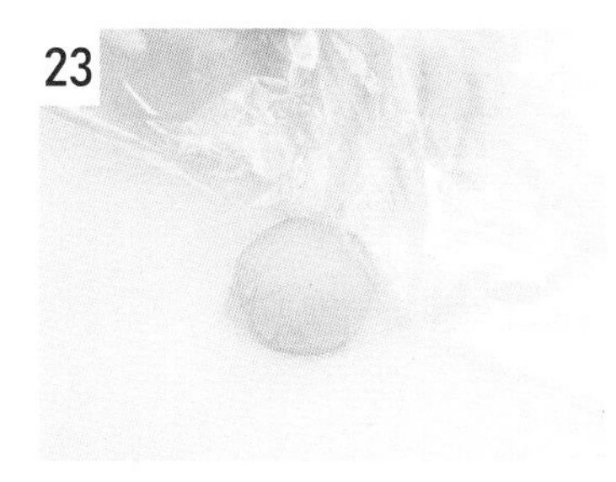

塑膠袋撕開。

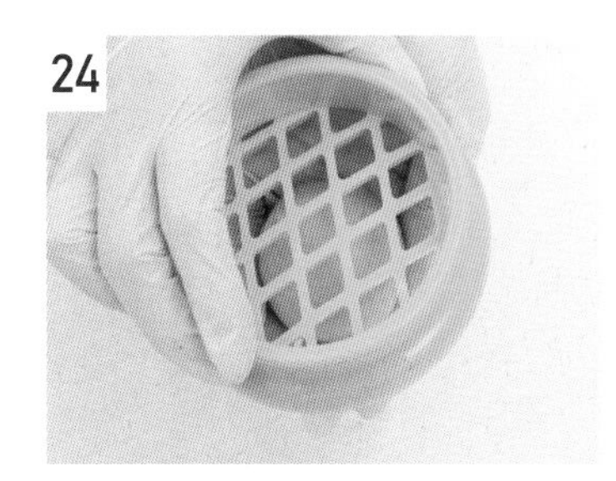

用菠蘿模型在表面壓出菠蘿紋路，放上烤盤。

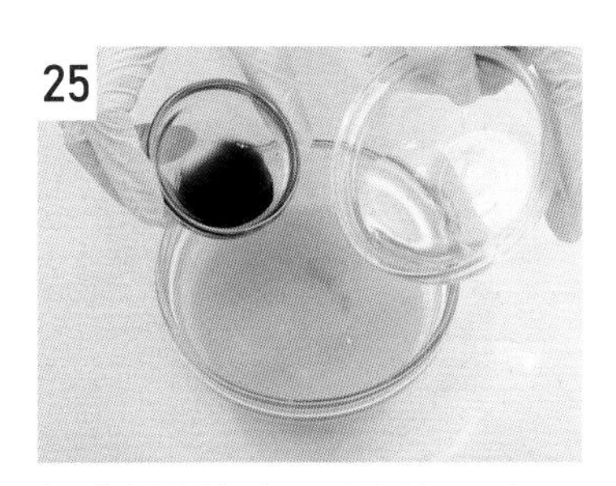

調製蛋黃水：蛋黃、水、淡色醬油混合拌勻，過篩，即可使用。

表面刷上蛋黃水，放入烤箱，烤箱預熱，上火 190／下火 170℃，烤焙 30 分鐘，調頭續烤 5～10 分鐘，烤熟出爐。

出爐後放涼、包裝。

筆記

黃金月亮酥

份　　量　24 個

保存期限　室溫可保存 4 天
冷藏可保存 7 天

烤箱預熱　上火 180 ／下火 160℃

操作方式　大包酥、明酥

材料 (g)　＊可將無水奶油換成豬油。

水油皮	
中筋麵粉	280
糖粉	30
無水奶油	110
水	120

油酥	
低筋麵粉	180
無水奶油	90
內餡	
白豆沙餡［P. 24］	300
綠豆沙餡［P. 26］	300
烤熟鹹蛋黃［P. 21］	20 顆

裝飾	
黃豆粉	20
乳酪粉	10

作法

1

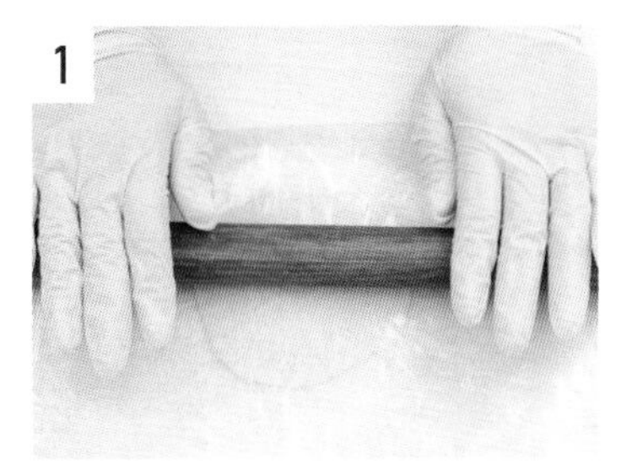

水油皮、油酥、擀折、整形作法請參考 P.65～P.67。

2

烤熟鹹蛋黃，放入調理機，打成撒沙狀。

3

白豆沙餡和綠豆沙餡混合拌勻。

4

拌勻的白綠豆沙餡分割每個 25 公克。

5

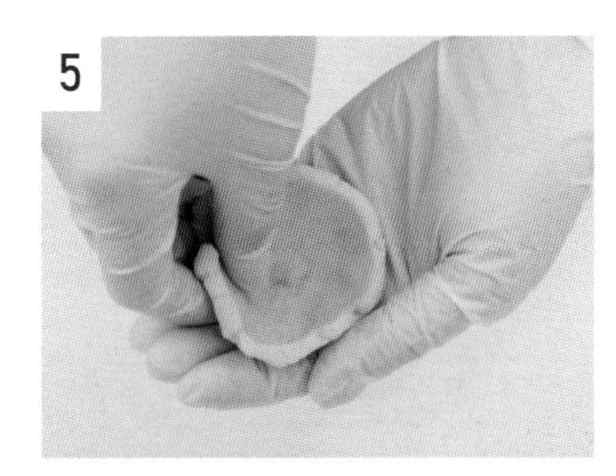

取一個分割好的白綠豆沙餡，做出凹洞。

6

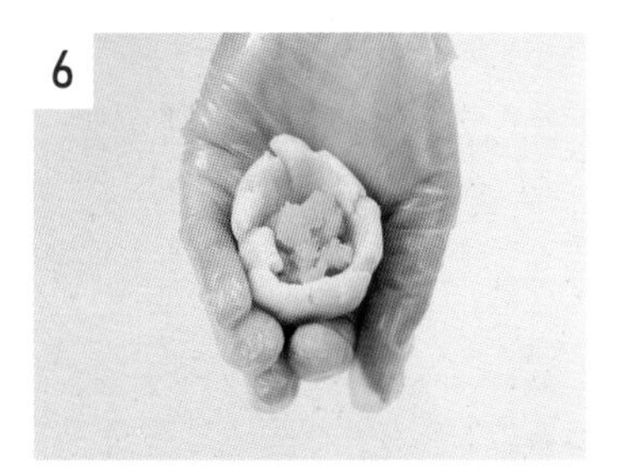

包入 10 公克的鹹蛋黃粉，整形成圓形，備用。

7

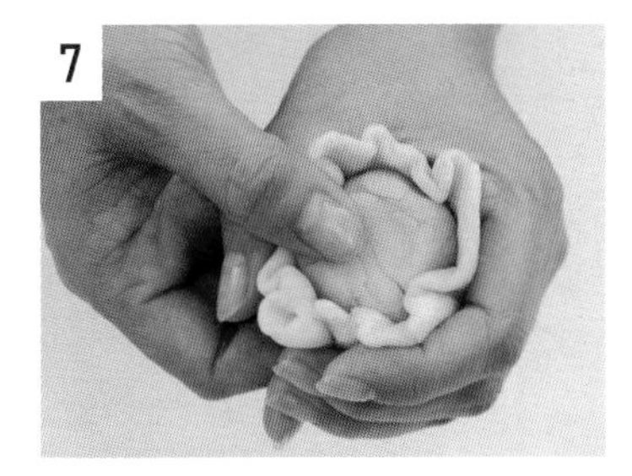

取出擀好的油酥皮，包入內餡，收口收緊。

8

混合黃豆粉和乳酪粉，過篩，使粉末顆粒細緻，篩在表面裝飾。

9

放入烤箱，烤箱預熱，上火 180／下火 160℃，烤焙 30 分鐘，調頭續烤 5～10 分鐘，烤熟出爐。

千層芋頭酥

- 份　　量　24 個
- 保存期限　室溫可保存 5 ～ 7 天
　　　　　　冷藏可保存 14 天
- 烤箱預熱　上火 190 ／下火 170℃
- 操作方式　大包酥、明酥

材料 (g)

＊可將豬油換成無水奶油。

水油皮	
中筋麵粉	265
糖粉	40
豬油	80
水	120
紫色色膏	0.5
油酥	
低筋麵粉	160
豬油	80
內餡	
芋頭餡 [P. 28]	600
肉鬆	120
耐烤麻糬	12 顆

Tip

手粉使用高筋麵粉。

作法

一、水油皮

1

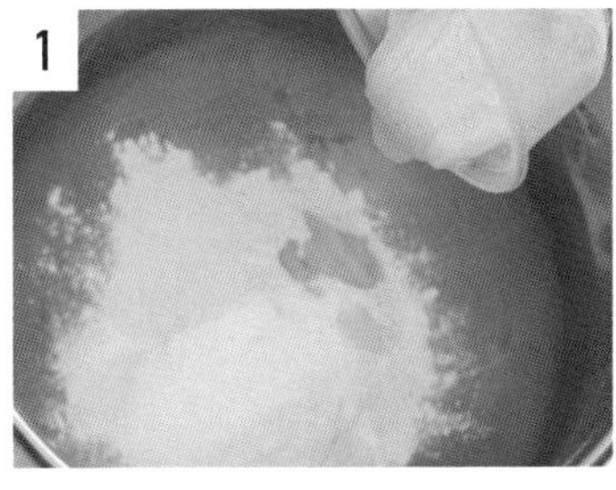

中筋麵粉、糖粉過篩在攪拌缸裡，加入豬油。

2

紫色色膏加入水中，攪勻。

3

倒入攪拌缸裡。

4

用槳狀拌打器攪拌，慢速 1 分鐘，中速攪拌 3 ～ 5 分鐘。

5

攪拌好的麵團成三光狀態。裝入塑膠袋中。放入冰箱冷藏 30 分鐘。

6

可以先做好放在冷藏，可保存 4 ～ 5 天。

二、油酥

7

低筋麵粉過篩在鋼盆裡，加入豬油。

8

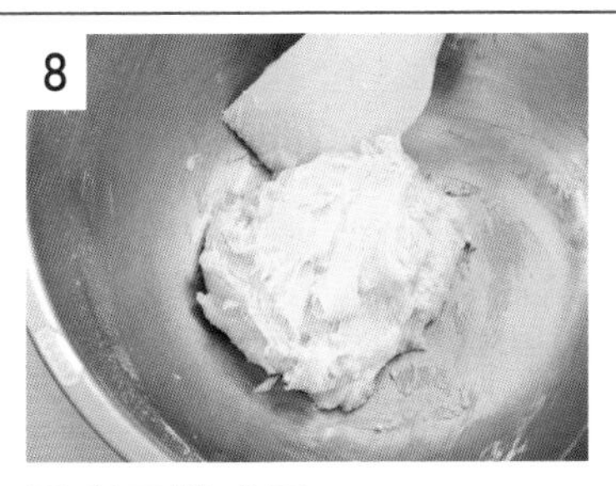

用刮刀拌成團。

9

裝在塑膠袋裡，壓平，放入冰箱冷藏 30 分鐘。

可以先做好放在冷藏，可保存 4 ～ 5 天。

三、油皮包油酥擀折

10

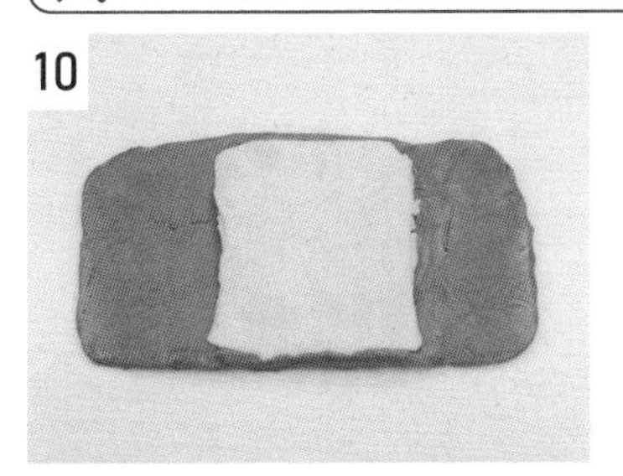

桌面上撒手粉，紫色水油皮攤開成油酥的二倍大，放上油酥。

11

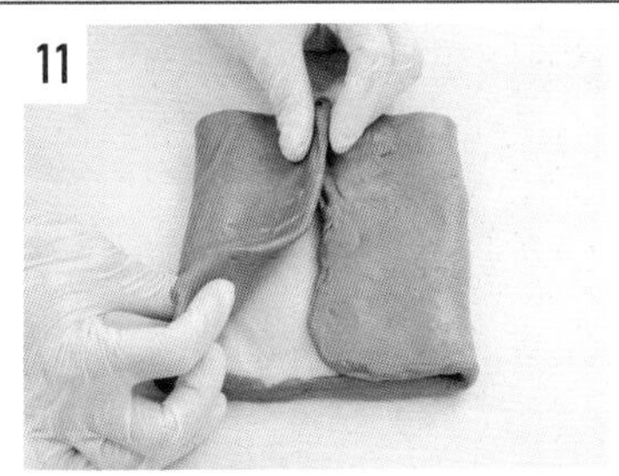

油皮包油酥包好，不要包入過多空氣。

12

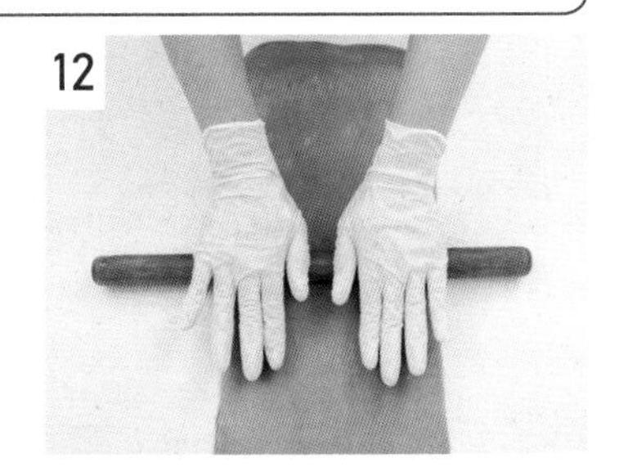

擀長成 60 公分。

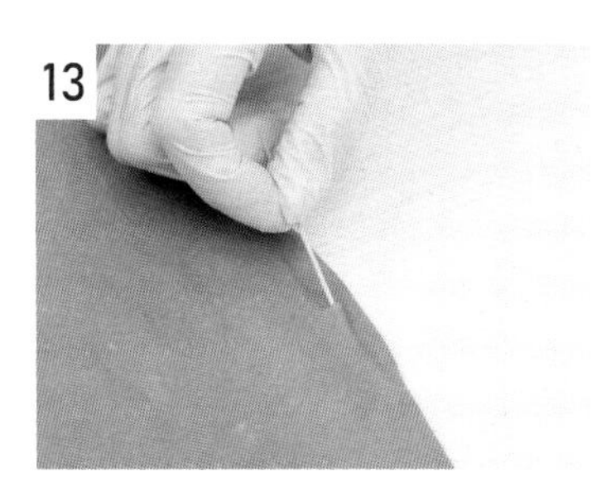

用牙籤將氣泡挑破。

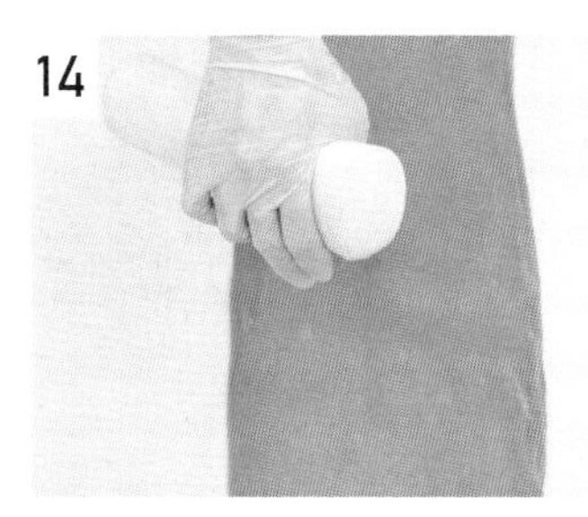

噴水器噴上薄薄的水，用刷子刷均勻。

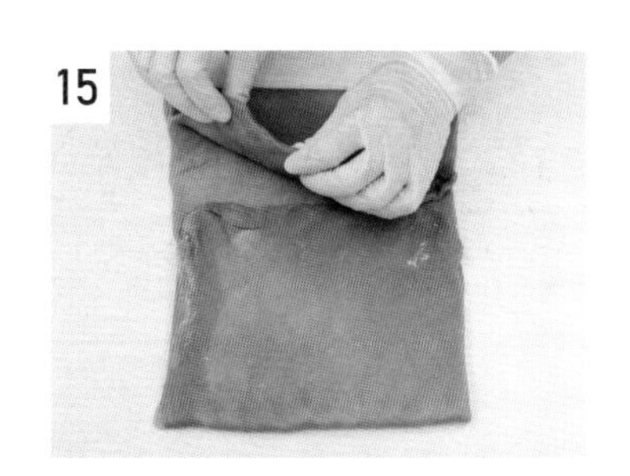

先對折。

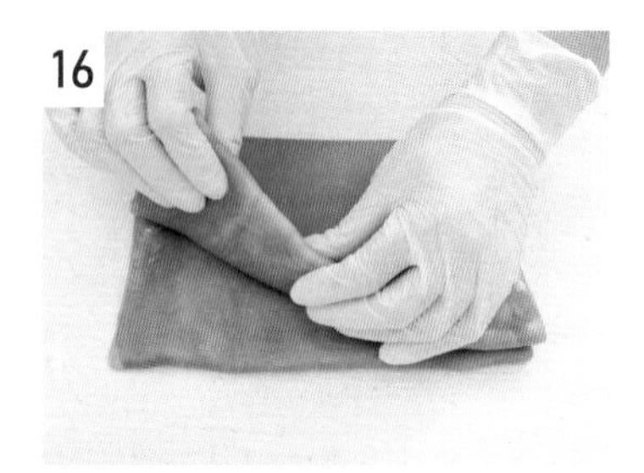

再對折，共 4 折。
步驟 12 ～ 16 共做 2 次。
用塑膠袋包好，放入冰箱冷藏 30 分鐘，鬆弛。

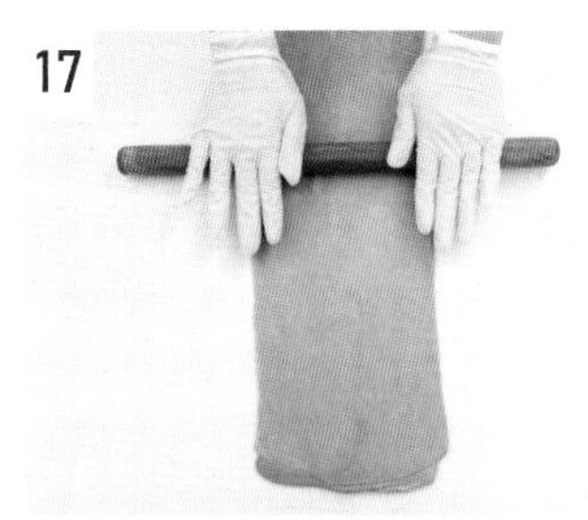

冰箱取出，擀長成 60 公分。

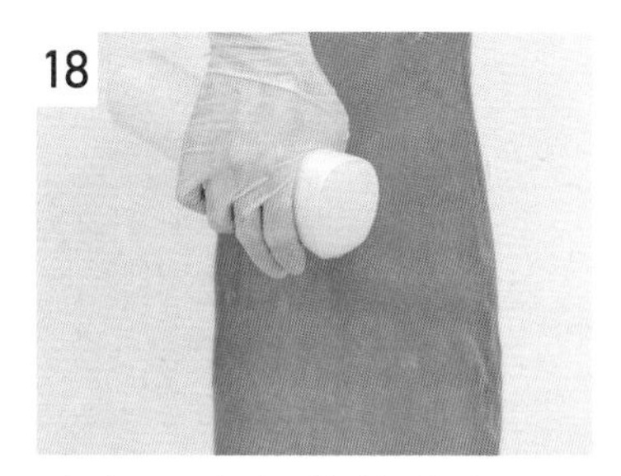

噴水器噴上薄薄的水，用刷子刷均勻，若有氣泡用牙籤挑破。

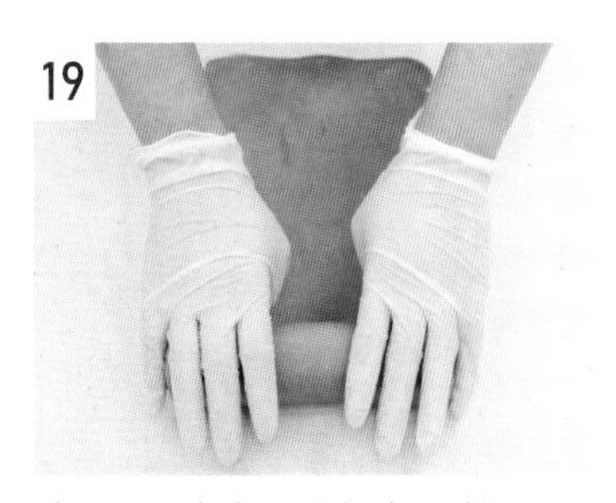

中心固定好，捲成圓柱形，捲緊。

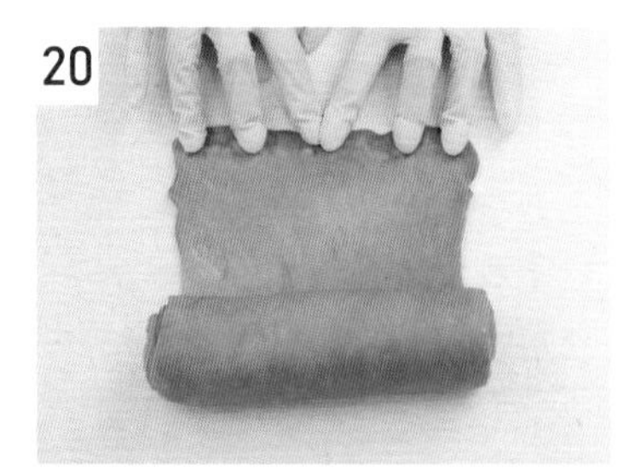

尾端用手指壓薄。

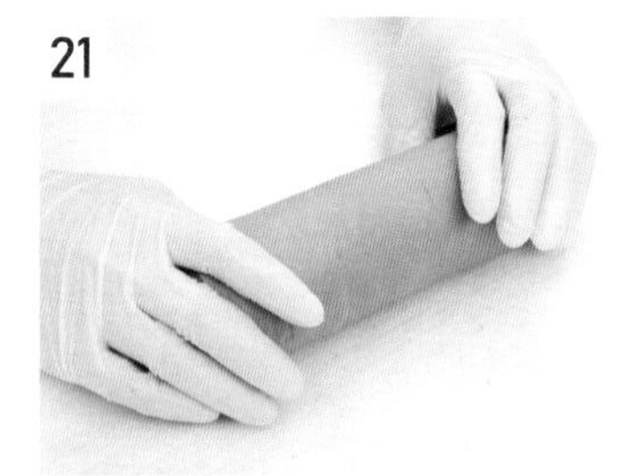

捲緊，放入冷凍 60 分鐘，凍硬。
裝入塑膠袋中，放入保鮮盒中，冷凍可保存 3 個月。

四、餡料

內餡材料：芋頭餡分割 25 公克、肉鬆 5 公克、耐烤麻糬半顆（約 5 克）、合計重量每份 35 克。

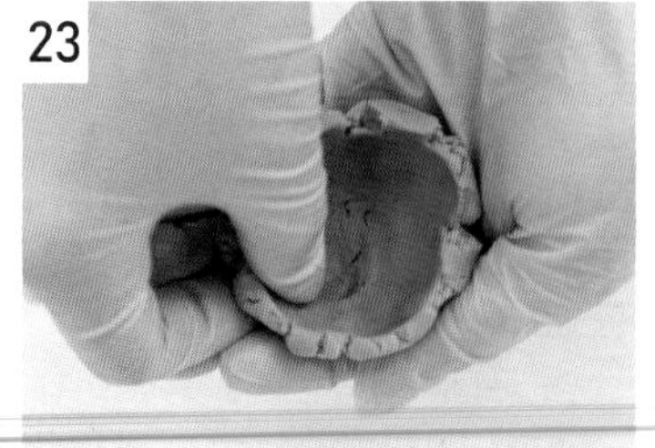

取一個分割好的芋頭餡，做出凹洞。

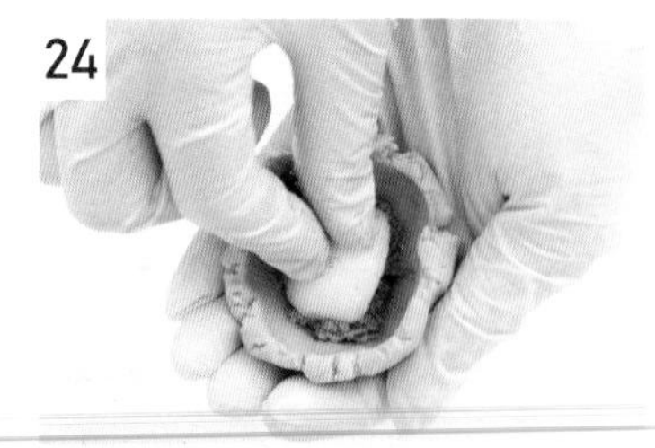

先包入一半的肉鬆，放入半顆麻糬，再放入剩下的肉鬆。

25

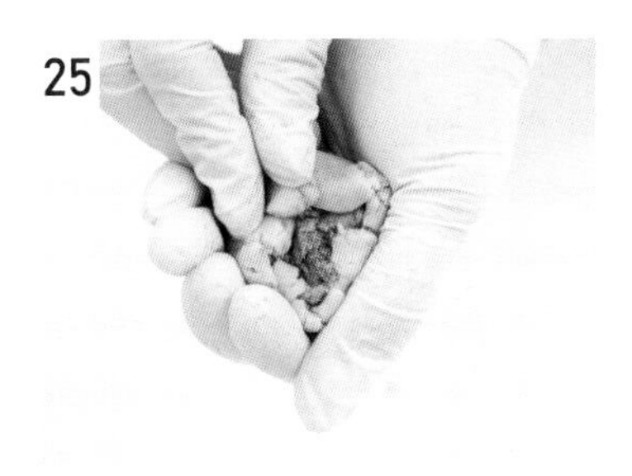

收口收緊。

26

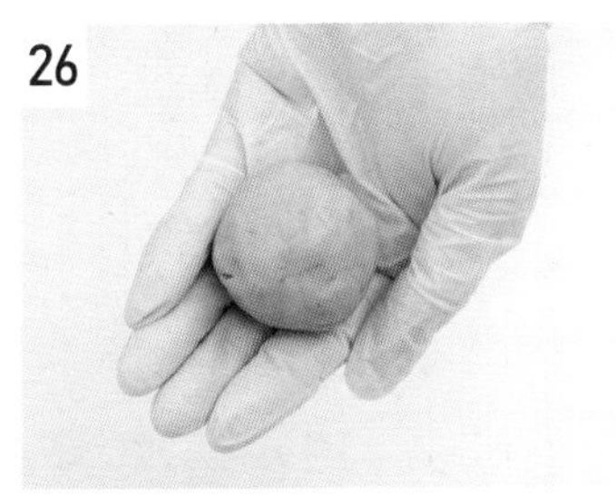

包好的餡料先放入冷凍庫。

27

包好的餡料冰入冷凍庫凍硬，避免耐烤麻糬太軟，不好成型。

五、包餡、成型

28

取出冰硬的麵團，量一下長度，平均切成 24 片。

29

切面二邊都刷上薄薄的手粉。

30

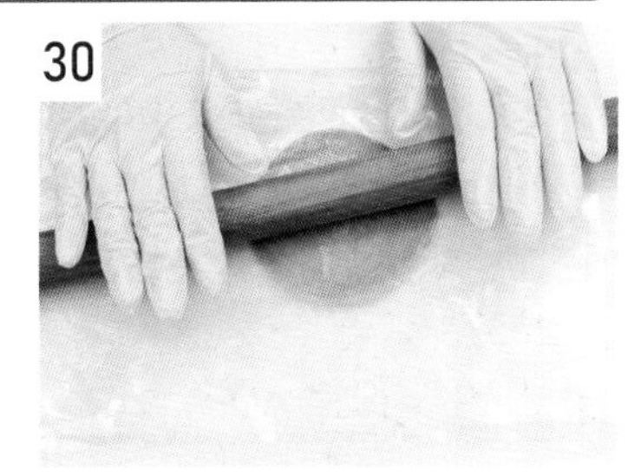

桌面上放一個塑膠袋，放上切好的油酥皮，切口朝上壓扁，再蓋上塑膠袋，用擀麵棍擀開成圓片。

31

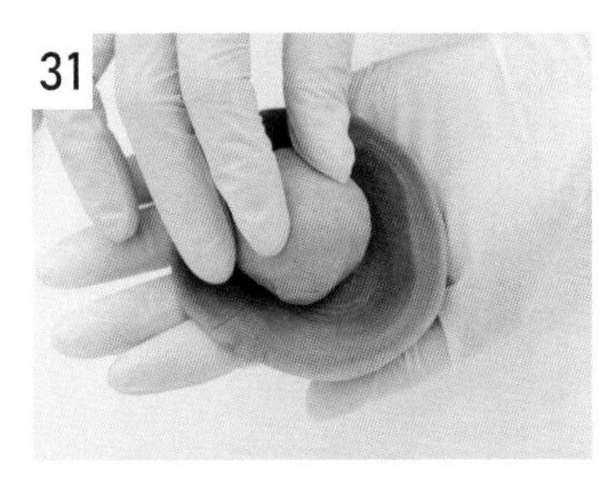

取出擀好的油酥皮包入內餡，收口收緊。

注意擀開的切口面朝外，烤焙後產品的紋路才美。

32

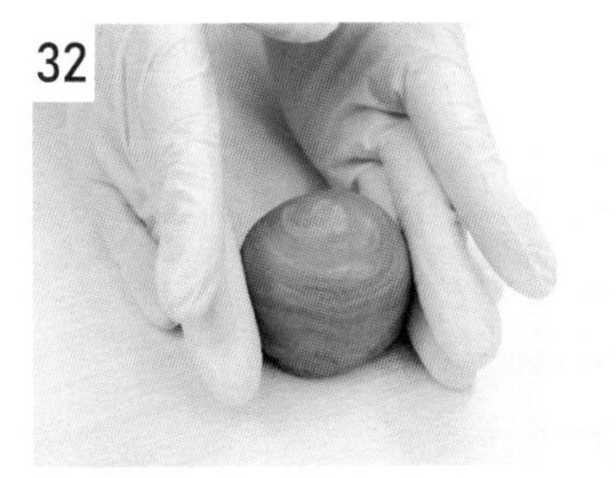

收口朝下，整形成圓形，放上烤盤。

33

烤箱預熱，上火 190 ／下火 170℃，烤焙 30 分鐘，調頭續烤 5 ～ 10 分鐘。
出爐，放涼、包裝。

好吃小秘訣

內餡可以換成其他口味的芋頭餡：

1、芋頭梅子餡（芋頭餡分割 25 公克）包入 1 顆相思梅子。

2、芋頭松子餡（芋頭餡分割 35 公克）包入 3 公克烤熟松子。

抹茶金沙流心酥

份　　量　24 個

保存期限　室溫可保存 5 ～ 7 天
　　　　　冷藏可保存 14 天

烤箱預熱　上火 190 ／下火 170℃

操作方式　大包酥、明酥

材料 (g) ＊可將豬油換成無水奶油。

水油皮	
中筋麵粉	260
糖粉	40
豬油	75
水	110
綠色色膏	0.5

油酥	
低筋麵粉	170
豬油	85
內餡	
抹茶粉	20
白豆沙餡 [P. 24]	360
金沙地瓜餡 [P. 36]	360
起司片	120

Tip

手粉使用高筋麵粉。

作法

一、水油皮

1

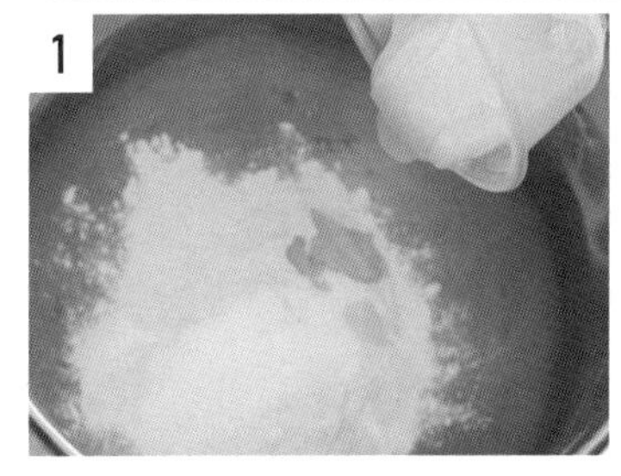

中筋麵粉、糖粉過篩在攪拌缸裡，加入豬油。

2

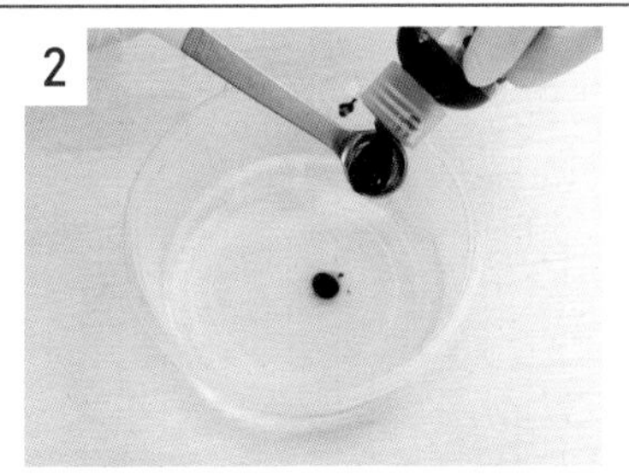

綠色色膏加入水中，攪勻。

3

倒入攪拌缸裡。

4

用槳狀拌打器攪拌，慢速 1 分鐘，中速攪拌 3 ～ 5 分鐘。

5

攪拌好的麵團成三光狀態。裝入塑膠袋中。放入冰箱冷藏 30 分鐘。

6

可以先做好放在冷藏，可保存 4 ～ 5 天。

二、油酥

7

低筋麵粉過篩在鋼盆裡，加入豬油。

8

用刮刀拌成團。

9

裝在塑膠袋裡，壓平，放入冰箱冷藏 30 分鐘。
可以先做好放在冷藏，可保存 4 ～ 5 天。

三、油皮包油酥擀折

10
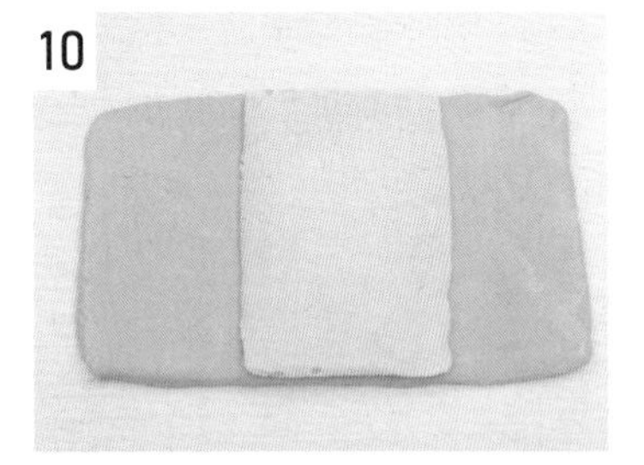
桌面上撒手粉，綠色水油皮攤開成油酥的二倍大，放上油酥。

11
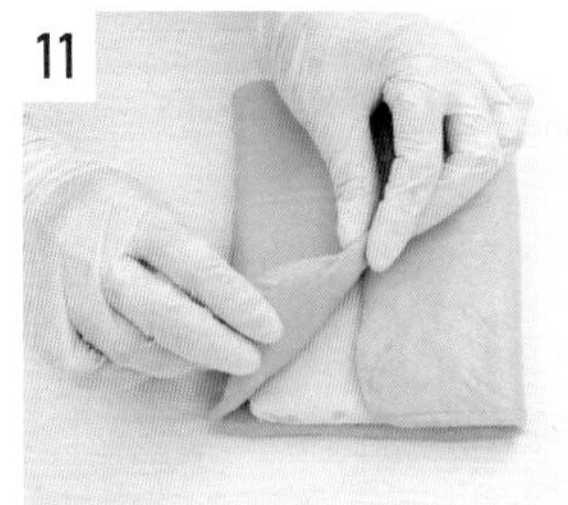
油皮包油酥包好，不要包入過多空氣。

12
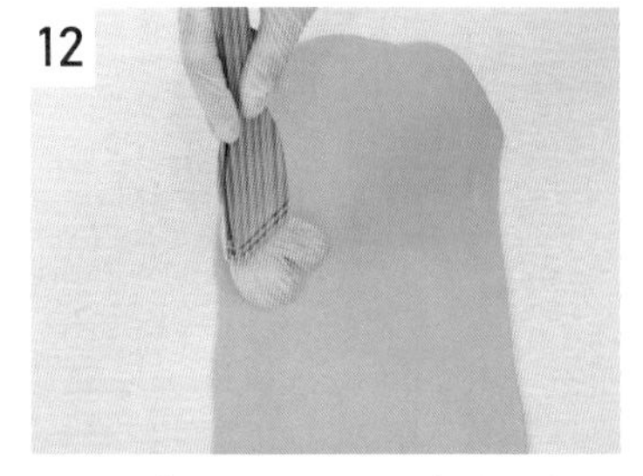
擀長成 60 公分，多餘的手粉刷掉。

13
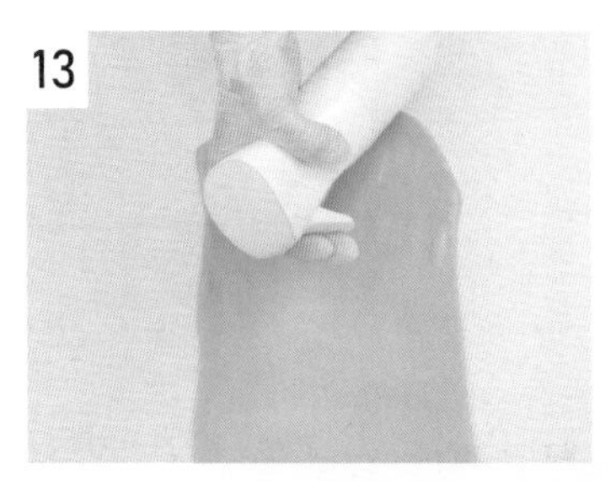
噴水器噴上薄薄的水，用刷子刷均勻，若有氣泡用牙籤挑破。

14
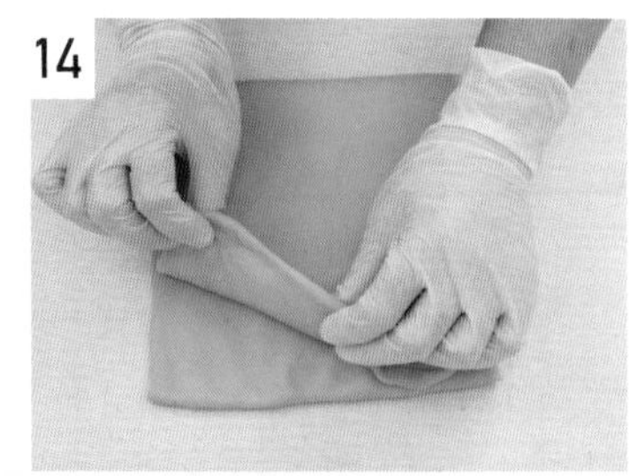
先對折，再對折，共 4 折。

15
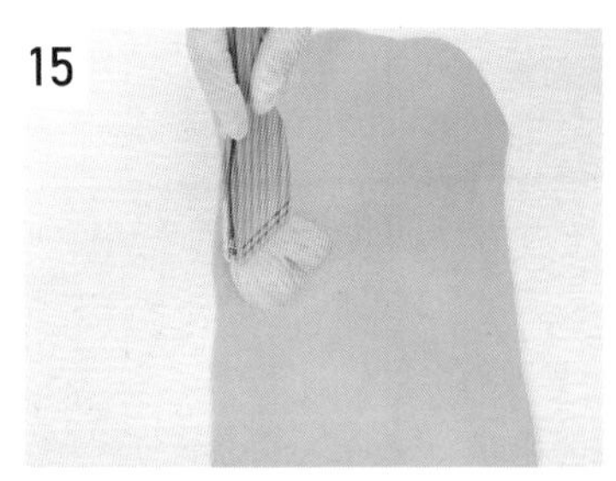
再擀長成 60 公分，多餘的手粉刷掉。

16
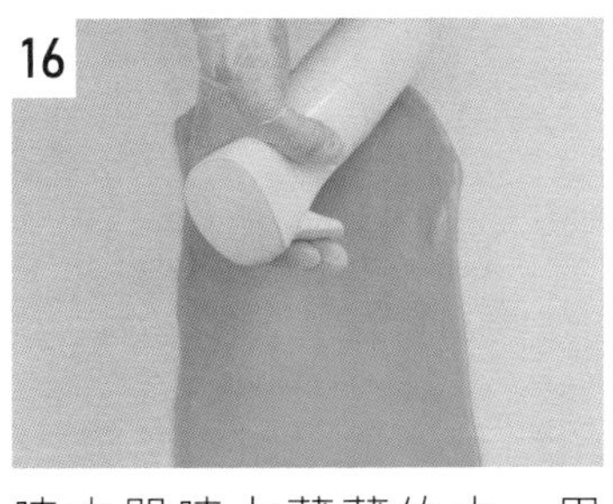
噴水器噴上薄薄的水，用刷子刷均勻，若有氣泡用牙籤挑破。

17
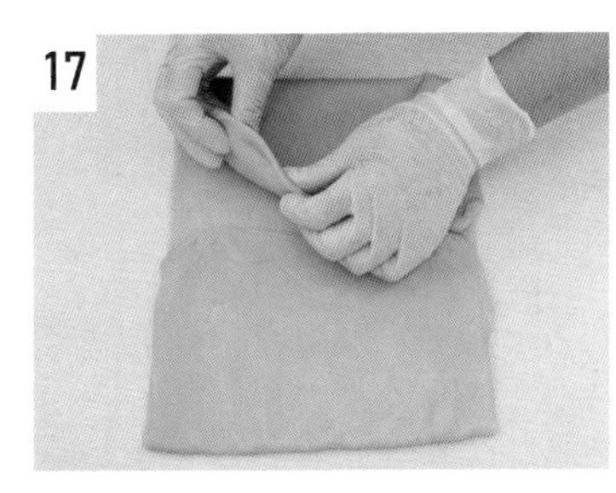
先對折。

18
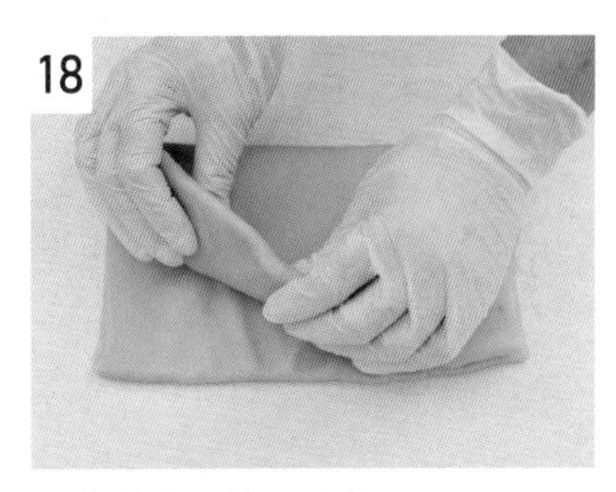
再對折，共 4 折。
用塑膠袋包好，放入冰箱冷藏 30 分鐘，鬆弛。

19
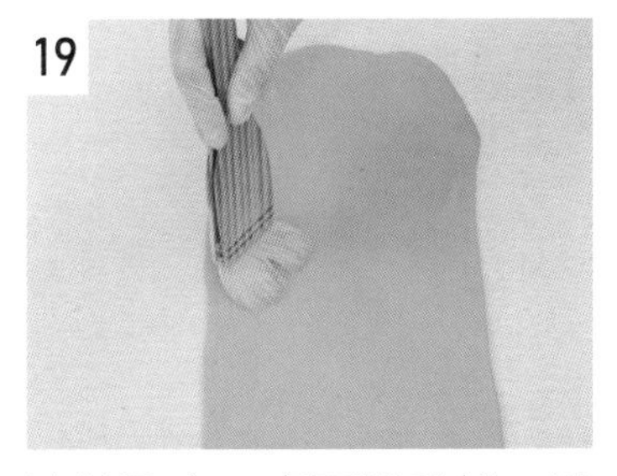
冰箱取出，桌面撒手粉，擀長成 60 公分，將多餘的手粉刷掉。

20
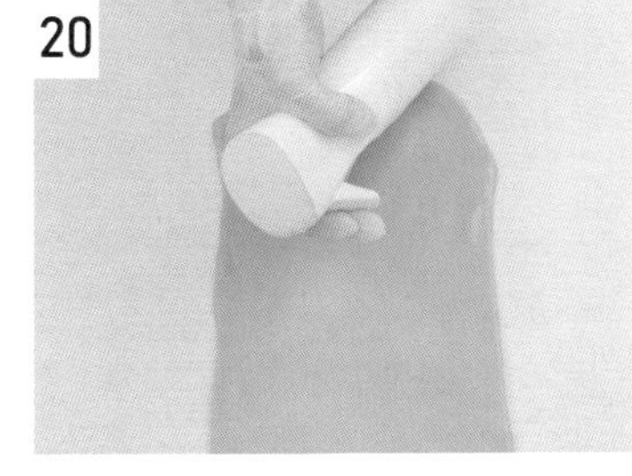
噴水器噴上薄薄的水，用刷子刷均勻，若有氣泡用牙籤挑破。

21
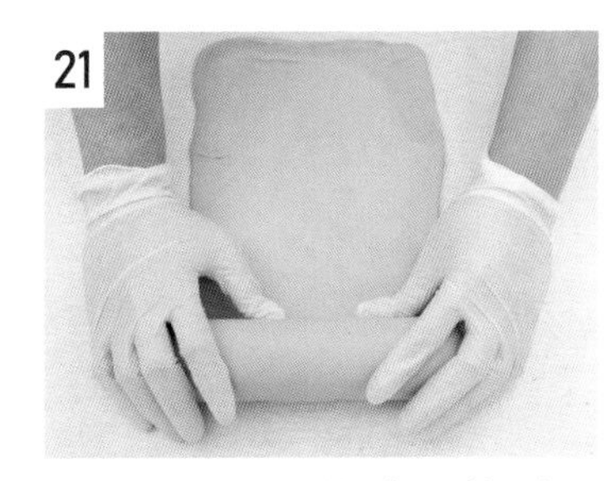
中心固定好，捲成圓柱形，捲緊。

22
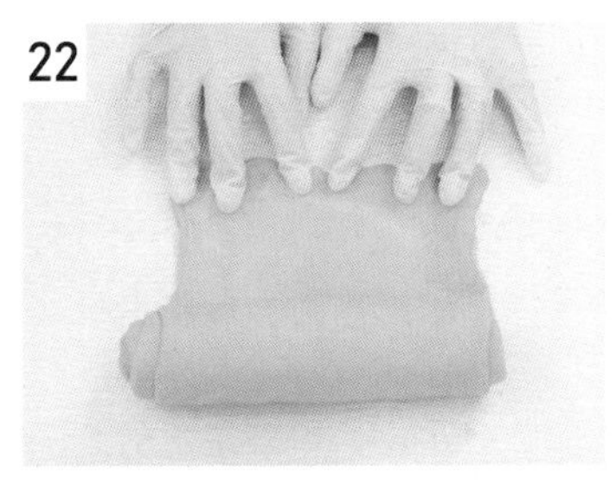
尾端用手指壓薄。

23
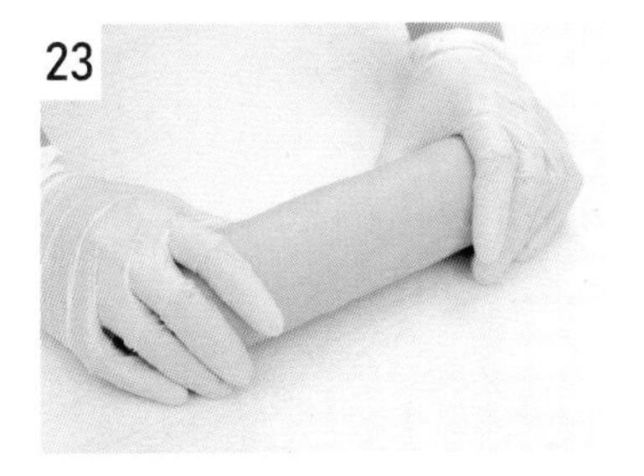
捲緊，放入冷凍 60 分鐘，凍硬。

24
裝入塑膠袋中，放入保鮮盒中，冷凍可保存 3 個月。

四、餡料

25
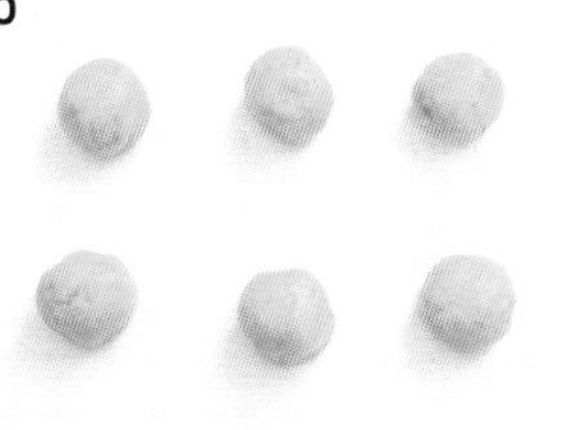
金沙地瓜餡分割每個 15 公克。

26

將起司片一分為二。

27
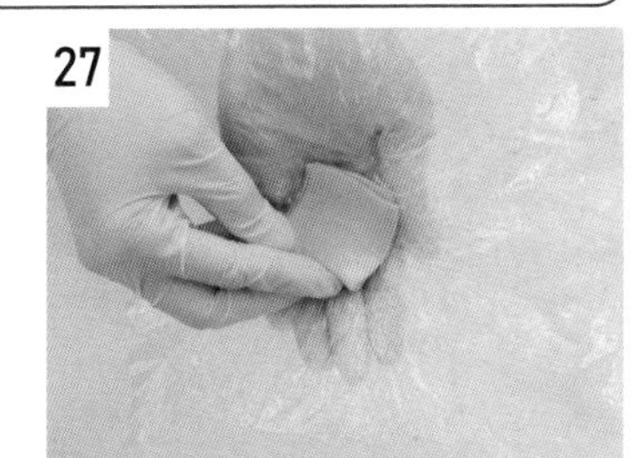
取 5 公克的起司片。

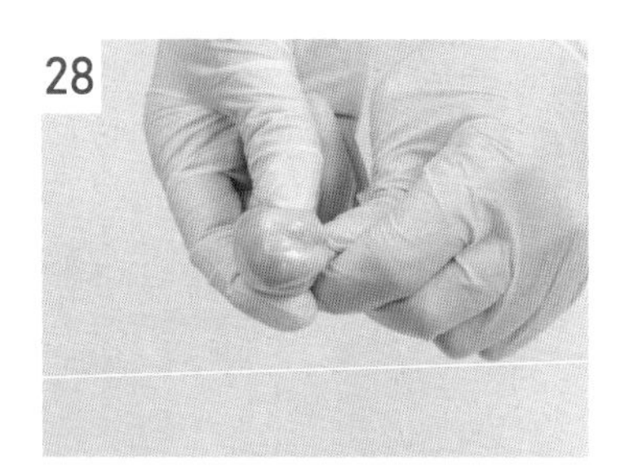
28
放入塑膠袋中，旋緊，成起司球。

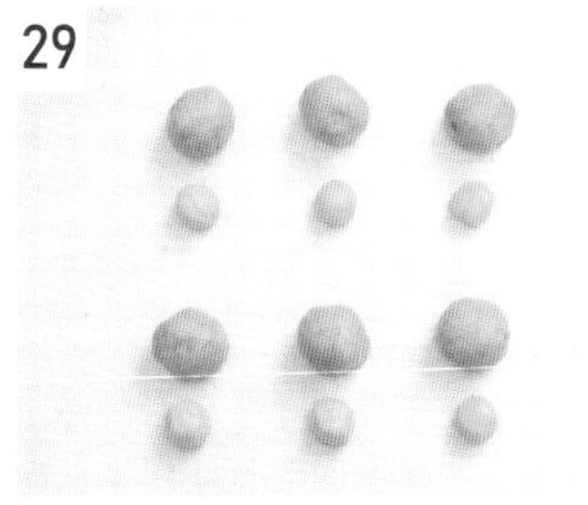
29
一個金沙地瓜餡搭配一個起司球。

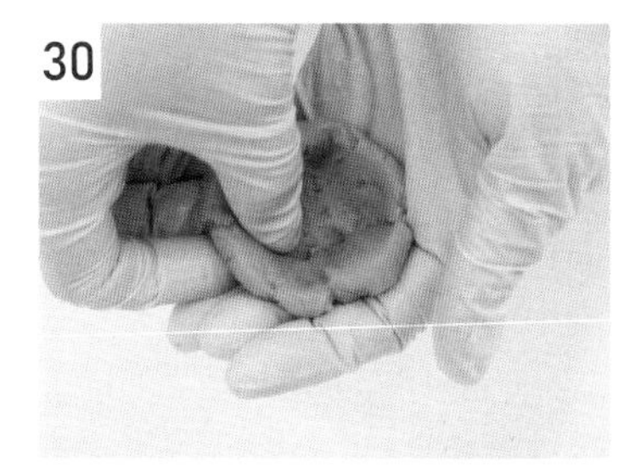
30
取一個分割好的金沙地瓜餡，做出凹洞。

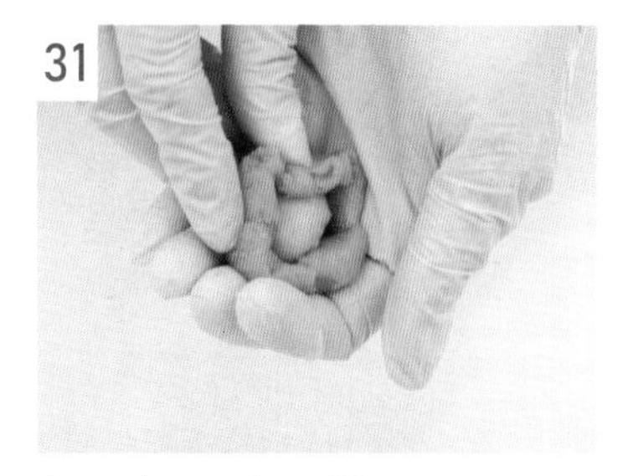
31
包入起司球，備用。

32
將抹茶粉過篩，加入白豆沙餡中，混合拌勻。

33
分割每個 15 公克，揉圓，放在塑膠袋中。

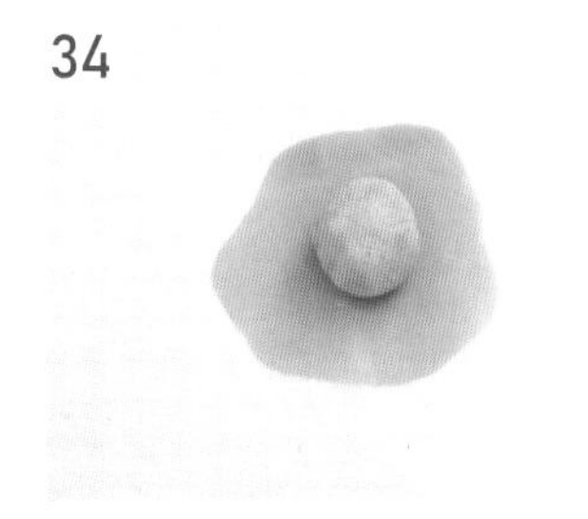
34
壓扁，放上金沙地瓜起司餡。

35
用塑膠袋將餡料包好。

36
餡料成型，包緊備用。

五、包餡、成型

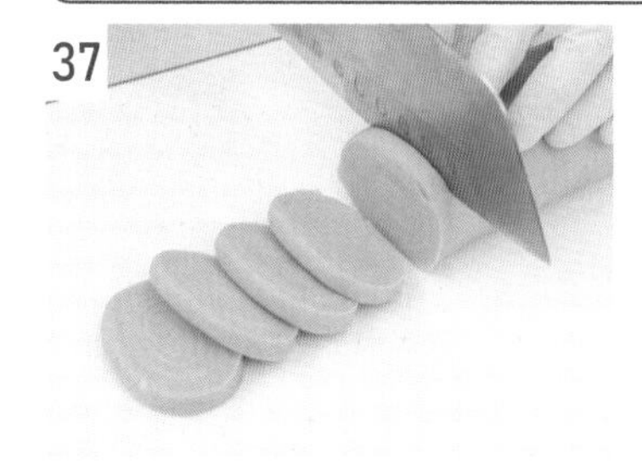
37
取出冰硬的麵團，量一下長度，平均切成 24 片。

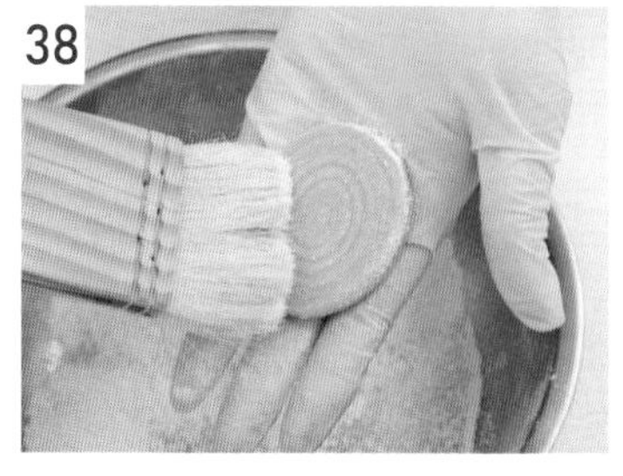
38
切面二邊都刷上薄薄的手粉。

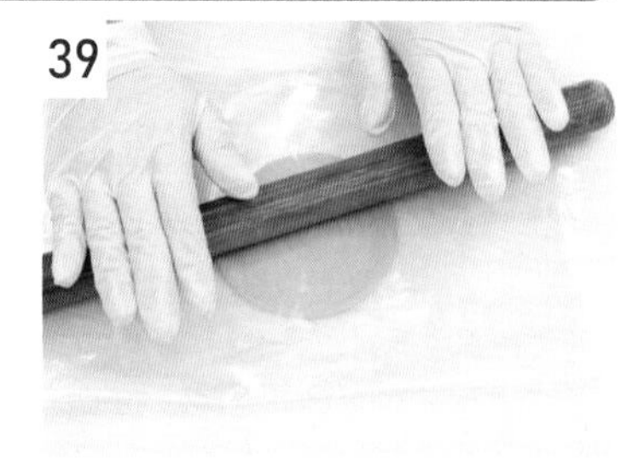
39
桌面上放一個塑膠袋，放上切好的油酥皮，切口朝上壓扁，再蓋上塑膠袋，用擀麵棍擀開成圓片。

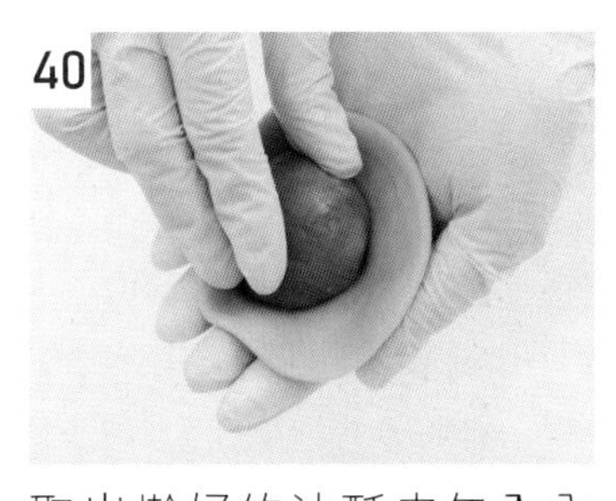

取出擀好的油酥皮包入內餡，收口收緊。

注意擀開的切口面朝外，烤焙後產品的紋路才美。

收口朝下，整形成圓形，放上烤盤。烤箱預熱，上火 190 ／下火 170℃ ，烤焙 30 分鐘，調頭續烤 5 ～ 10 分鐘。

出爐，放涼、包裝。

筆記

Part 3

酥糕漿皮

百香金柚月餅

- 份　　量　24 個
- 保存期限　室溫可保存 1 星期
  冷藏可保存 2 星期
- 烤箱預熱　上火 220 ／下火 200℃
- 操作方式　台式月餅

材料 (g)

台式月餅皮	
低筋麵粉	245
糖粉	95
泡打粉	1.5
鹽	3
全蛋	50
無鹽奶油	60
86%透明水麥芽	50

內餡（可以任意變換餡料）	
百香果柚子餡〔P. 34〕	840
蛋黃水	
蛋黃	60
水	3
淡色醬油	3

作法

一、台式月餅皮

1 過篩低筋麵粉放入攪拌缸中，加入過篩糖粉、泡打粉、鹽。

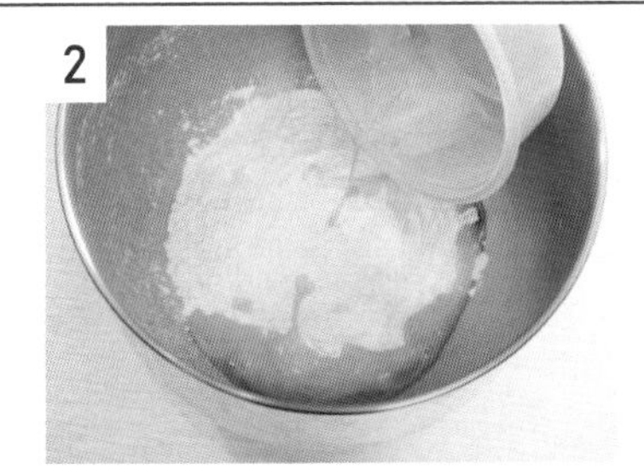
2 放入全蛋。

3 加入回軟的無鹽奶油。

4 加入水麥芽。

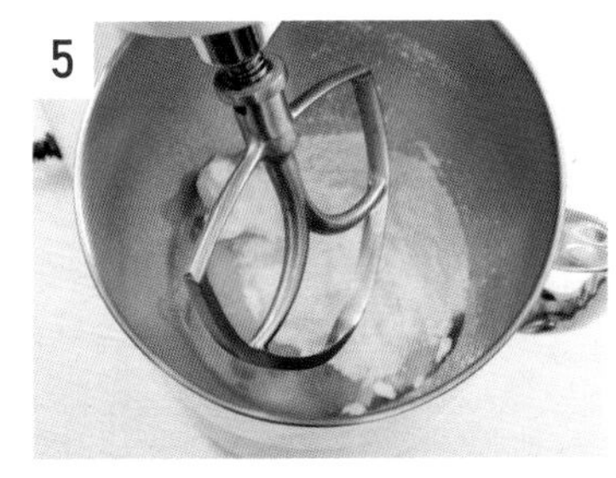
5 使用槳狀拌打器，慢速2分鐘，中速3分鐘。

6 取出麵團，裝入塑膠袋中，靜置鬆弛1小時，即可使用。
攪拌好的麵皮，冷藏可保存5天。

二、包餡、成型

7 分割台式月餅皮每個 20 公克，餡料每個 35 公克。

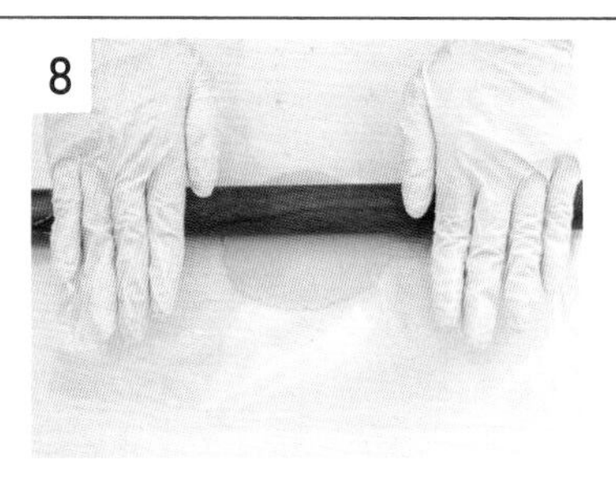
8 餅皮蓋上塑膠袋，擀成圓片狀。

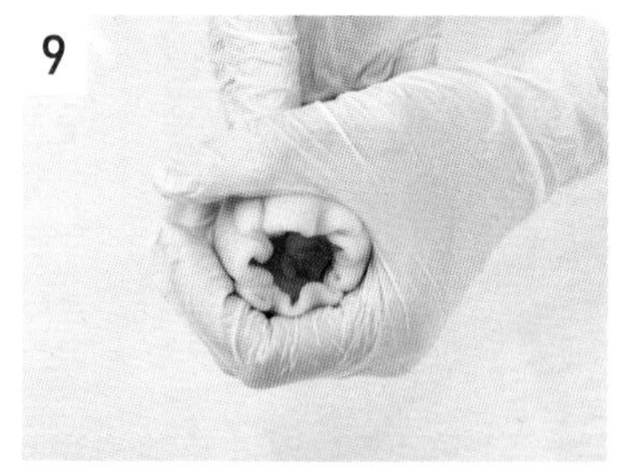
9 包入內餡，收口。

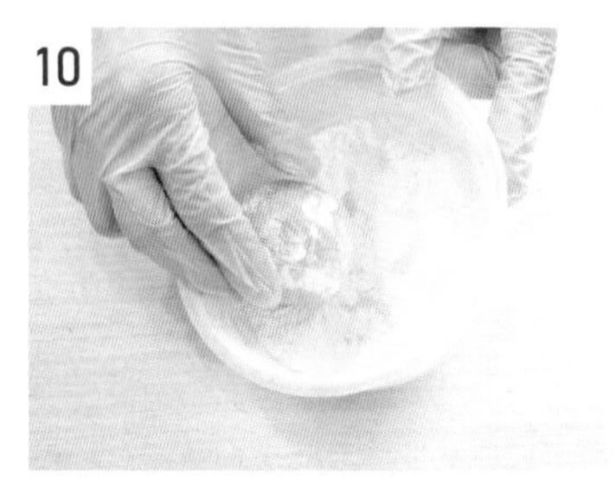
10 沾上高筋麵粉。

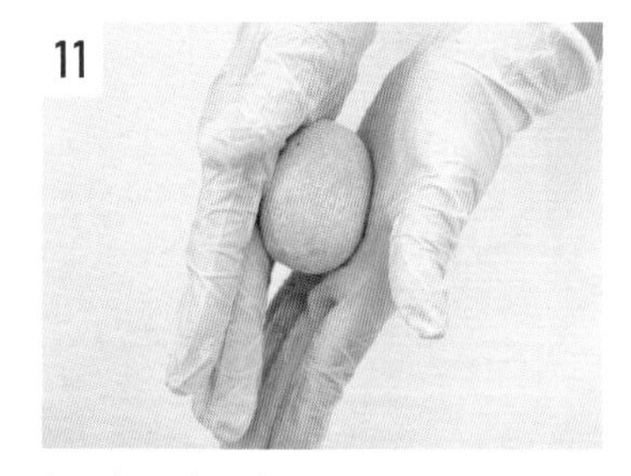
11 搓成圓柱狀。

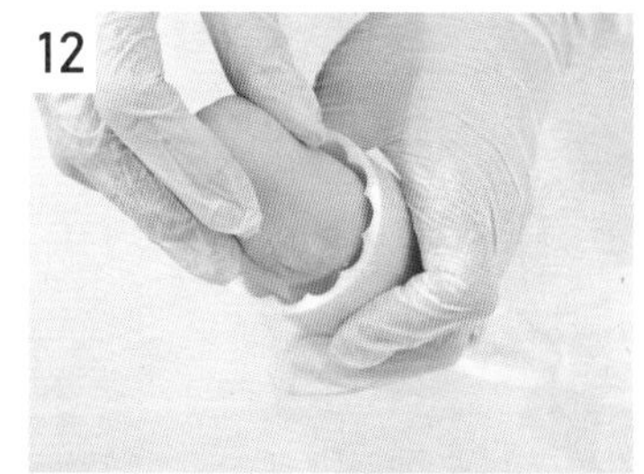
12 放入模型中，壓出紋路。

13 脫模，刷掉多餘的高筋麵粉。

14 放上烤盤，烤箱預熱，上火 220 ／下火 200℃，烤焙 8 分鐘，表面上色。

15 調製蛋黃水：蛋黃、水、淡色醬油混合拌勻，過篩，即可使用。

16 取出、刷上蛋黃水 2 次，再入爐。上火 220 ／下火 200℃，烤焙 2 ～ 4 分鐘。

17 上色，出爐。

18 冷卻後包裝、封口。

葛瑪蘭威士忌葡萄月餅

份　　量　24 個

保存期限　室溫可保存 1 星期
　　　　　冷藏可保存 2 星期

烤箱預熱　上火 220 ／下火 200℃

操作方式　台式月餅

材料 (g)

台式月餅皮	
低筋麵粉	245
糖粉	95
泡打粉	1.5
鹽	3
全蛋	50
無鹽奶油	60
86%透明水麥芽	50

內餡	
葡萄乾	145
葛瑪蘭威士忌	145
白豆沙餡 [P. 24]	700
蛋黃水	
蛋黃	60
水	3
淡色醬油	3

作法

一、內餡

1

葡萄乾加入葛瑪蘭威士忌，酒要淹過葡萄乾。

2

放入冷藏，浸泡 1 個禮拜。

3

過濾。

濾完重量約 177 公克。

4

白豆沙餡放入碗中，加入過濾好的葡萄乾。

5

拌勻。

6

完成，備用。

二、包餡、成型

7

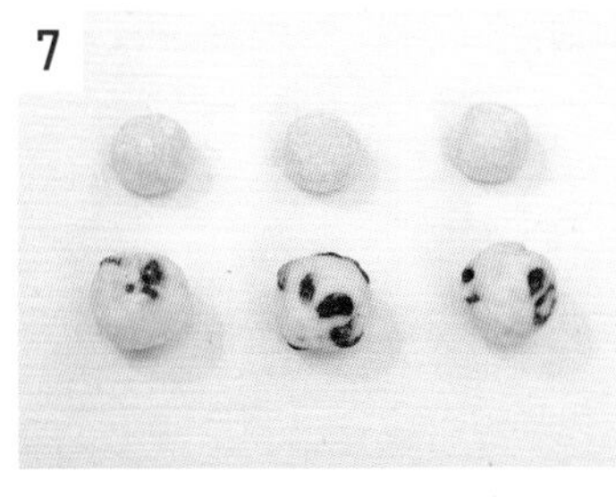

台式月餅皮作法請參考 P.87。
分割台式月餅皮每個 20 公克，餡料每個 35 公克。

8

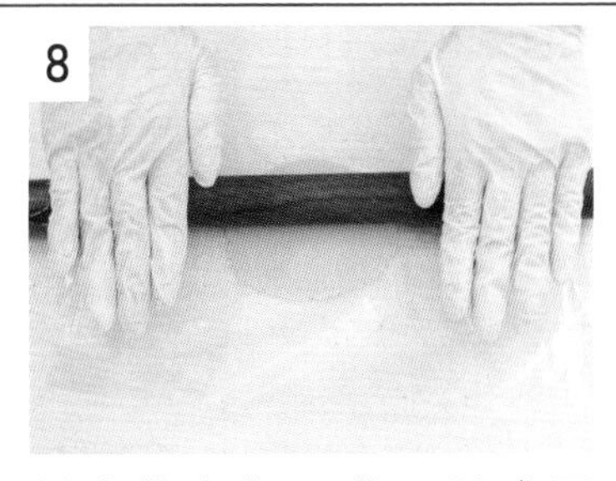

餅皮蓋上塑膠袋，擀成圓片狀。

9

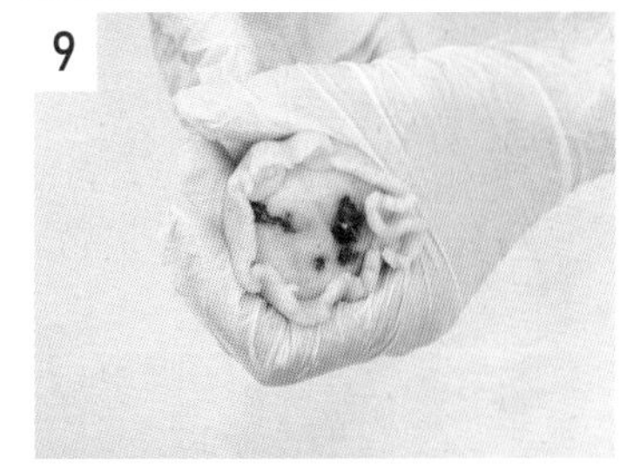

包入內餡，收口。

10

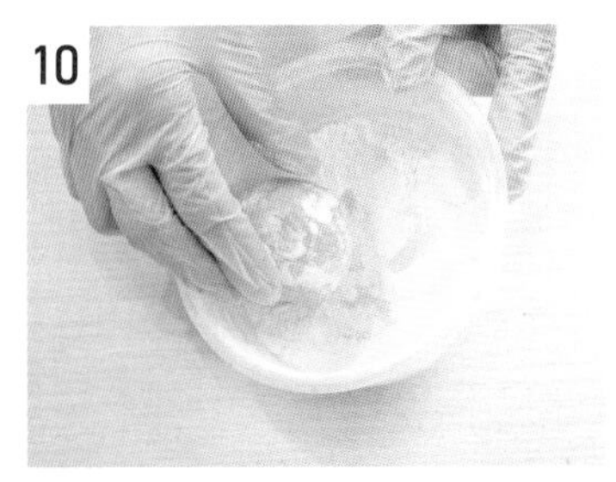

沾上高筋麵粉。

11

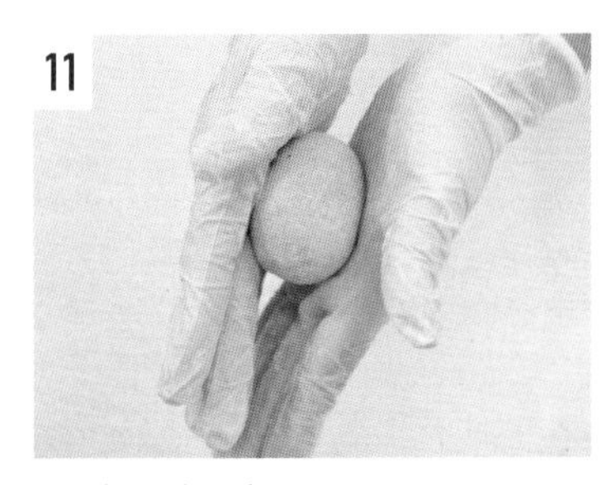

搓成圓柱狀。

12

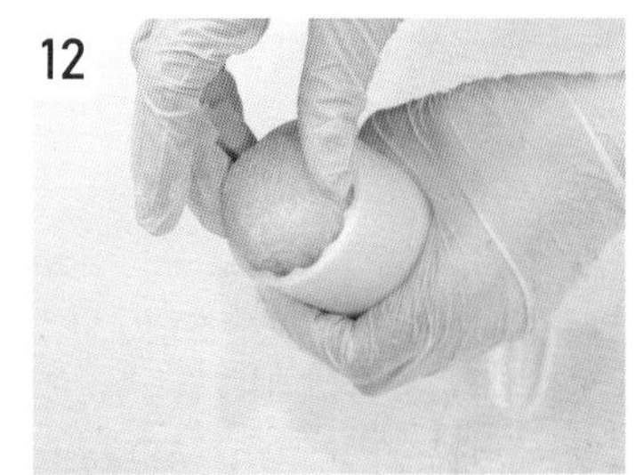

放入模型中，壓出紋路。

13

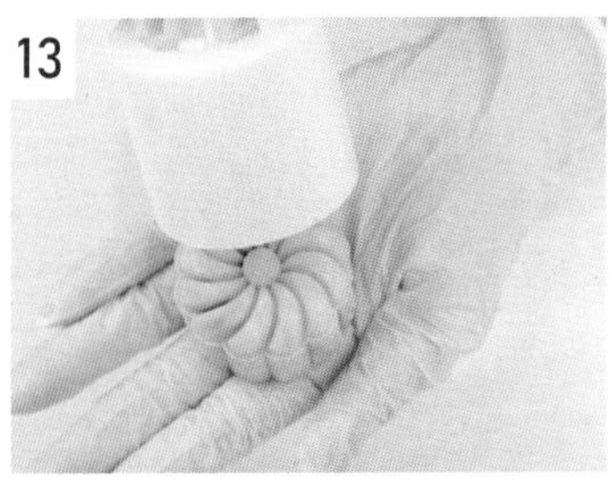

脱模，刷掉多餘的高筋麵粉。

14

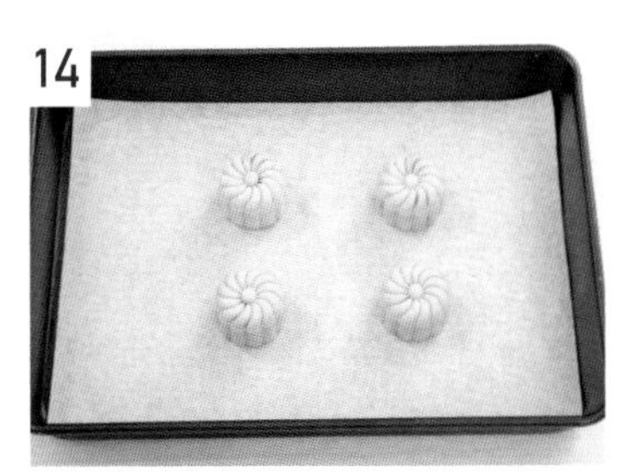

放上烤盤，烤箱預熱，上火 220 ／下火 200℃，烤焙 8 分鐘，表面上色。

15

調製蛋黃水：蛋黃、水、淡色醬油混合拌勻，過篩，即可使用。

16

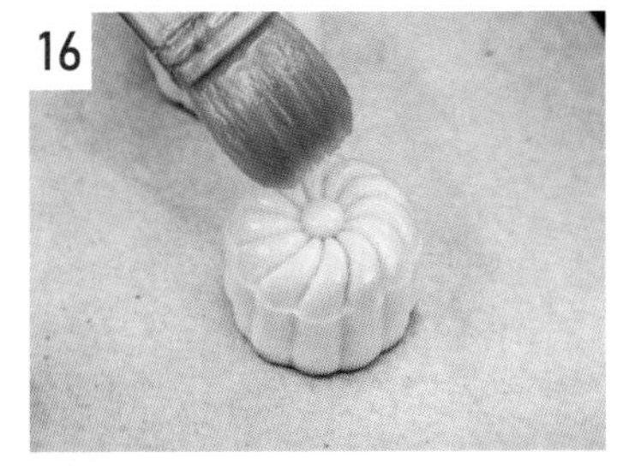

取出、刷上蛋黃水 2 次，再入爐。上火 220 ／下火 200℃，烤焙 2 ～ 4 分鐘。

17

上色，出爐。

18

冷卻後包裝、封口。

棗泥核桃月餅

份　　量　24 個

保存期限　室溫可保存 1 星期
　　　　　冷藏可保存 2 星期

烤箱預熱　上火 220 ／下火 200℃

操作方式　廣式月餅

材料 (g)

廣式月餅皮	
低筋麵粉	245
鹽	2
中點轉化糖漿	150
花生油	65
水	7
小蘇打粉	3
高筋麵粉	40

內餡（可以任意變換餡料）	
棗泥核桃餡［P. 32］	840
蛋黃水	
蛋黃	60
水	3
淡色醬油	3

作法

一、廣式月餅皮

1 低筋麵粉篩入攪拌缸中，加入鹽、中點轉化糖漿、花生油。

2 小蘇打粉、水，在碗中攪勻。

3 加入小蘇打水。

4 用槳狀拌打器攪拌，慢速 1 分鐘，中速攪拌 5 分鐘，拌勻的麵糊流動性強。

5 裝入塑膠袋中，放入冰箱冷藏 1 小時，即可使用。
冷藏可保存 5 天。

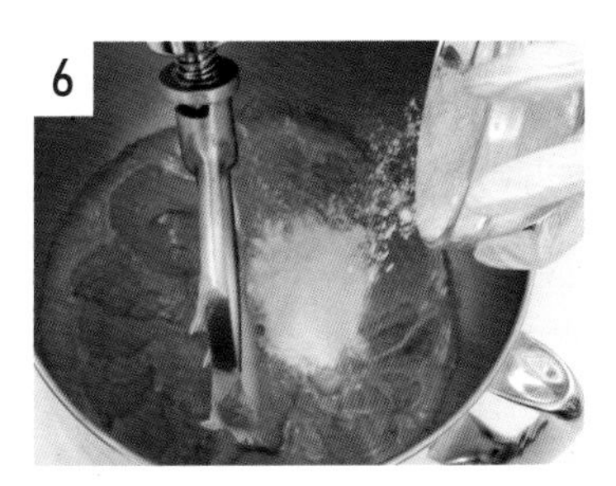
6 廣式月餅皮攪拌完成，冷藏 1 小時後，放入攪拌缸中，使用槳狀拌打器，加入高筋麵粉拌勻。

二、包餡、成型

7

分割每個餅皮 20 公克，每個餡料 35 公克。

8
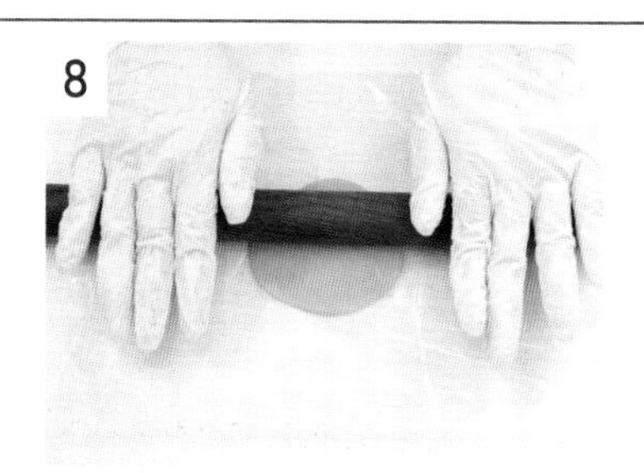
餅皮蓋上塑膠袋，擀成圓片狀。

9
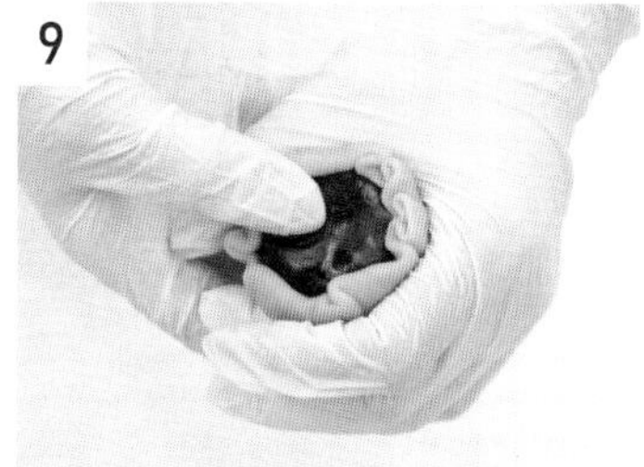
包入內餡，收口。

10

沾上高筋麵粉。

11
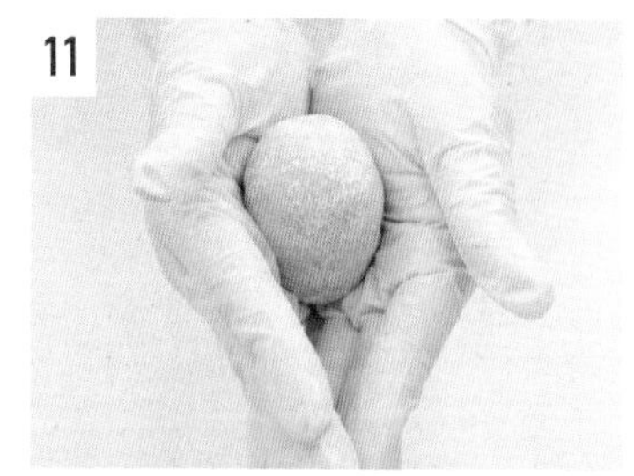
搓成圓柱狀。

12
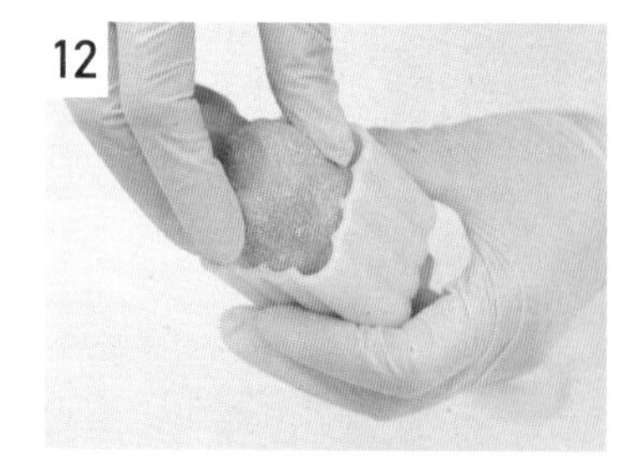
放入模型中，壓出紋路。

13
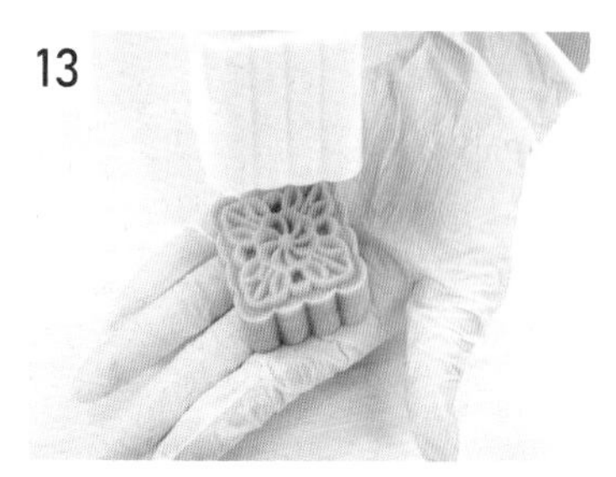
脫模，刷掉多餘的高筋麵粉。

14
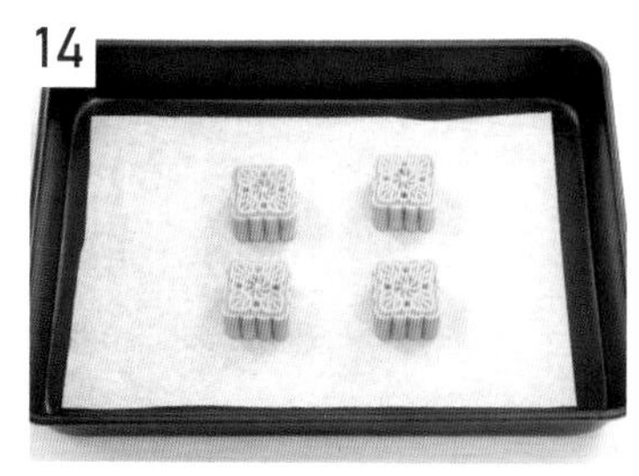
放上烤盤，烤箱預熱，上火 220 ／下火 200℃，烤焙 8 分鐘，表面上色。

15

調製蛋黃水：蛋黃、水、淡色醬油混合拌勻，過篩，即可使用。

16
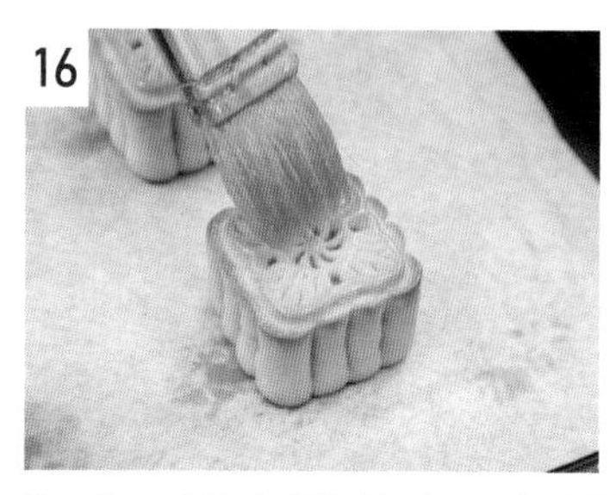
取出、刷上蛋黃水 2 次，再入爐。上火 220 ／下火 200℃，烤焙 4 ～ 6 分鐘。

17
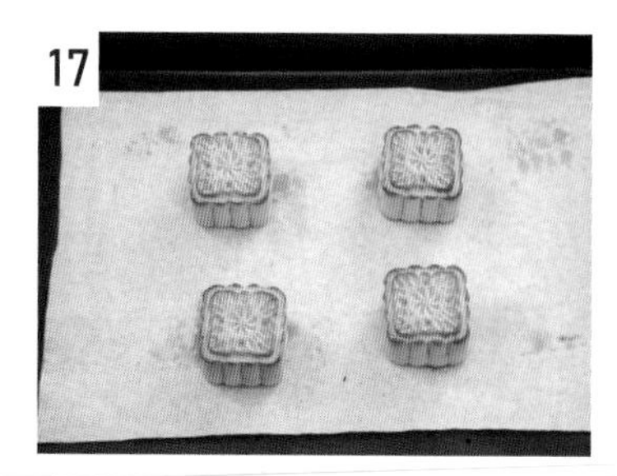
上色，出爐。

18

冷卻後包裝、封口。

伯爵夏威夷豆月餅

- 份　　量　24 個
- 保存期限　室溫可保存 1 星期
　　　　　　冷藏可保存 2 星期
- 烤箱預熱　上火 220 ／下火 200℃
- 操作方式　廣式月餅

材料 (g)

廣式月餅皮	
低筋麵粉	245
鹽	2
中點轉化糖漿	150
花生油	65
水	7
小蘇打粉	3
高筋麵粉	40

內餡	
伯爵紅茶粉	18
夏威夷豆	120
白豆沙餡〔P. 24〕	690
熱水	36
蛋黃水	
蛋黃	60
水	3
淡色醬油	3

作法

一、內餡

1

夏威夷豆用全火 150℃，烤 20 ～ 25 分鐘，放涼，切小塊。

2

伯爵紅茶粉放入磨粉機中。

3

磨成細粉。

4

加入熱水，泡 3 分鐘。

5

白豆沙餡放入碗中，加入泡好的伯爵紅茶粉拌勻。

6

加入夏威夷豆拌勻，完成，備用。

二、包餡、成型

7

廣式月餅皮作法請參考 P.93。分割每個餅皮 20 公克，每個餡料 35 公克。

8

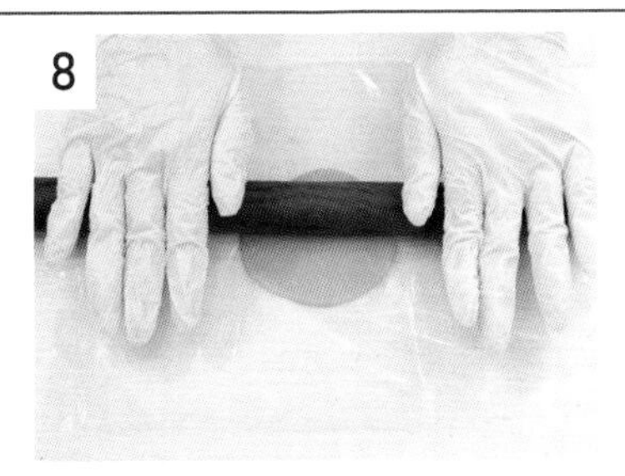

餅皮蓋上塑膠袋，擀成圓片狀。

9

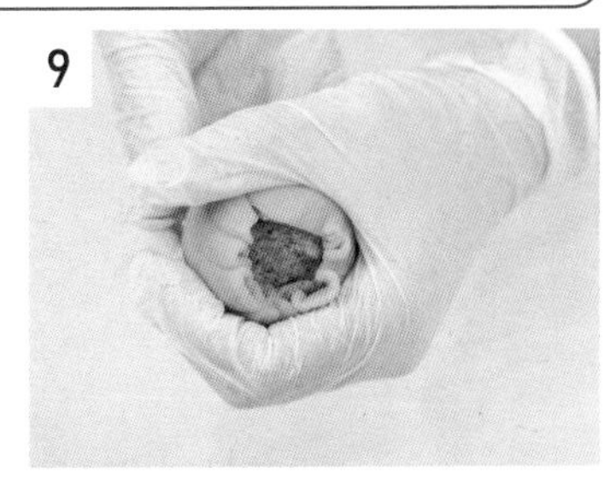

包入內餡，收口。

10

沾上高筋麵粉。

11

搓成圓柱狀。

12

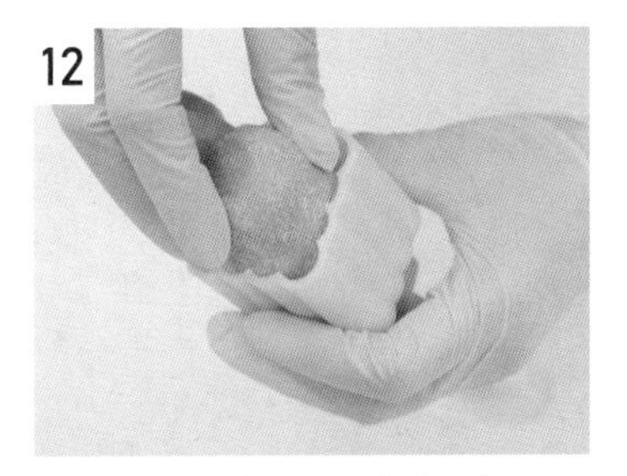

放入模型中，壓出紋路。

13

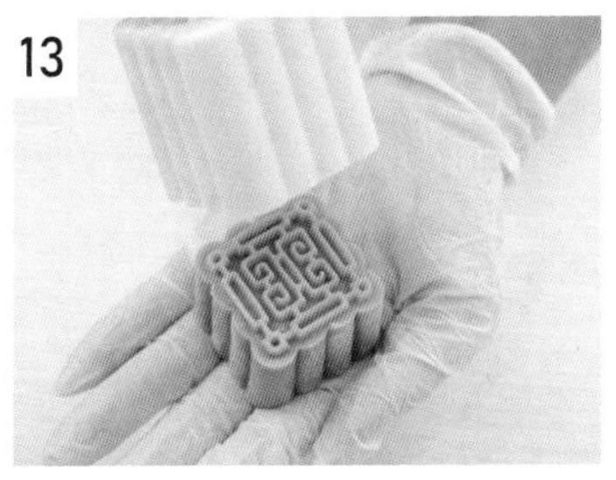

脱模，刷掉多餘的高筋麵粉。

14

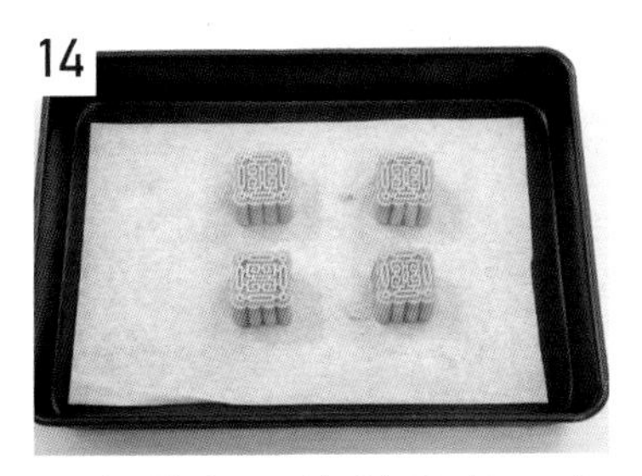

放上烤盤，烤箱預熱，上火 220 ／下火 200℃，烤焙 8 分鐘，表面上色。

15

調製蛋黃水：蛋黃、水、淡色醬油混合拌勻，過篩，即可使用。

16

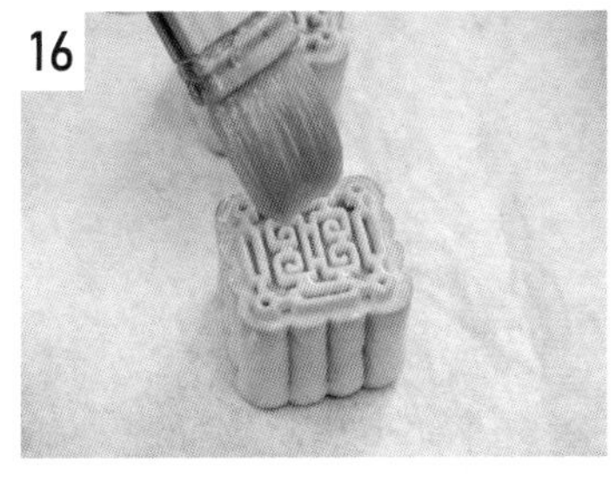

取出、刷上蛋黃水 2 次，再入爐。上火 220 ／下火 200℃ ，烤焙 4 ～ 6 分鐘。

17

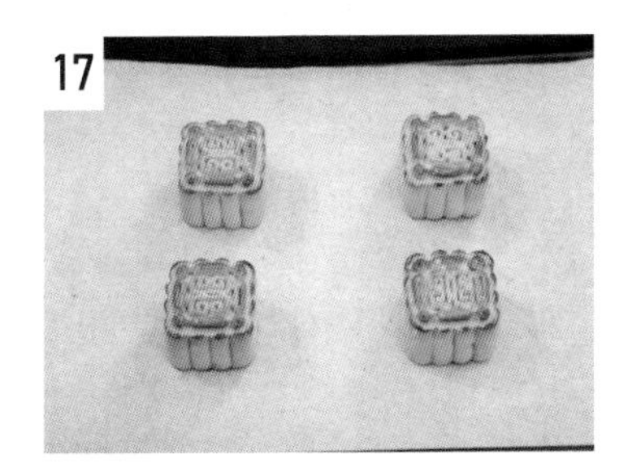

上色，出爐。

18

冷卻後包裝、封口。

巧克力布朗尼核桃流心月餅

份　　量　24 個

保存期限　室溫可保存 1 星期
冷藏可保存 2 星期

烤箱預熱　上火 220 ／下火 200°C

操作方式　廣式月餅

材料 (g)

廣式月餅皮	
低筋麵粉	245
鹽	2
中點轉化糖漿	150
花生油	65
水	7
小蘇打粉	3
高筋麵粉	40

內餡	
白豆沙餡 [P. 24]	350
冷開水	50
法芙娜 85% 苦甜巧克力	100
核桃	100
起司片	240
蛋黃水	
蛋黃	60
水	3
淡色醬油	3

作法

一、廣式月餅皮

1 低筋麵粉篩入攪拌缸中，加入鹽、中點轉化糖漿。

2 加入花生油。

3 小蘇打粉、水，在碗中攪勻。

4 加入小蘇打水。

5 用槳狀拌打器攪拌，慢速 1 分鐘，中速攪拌 5 分鐘，拌勻的麵糊流動性強。

6 裝入塑膠袋中，放入冰箱冷藏 1 小時，即可使用。
冷藏可保存 5 天。

二、內餡

法芙娜 85% 苦甜巧克力融化（融化溫度不可超過 45℃）。

白豆沙餡加冷開水拌勻，加入融化的巧克力中。

混合拌勻。

核桃放入烤箱，用全火 150℃烤 25 分，放涼，切碎。

加入餡料中，拌勻，即成巧克力布朗尼餡。

分割一個 25 公克。

起司片一分為二。

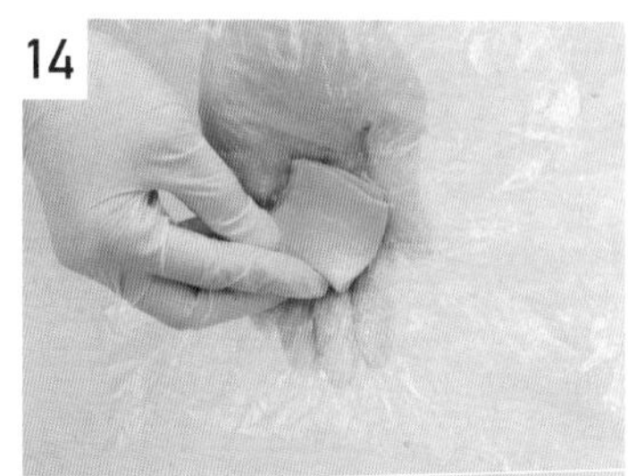

取半片起司片（重量約 10 公克），折三折。

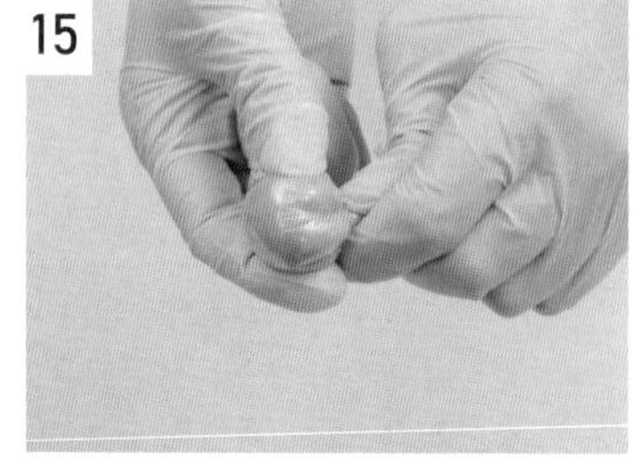

放入塑膠袋中，旋緊，成起司球。

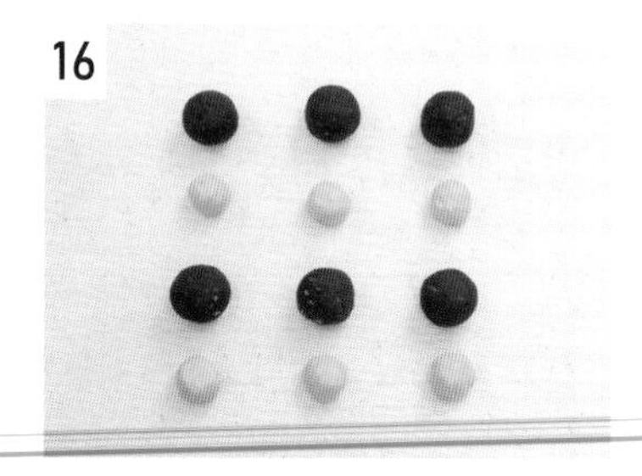

每個巧克力布朗尼餡配一顆起司球，內餡重量合計 35 公克。

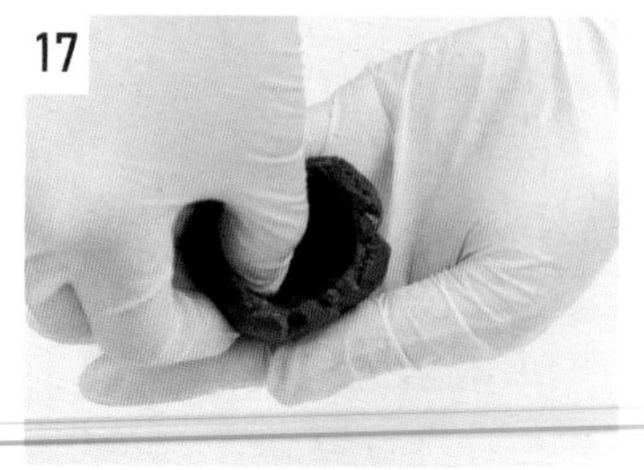

取一個分割好的巧克力布朗尼餡，做出凹洞。

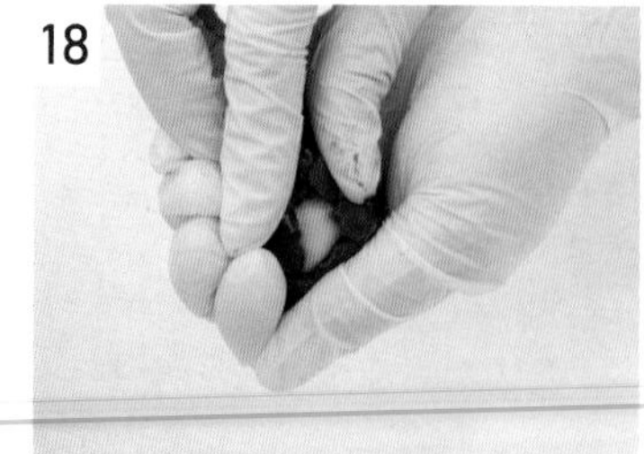

包入起司球，收緊。若巧克力布朗尼餡乾掉，可以噴一點冷開水，比較好包。

三、包餡、成型

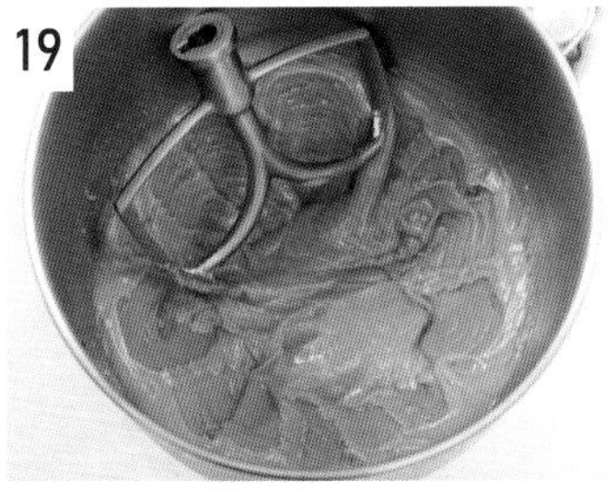

廣式月餅皮攪拌完成，冷藏1小時後，放入攪拌缸中。

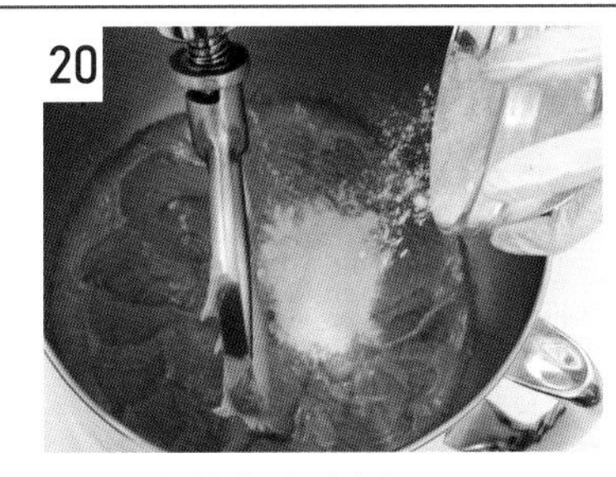

加入高筋麵粉拌勻。

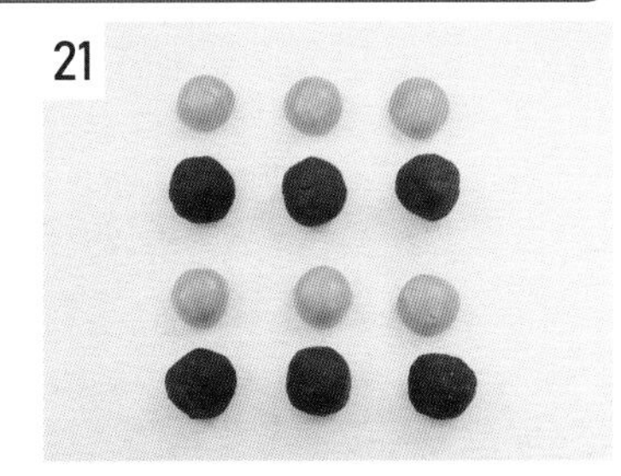

分割每個餅皮 20 公克，配上一個內餡。

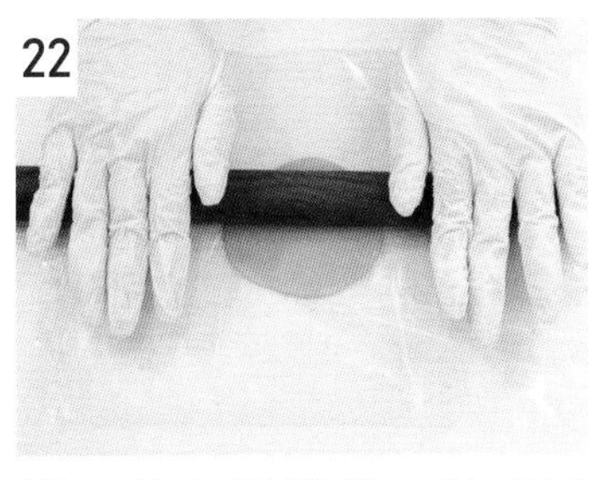

餅皮蓋上塑膠袋，擀成圓片狀。

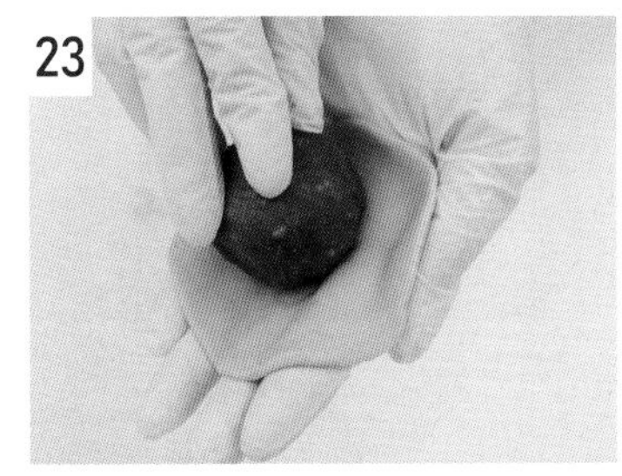

包入內餡，收口。

沾上高筋麵粉。

搓成圓柱狀。

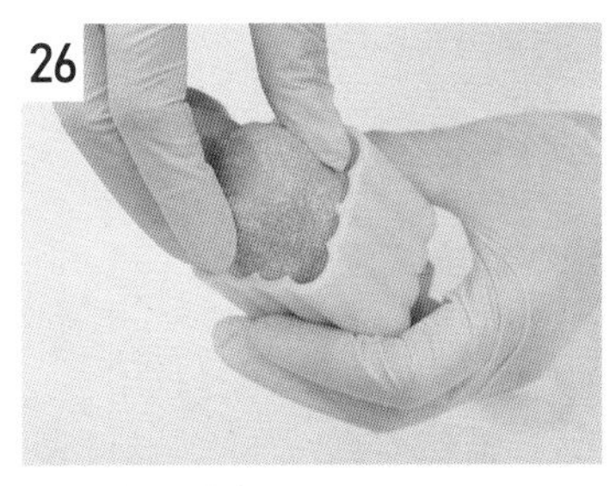

放入模型中。

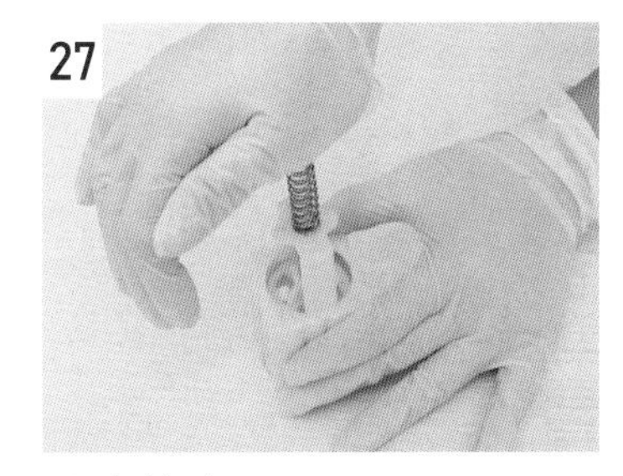

壓出紋路。

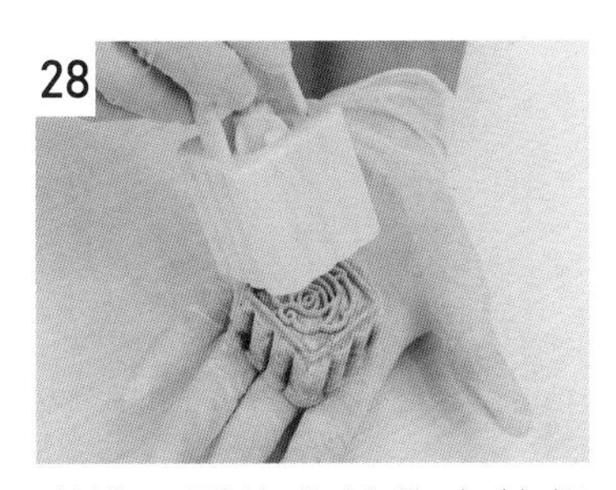

脫模，刷掉多餘的高筋麵粉，放上烤盤，烤箱預熱，上火 220 ／下火 200℃，烤焙 8 分鐘，表面上色。

調製蛋黃水：蛋黃、水、淡色醬油混合拌勻，過篩，即可使用。

取出、刷上蛋黃水 2 次，再入爐。上火 220 ／下火 200℃，烤焙 4 ～ 6 分鐘，上色，出爐。冷卻後包裝、封口。

土鳳梨酥

- 份　　量　24 個
- 保存期限　室溫可保存 2 星期
冷藏可保存 1 個月
- 烤箱預熱　上火 180 ／下火 170℃
- 操作方式　鳳梨酥皮

材料 (g)

鳳梨酥皮	
無鹽奶油	80
無水奶油	80
糖粉	70
全蛋	80
香草莢醬	1
低筋麵粉	300
乳酪粉	25
無鋁泡打粉	3
內餡	
土鳳梨餡〔P. 30〕	600

作法

1 無鹽奶油、無水奶油室溫回軟，用電動攪拌機，快速打發 2 分鐘。

2 糖粉過篩加入，用刮刀拌勻，用電動攪拌機，快速打發 2 分鐘。

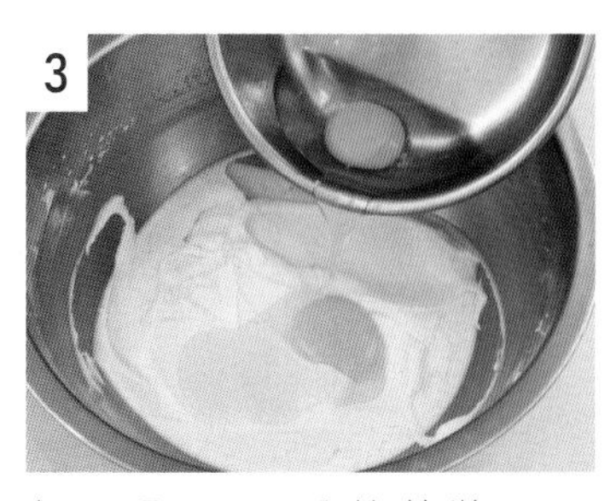

3 加入全蛋、香草莢醬，用電動攪拌機，快速打發 2 分鐘。

4 低筋麵粉、乳酪粉、無鋁泡打粉過篩加入，用刮刀拌勻。

5 拌勻後，包上保鮮膜，放入冰箱冷藏 30 分鐘。

攪拌好的鳳梨酥皮，冷藏可保存 5 天，冷凍可保存 3 個月。

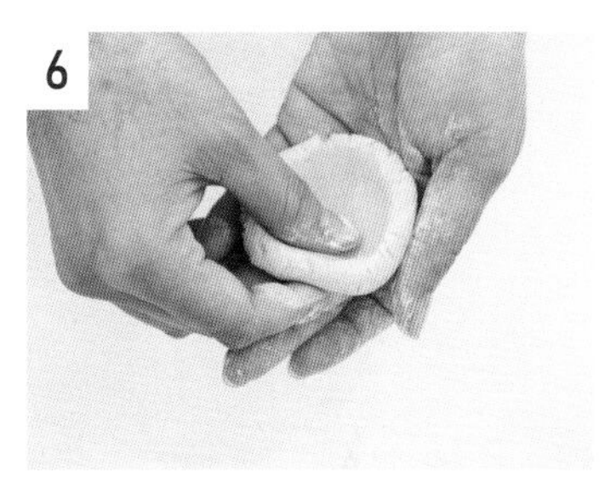

6 取出，麵團分割一個 25 公克，做出凹洞。

7 土鳳梨餡分割一個 25 公克，包入，收口。

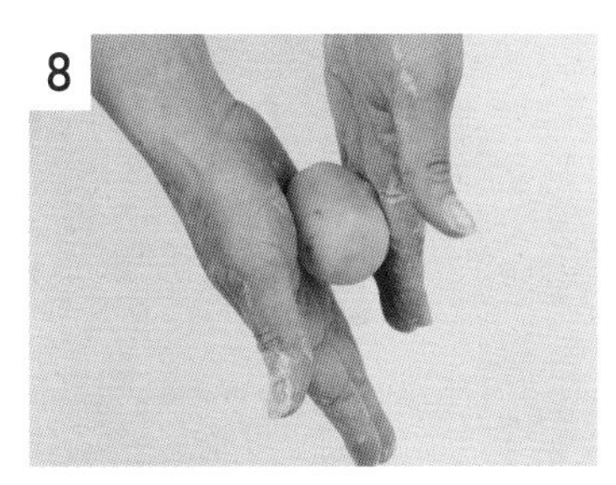

8 沾高筋麵粉，搓成圓柱狀。

9 放入模型中。

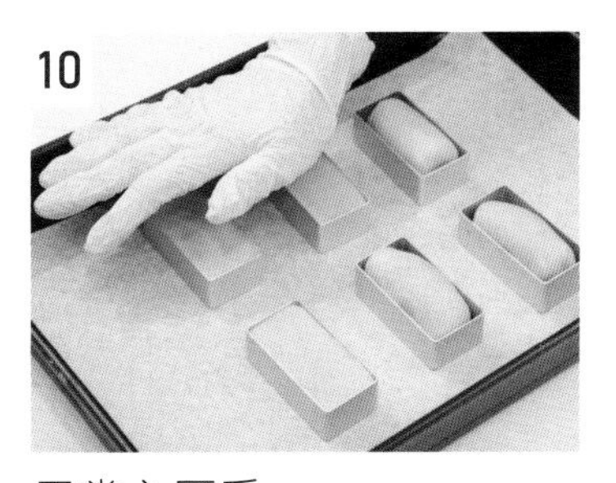

10 用掌心壓扁。

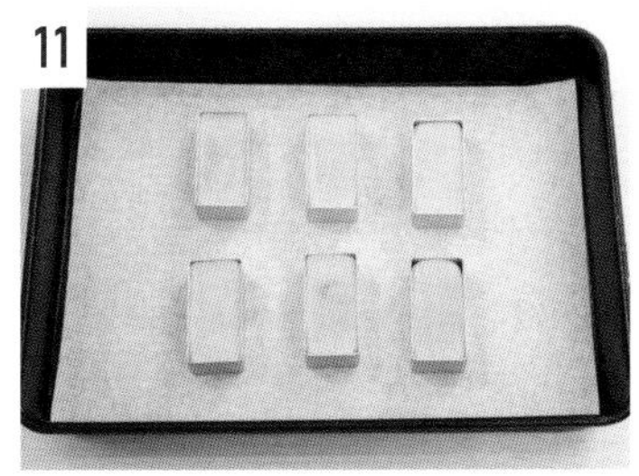

11 放入烤箱。

12 烤箱預熱上火 180 ／下火 170℃ 烤焙 10 分鐘，調頭續烤 5 分鐘，翻面續烤 3 ～ 5 分鐘，出爐，冷卻後包裝、封口。

爆漿元寶鳳梨酥

份　　量　24 個

保存期限　室溫可保存 2 星期
　　　　　冷藏可保存 1 個月

烤箱預熱　上火 180℃／下火 170℃

操作方式　鳳梨酥皮

材料 (g)

鳳梨酥皮			
無鹽奶油	85	低筋麵粉	315
無水奶油	85	乳酪粉	30
糖粉	80	無鋁泡打粉	3
全蛋	80	高筋麵粉	80
香草莢醬	1		

內餡	
土鳳梨餡 [P. 30]	600
法芙娜柚子奇想巧克力	24 顆

作法

1

鳳梨酥皮作法請參考 P.103 土鳳梨酥。

攪拌好的酥皮，冷藏可保存 5 天，冷凍可保存 3 個月。

取出拌好的鳳梨酥皮，加入高筋麵粉 80 公克，拌勻。麵團分割一個 30 公克。

加高筋麵粉可以增加麵團的塑形度。

內餡：土鳳梨餡一個 25 公克，一顆法芙娜柚子奇想巧克力。

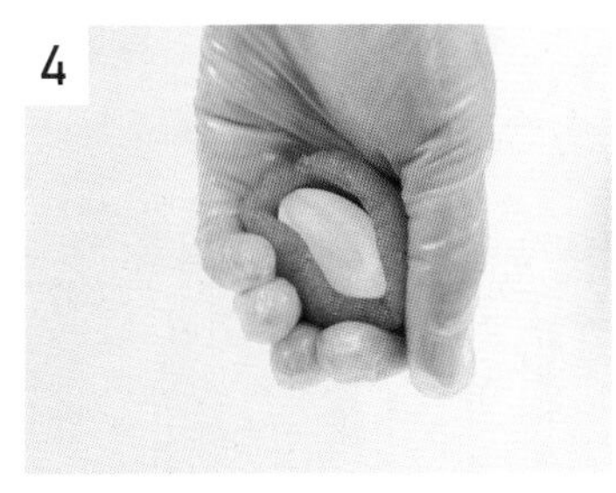

土鳳梨餡包入 1 顆法芙娜柚子奇想巧克力。

鳳梨酥皮在手掌心用力搓揉 10 下，做出凹洞。

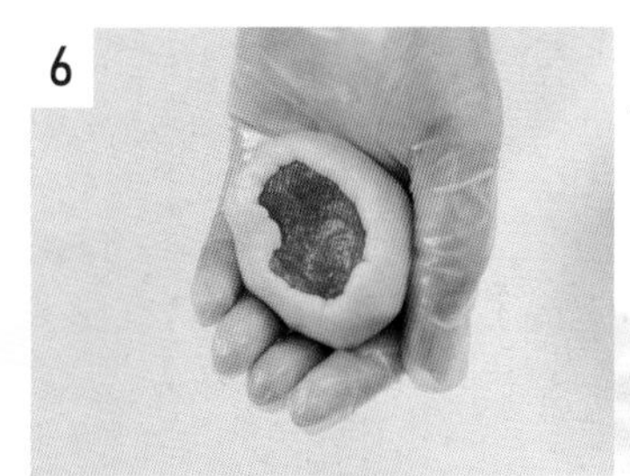

包入內餡，收口，搓成與模型一樣長的長條形。

7 表面滾上一層高筋麵粉(滾多一點)。

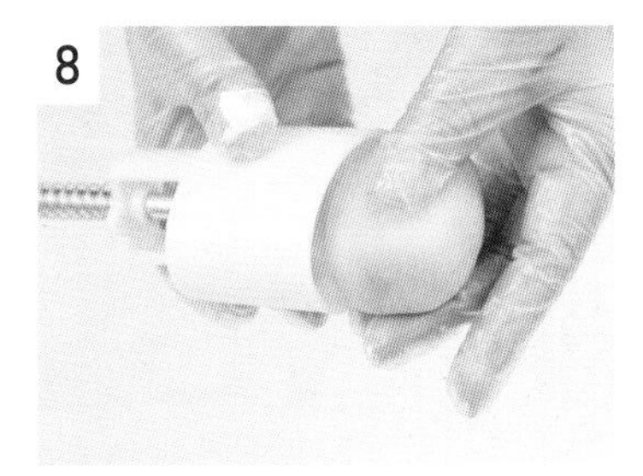

8 放入元寶模型中。

9 輕推模型，將元寶鳳梨酥擠壓出來。

這個鳳梨酥皮配方可以使用其他模具做成各式各樣的造型鳳梨酥。

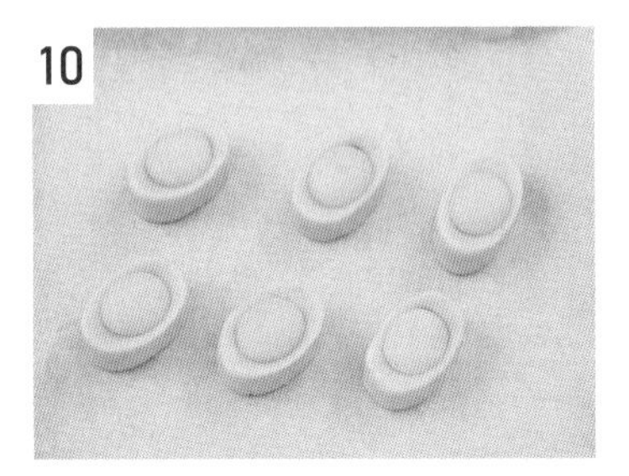

10 排放在烤盤上，放入冰箱冷藏 30 分鐘。

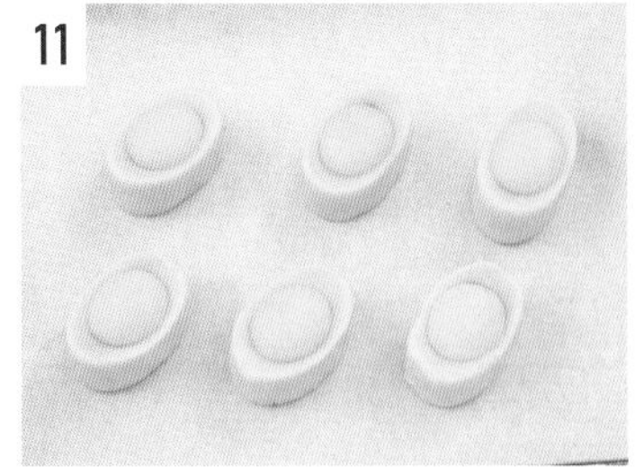

11 從冰箱取出，不退冰，直接放入烤箱烘烤。烤箱預熱，上火 180 ／下火 170℃ 烤焙 15 分鐘，調頭續烤 3 ～ 5 分鐘，出爐。

12 熱熱的切開，柚子奇想巧克力會爆漿流出。若要讓內餡爆漿的流性好，可用烤箱 100℃ 加熱 10 分鐘，或是微波爐 600W 加熱 15 秒鐘即可。

加熱食用，小心燙口。

筆記

蔓越莓起司鳳梨酥

- 份　　量　24 個
- 保存期限　室溫可保存 2 星期
冷藏可保存 1 個月
- 烤箱預熱　上火 180 ／下火 190℃
- 操作方式　鳳梨酥皮

材料 (g)

鳳梨酥皮	
無鹽奶油	70
無水奶油	70
鹽	2
糖粉	50
全蛋	75
香草莢醬	2
全脂奶粉	40
低筋麵粉	280
烤熟鹹蛋黃 [P. 21]	35
內餡	
土鳳梨餡 [P. 30]	480
蔓越莓	120
起司片	120

作法

一、鳳梨酥皮

1 無鹽奶油、無水奶油室溫回軟，放入攪拌缸中，慢速拌勻 1 分鐘，再轉快速打發 2 分鐘。

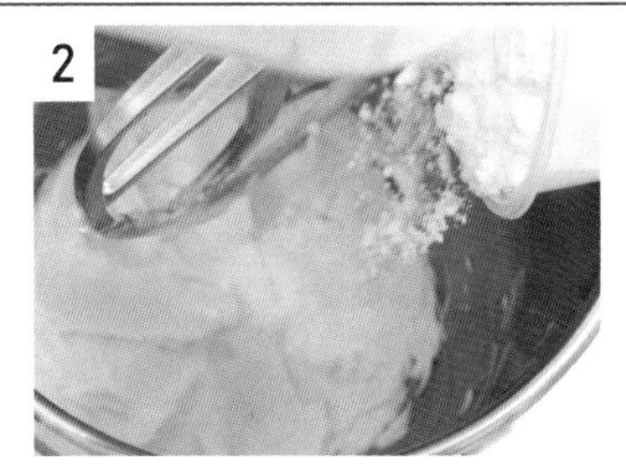

2 加入鹽、過篩好的糖粉，慢速拌勻 1 分鐘， 再轉快速打發 2 分鐘。

3 分次加入全蛋、香草莢醬，快速打發 2 分鐘。

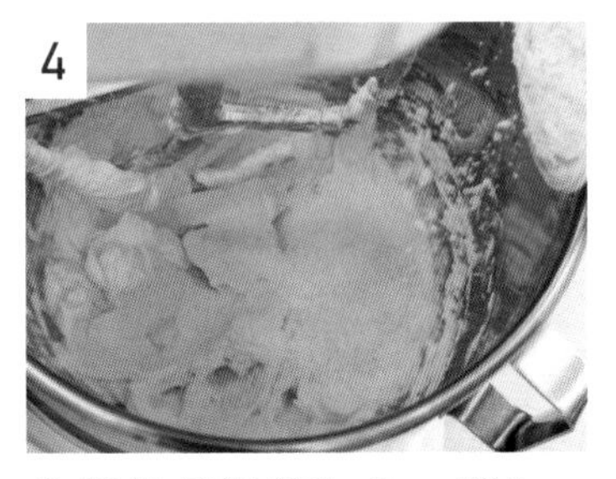

4 全脂奶粉過篩加入，拌勻。

5 低筋麵粉過篩後加入，拌勻。

6 烤熟鹹蛋黃，放入調理機中。

7 打碎成散沙狀。

8 加入麵糊中，拌勻。

9 裝入塑膠袋中，放入冰箱冷藏 30 分鐘。

攪拌好的鳳梨酥皮，冷藏可保存 5 天，冷凍可保存 3 個月。

二、內餡

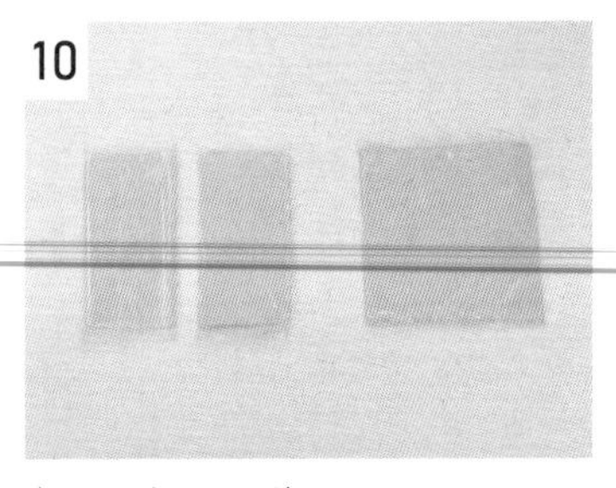

10 起司片一分為二。

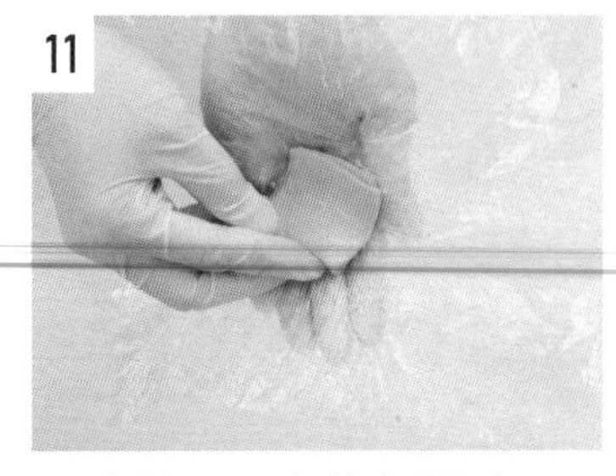

11 取重量 5 公克的起司片。

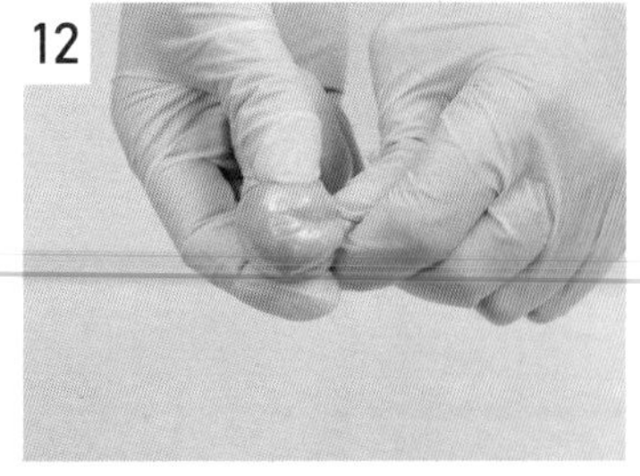

12 放入塑膠袋中，旋緊，成起司球。

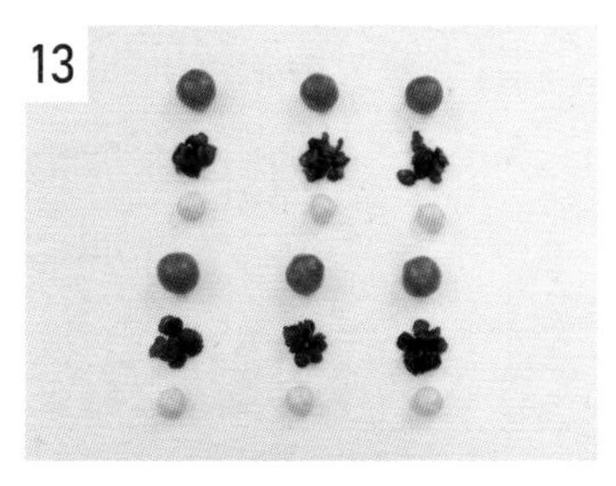

內餡準備：土鳳梨餡 20 公克、蔓越莓 5 公克、起司球 5 公克。

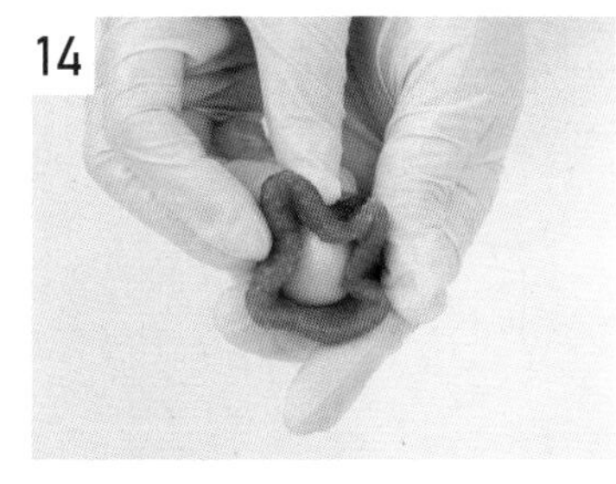

土鳳梨餡包入起司球。

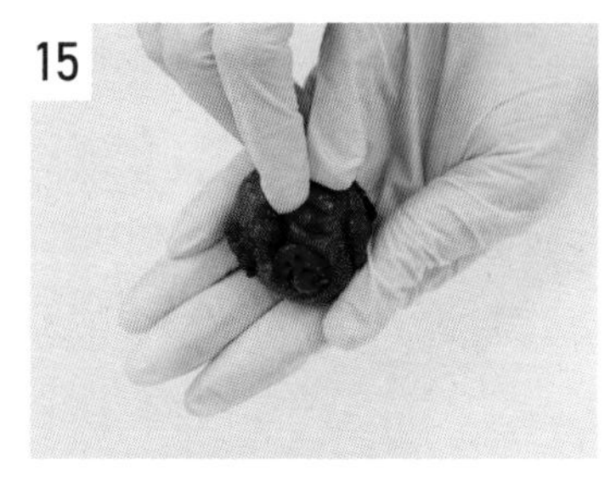

外面沾上蔓越莓。

三、包餡、成型

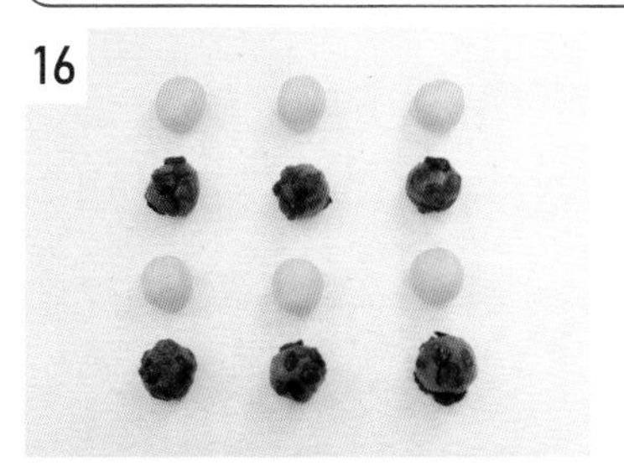

麵團分割一個 25 公克，配上一個內餡。

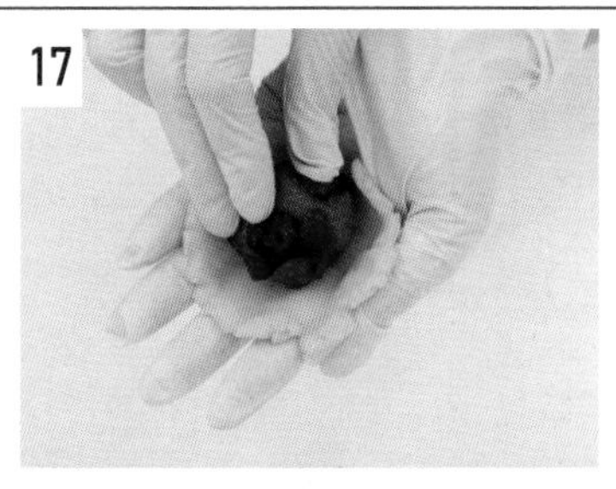

鳳梨酥皮在手掌心用力搓揉 10 下，做出凹洞，包入內餡。

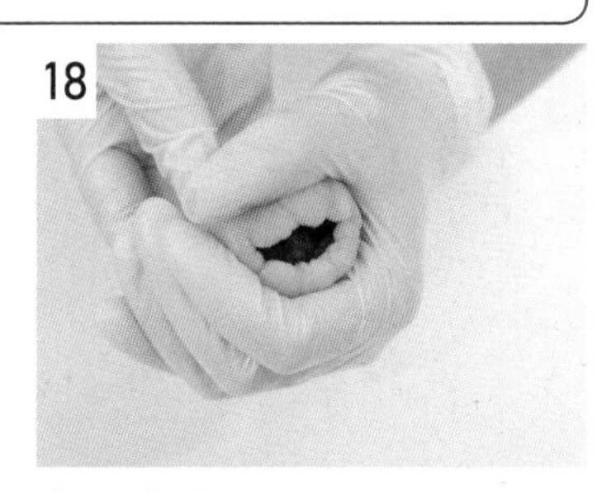

收口收緊。

沾高筋麵粉。

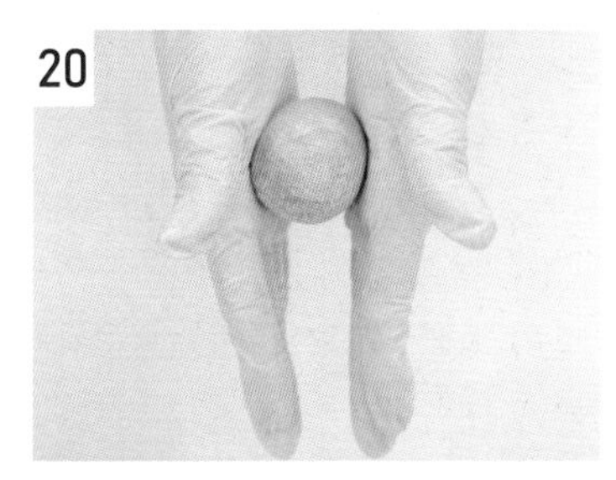

揉圓。

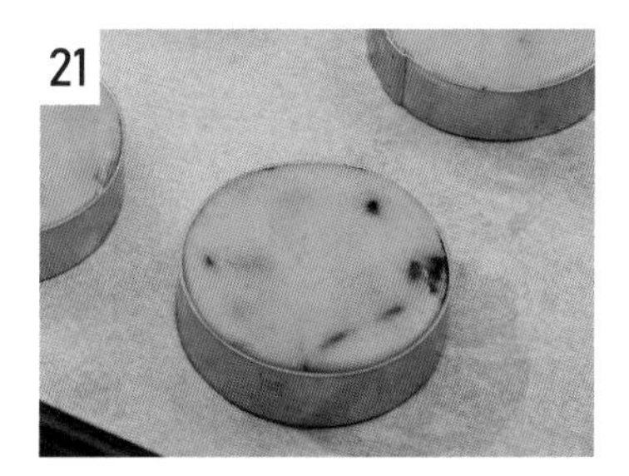

放入模型中，用掌心壓扁。

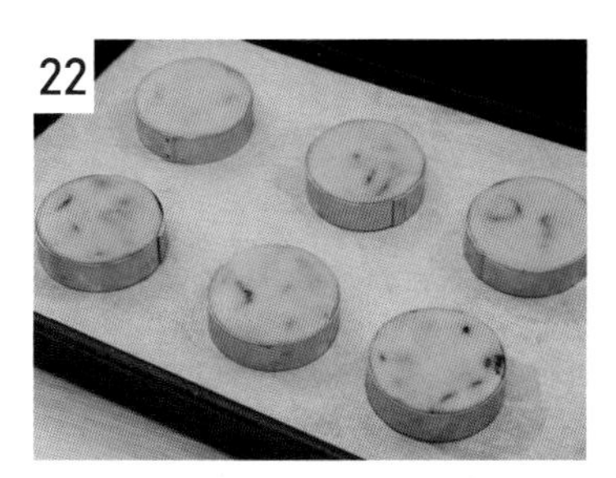

放入烤箱，烤箱預熱，上火 180 ／下火 190℃，烤焙 10 分鐘，調頭續烤 5 分鐘，翻面續烤 3 ～ 5 分鐘。

出爐，冷卻後包裝、封口。

食用前可微波加熱 10 秒，趁熱切開，內餡會流心。
加熱食用，小心燙口。

流心鳳凰酥

份　　量　24 個

保存期限　室溫可保存 1 星期
　　　　　冷藏可保存 2 星期

烤箱預熱　上火 180 ／下火 190℃

操作方式　鳳梨酥皮

材料 (g)

鳳梨酥皮	
無鹽奶油	70
無水奶油	70
鹽	2
糖粉	50
全蛋	75
香草莢醬	2
全脂奶粉	40
低筋麵粉	280
烤熟鹹蛋黃 [P. 21]	35
內餡	
土鳳梨餡 [P. 30]	480
烤熟鹹蛋黃 [P. 21]	12 個
流心餡	12 個

作法

1

鳳梨酥皮作法請參考P.108蔓越莓起司鳳梨酥。

攪拌好的鳳梨酥皮，冷藏可保存5天，冷凍可保存3個月。

2

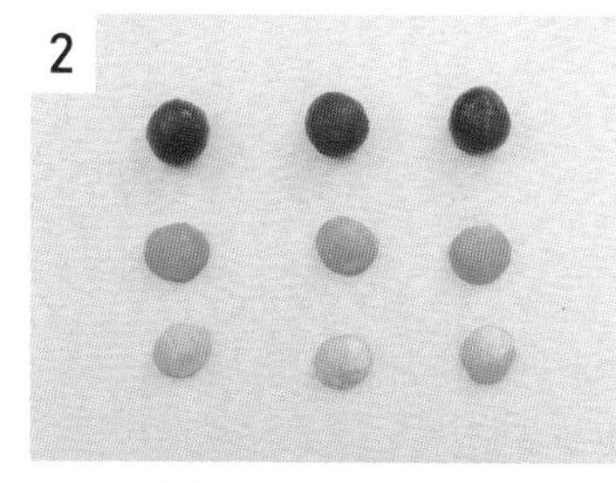

內餡準備：土鳳梨餡20公克、烤熟鹹蛋黃半顆、流心餡半顆。

流心餡可買市售的，也可參考P.108蔓越莓起司鳳梨酥內餡的作法。

3

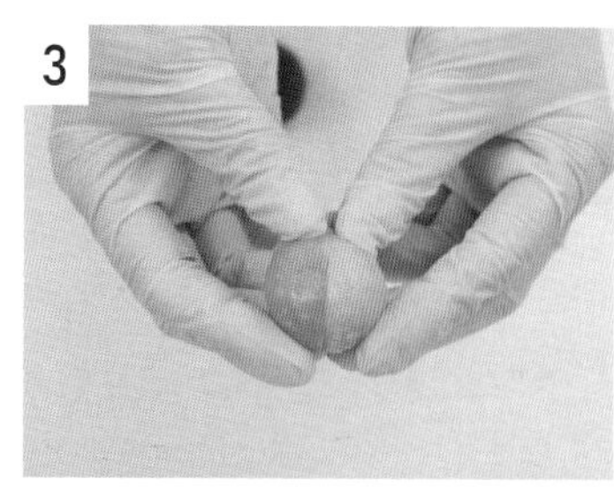

將烤熟鹹蛋黃半個及流心餡半個，組合成一球蛋黃流心餡。

4

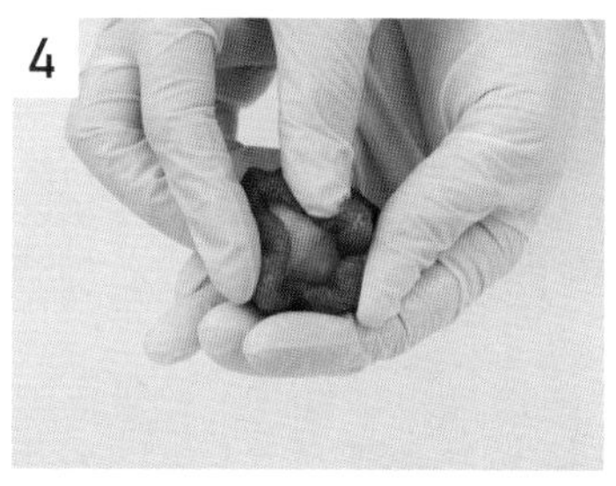

取分割好土鳳梨餡包入蛋黃流心餡。

5

取做好鳳梨酥皮分割每個25公克，包入內餡。

6

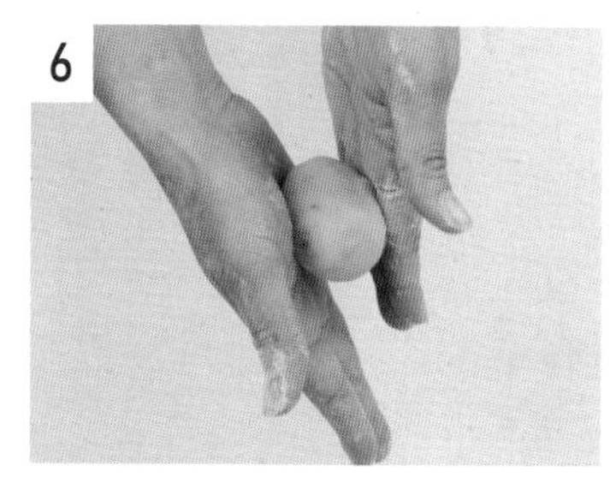

沾手粉，搓成圓柱狀。

7

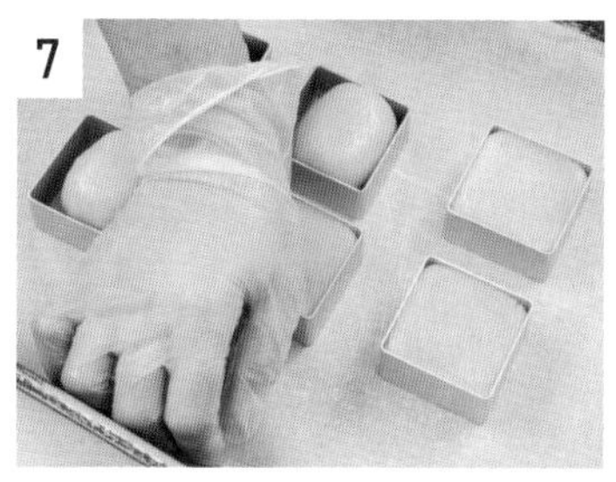

放入模型中，用掌心壓扁。

8

放入烤箱，烤箱預熱，上火180／下火190℃，烤焙10分鐘，調頭續烤3～5分鐘，翻面續烤3～5分鐘，出爐，冷卻後包裝、封口。

9

食用前可微波加熱10秒，趁熱切開，內餡會流心。

加熱食用，小心燙口。

玫瑰鳳梨酥

份　　量　24 個

保存期限　室溫可保存 2 星期
冷藏可保存 1 個月

烤箱預熱　上火 180 ／下火 160℃

操作方式　鳳梨酥皮

材料 (g)

鳳梨酥皮			
無鹽奶油	80	香草莢醬	1
無水奶油	80	低筋麵粉	300
糖粉	70	泡打粉	3
全蛋	80		

內餡	
土鳳梨餡 [P. 30]	600
有機玫瑰花瓣	24

材料 (g)

一、鳳梨酥皮

1

無鹽奶油和無水奶油室溫回軟，放入鋼盆中，用電動攪拌機，攪勻。

2

糖粉過篩加入。

3

用刮刀拌勻，再用電動攪拌機，快速打發 2 分鐘。

4

分次加入全蛋，拌勻。

5

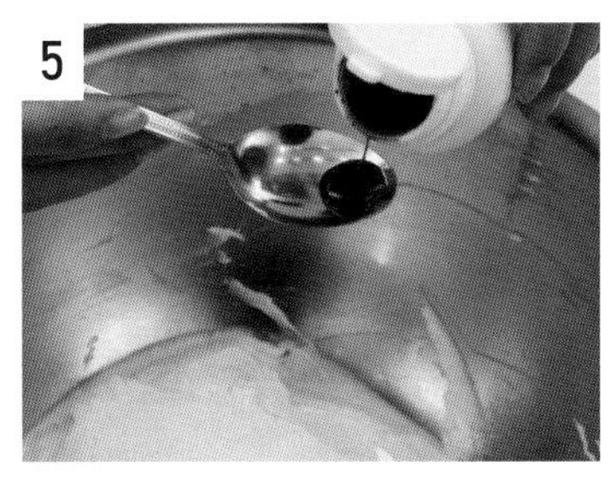

再加入香草莢醬，用電動攪拌機，快速打發 2 分鐘。

6

低筋麵粉加入泡打粉混合。

7

過篩加入，用刮刀拌勻。

8

拌勻後，放入冰箱冷藏 20 分鐘。

攪拌好的鳳梨酥皮，冷藏可保存 5 天，冷凍可保存 3 個月。

9

分割每個 25 公克。

二、內餡

10

土鳳梨餡分割每個 25 公克。

11

土鳳梨餡沾黏上有機玫瑰花瓣備用。

三、包餡、成型

12

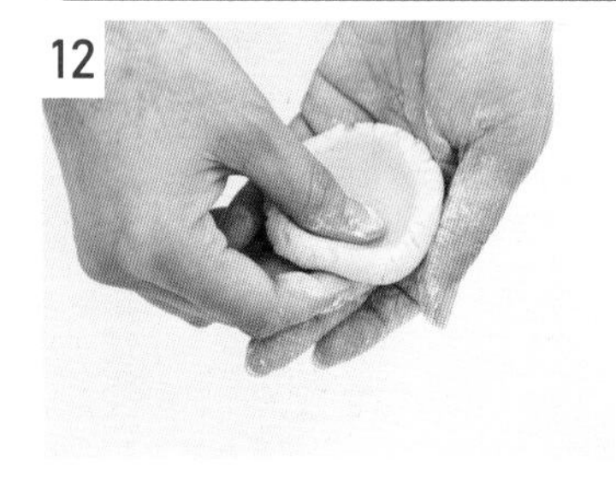

取一個分割好的酥皮，揉 10 下，做出凹洞。

13

包入內餡，收口。

14

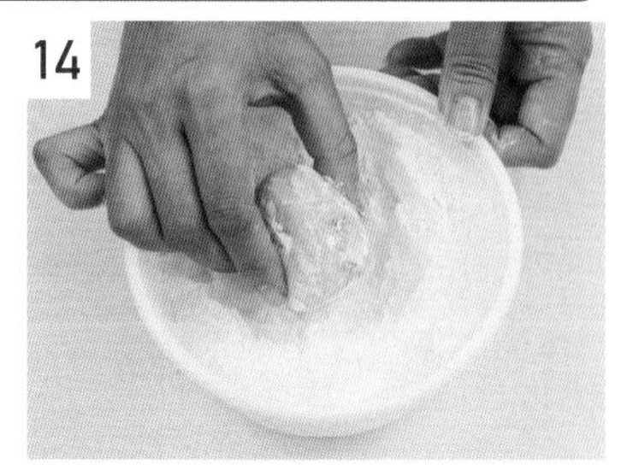

整形好，表面沾上高筋麵粉。

15

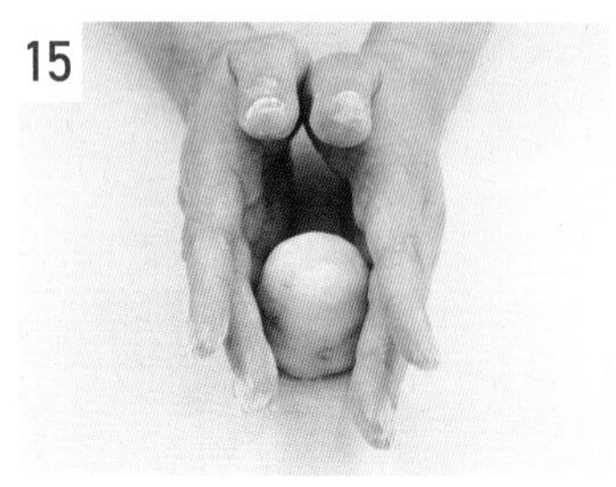

放在桌面整形成圓柱狀。

16

準備玫瑰花模型。

17

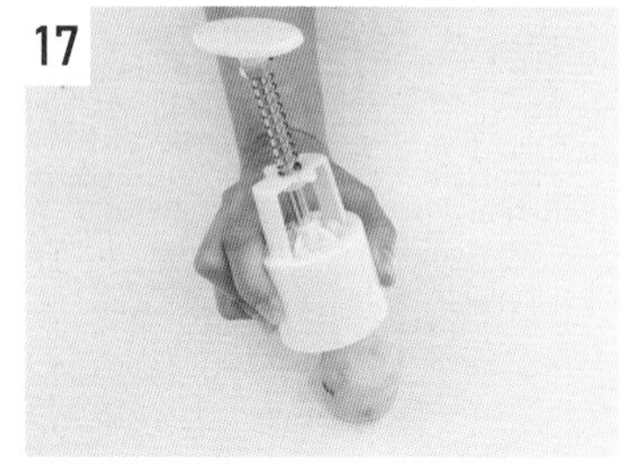

由上往下扣住，輕輕壓 2 下，成型。

18

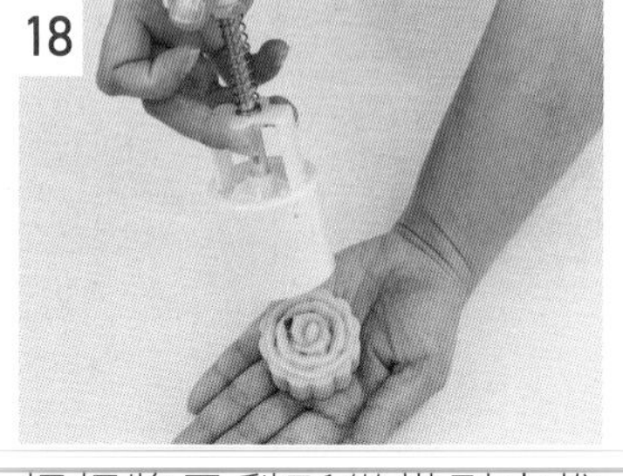

輕輕將鳳梨酥從模型中推出來，放入冷藏冰 30 分鐘以上定型。

19

冷藏後形狀會更完整。

20

烤箱預熱，上火 180 ／下火 160℃，烤焙 15 分鐘，調頭續烤 3 ～ 5 分鐘，出爐，冷卻後包裝、封口。

貓掌鳳梨酥

份　　量　30 個
保存期限　室溫可保存 1 星期
　　　　　冷藏可保存 2 星期
烤箱預熱　上火 180 ／下火 150℃
操作方式　鳳梨酥皮

材料 (g)

白色酥皮	
無鹽奶油	85
無水奶油	85
糖粉	75
全蛋	100
香草莢醬	1
全脂奶粉	30
低筋麵粉	325

可可酥皮	
白色酥皮	80
無鹽奶油	5
可可粉	10
內餡	
土鳳梨餡［P. 30］	600
椰果	90

作法

一、白色、可可酥皮

1

無鹽奶油、無水奶油室溫回軟，放入攪拌缸中，慢速拌勻 1 分鐘，再轉快速打發 3 分鐘。

2

糖粉過篩加入，慢速拌勻 1 分鐘，再轉快速打發 3 分鐘。

3

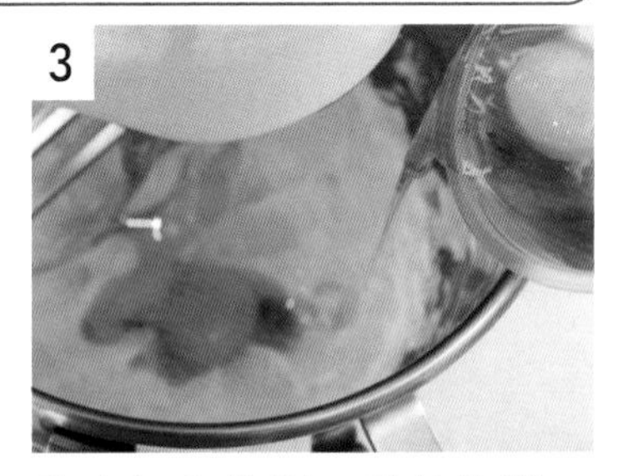

分次加入全蛋、香草莢醬，快速打發 3 分鐘。

4

全脂奶粉過篩加入，拌勻。

5

低筋麵粉過篩後加入，拌勻。

6

白色酥皮完成，裝入塑膠袋中，放入冰箱冷藏 30 分鐘。
攪拌好的酥皮，冷藏可保存 5 天，冷凍可保存 3 個月。

7

取 80 公克白色酥皮。

8

加入無鹽奶油、可可粉，拌匀，成可可酥皮。

9

可可酥皮，裝入塑膠袋中，放入冰箱冷藏 30 分鐘。

二、包餡、成型

10

將土鳳梨餡室溫回軟，加入椰果拌匀。

11

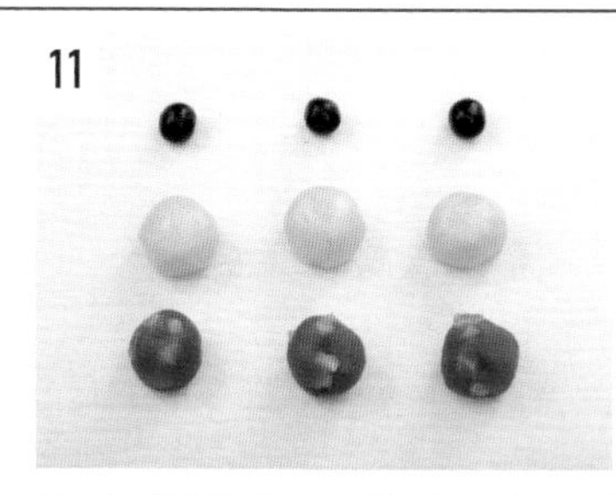

取白色酥皮 20 公克，可可酥皮 3 公克，餡料 20 公克。

12

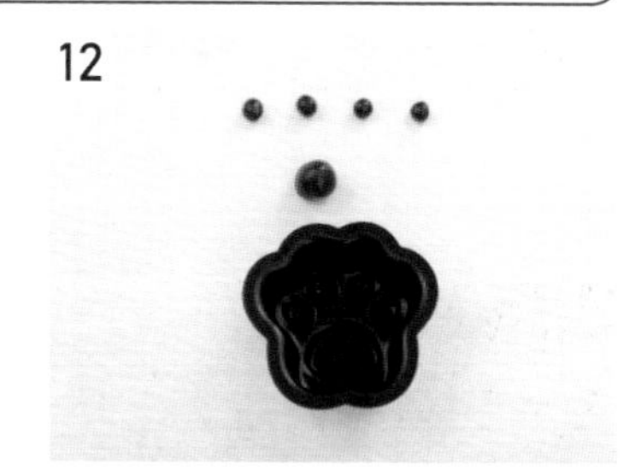

準備模具，將可可酥皮分成 4 顆小圓球，1 顆大圓球。

13

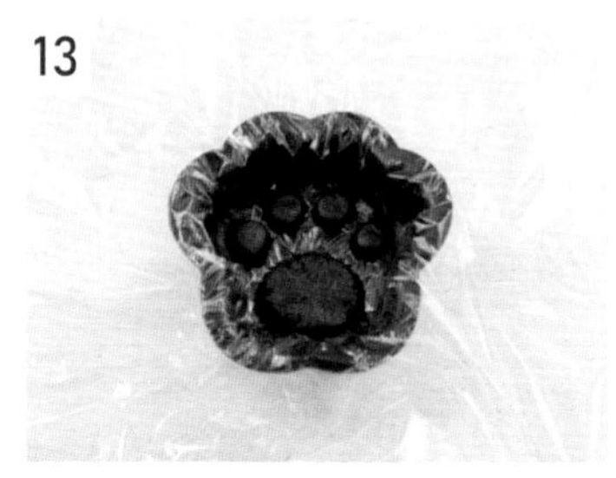

模具鋪上保鮮膜，將可可酥皮如圖放入模具中輕壓定型。

14

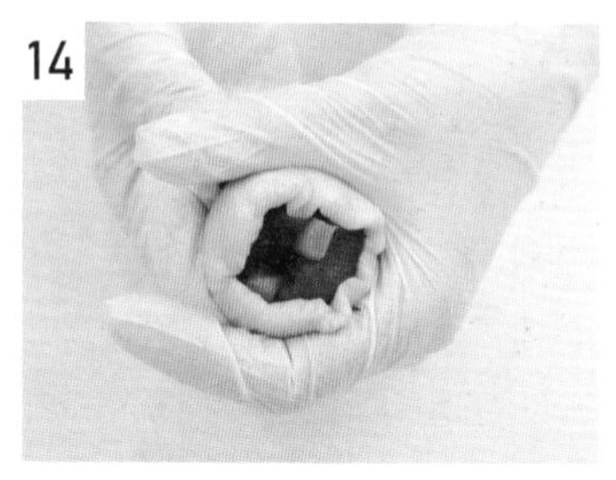

取白色酥皮做出凹洞，包入餡料，收口。

15

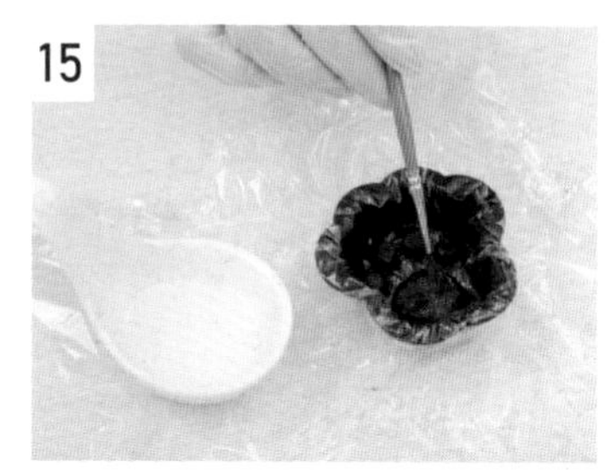

用水彩筆沾水，刷在可可酥皮上。

16

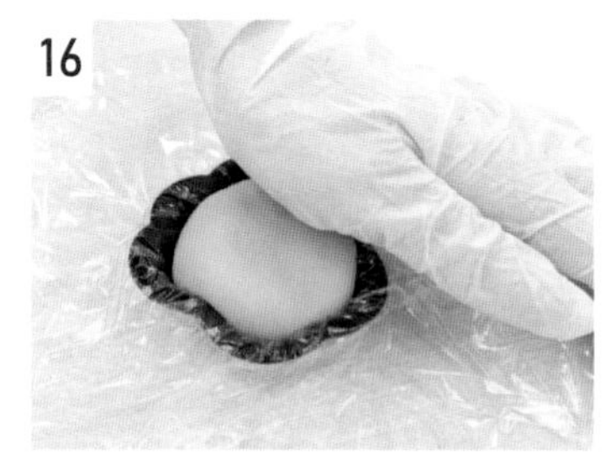

放入已定型的模具中，用手掌壓平。

17

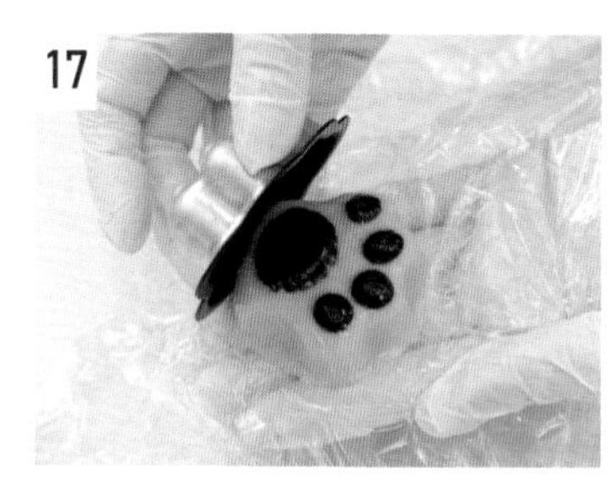

拉出保鮮膜脫模。

18

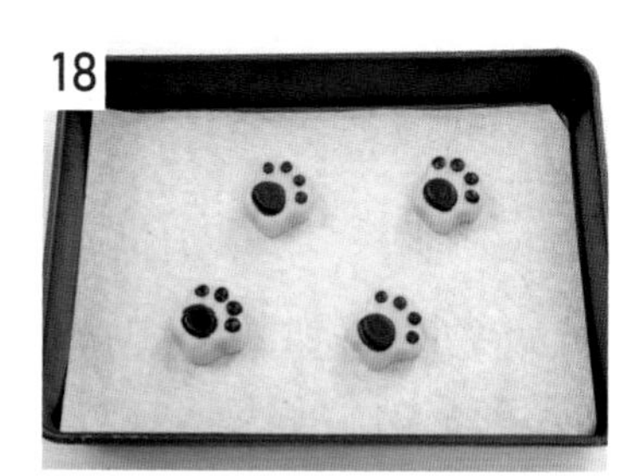

放上烤盤，烤箱預熱，上火 180 ／下火 150℃，烤焙 10 分鐘，調頭續烤 3～5 分鐘，出爐，冷卻後包裝、封口。

Part 4

日韓冰皮

日式冰皮

份　　量　成品重量約 500 公克

保存期限　冷凍可保存 1 個月

材料 (g)

＊白玉粉不限廠牌。

＊葡萄籽油可以用任何沒有味道的液體油代替。

日式冰皮			
日本白玉粉	130	熱開水 (95℃ 以上)	260
細砂糖	100	葡萄籽油	25

大福冰月娘｜P.122

水蜜桃｜P.125

水金英｜P.128

幸運草｜P.130

水仙花｜P.132

作法

1

日本白玉粉、細砂糖加入鋼盆中，混合均勻。

2

沖入煮滾的熱開水。

3

用打蛋器攪拌均勻。

4

倒入葡萄籽油。

5

用打蛋器攪拌均勻。

6

倒入大同電鍋內鍋，外鍋放蒸架及2杯水，蒸熟呈透明狀。

7

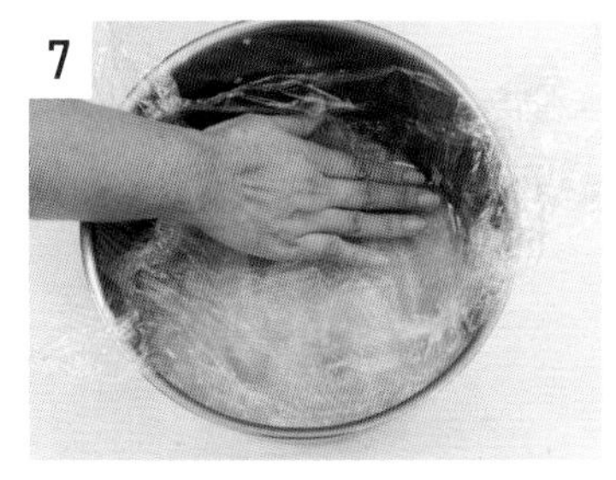

取出，趁熱，表面貼上保鮮膜，放涼。

8

把蒸熟放涼的冰皮裝入塑膠袋中，放入保鮮盒中，冷凍保存。

筆記

大福冰月娘

份　　量　24 個

保存期限　冷藏可保存 1 星期
　　　　　冷凍可保存 1 個月

操作方式　日式冰皮

材料 (g)

日式冰皮	
日本白玉粉	130
細砂糖	100
熱開水 (95℃以上)	260
葡萄籽油	25

內餡	
白豆沙餡 [P. 24]	600
法芙娜百香果奇想巧克力	130
烤熟鹹蛋黃 [P. 21]	120
裝飾	
熟玉米粉	適量

作法

1 日式冰皮做法請參考 P.121。

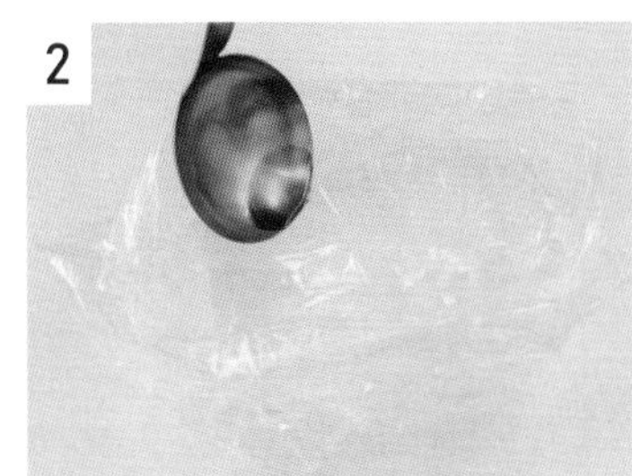

2 取出日式冰皮，準備一個塑膠袋，倒入 1 小湯匙沒味道的液體油。

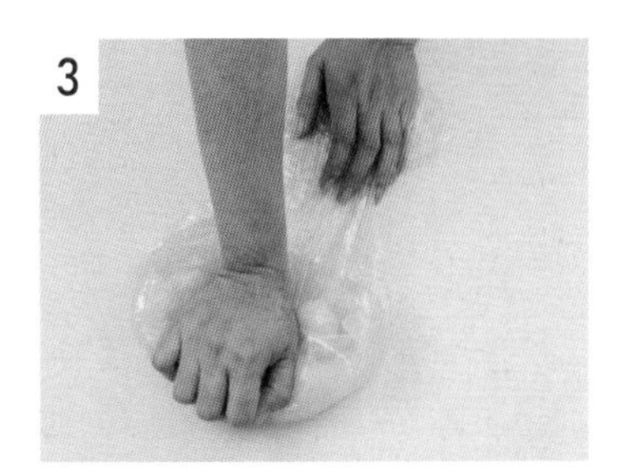

3 把日式冰皮放入袋子裡，揉均勻。

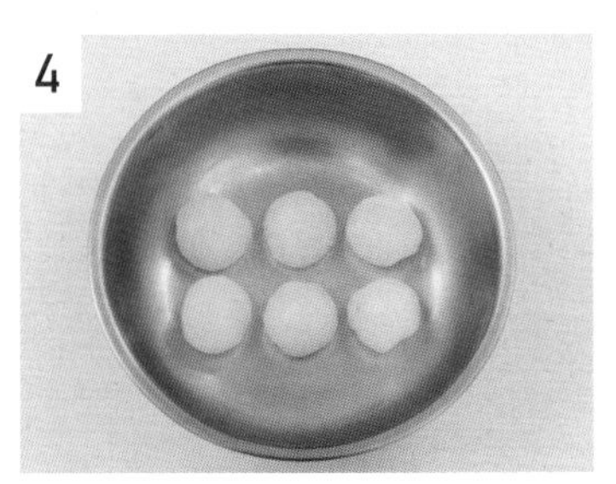

4 分成一個 20 公克，放入容器中用保鮮膜包好。

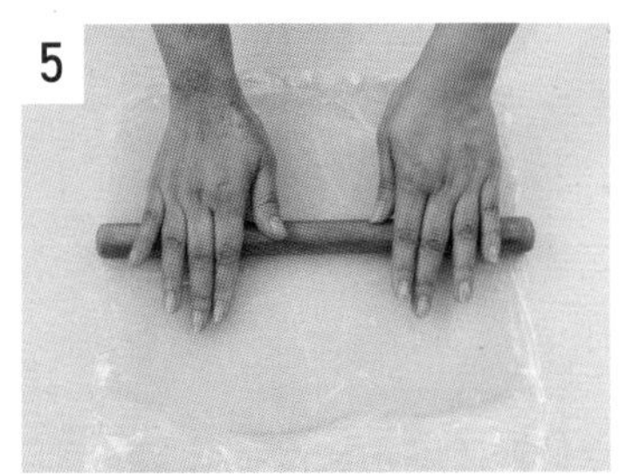

5 或可擀成厚度 0.3 公分的大薄片，裁成長寬 10 公分正方形，或 12 公分正方形，沾上烤熟玉米粉即成大福皮或雪莓娘皮。

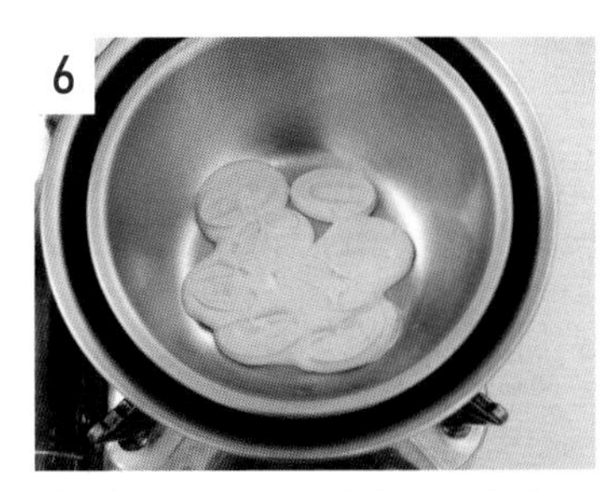

6 法芙娜百香果奇想巧克力，放在 45℃ 溫水上，隔水加熱融化。

7 加入白豆沙餡中。

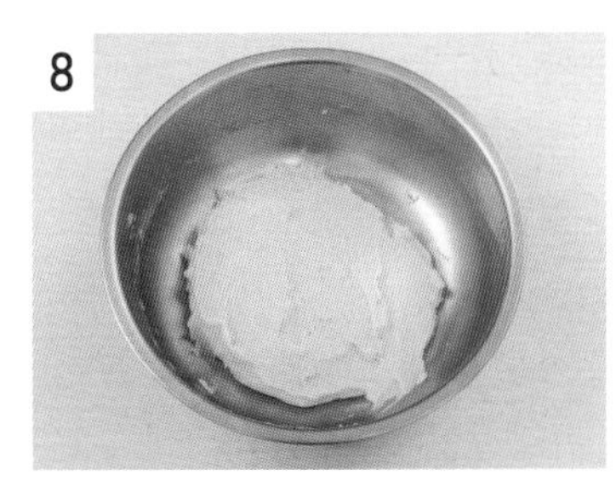

8 用刮刀拌勻成內餡。

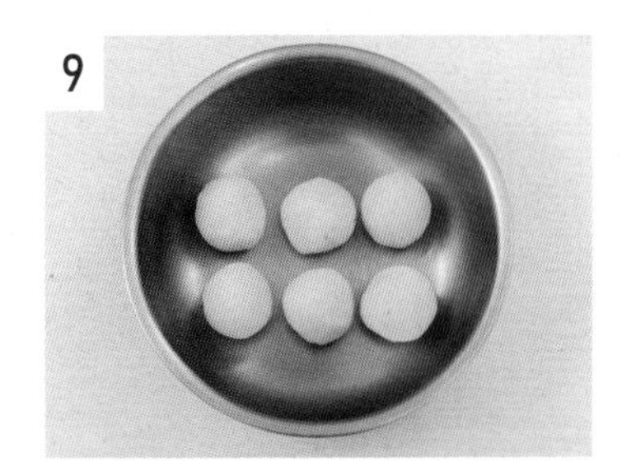

9 分成一顆 30 公克。

10

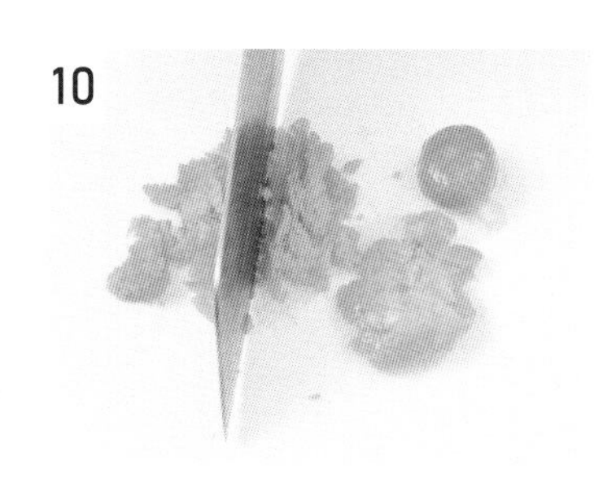

烤熟鹹蛋黃用菜刀背面壓扁，切碎。

可用食物調理機打碎。

11

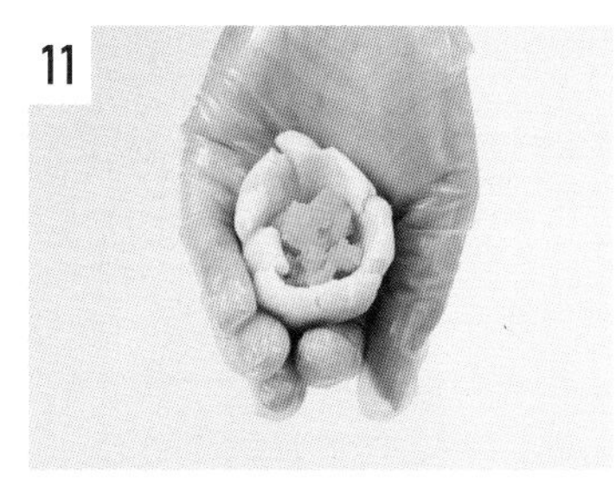

取一個 30 公克的百香果奇想豆沙餡，包入 5 公克碎的鹹蛋黃，收口。

12

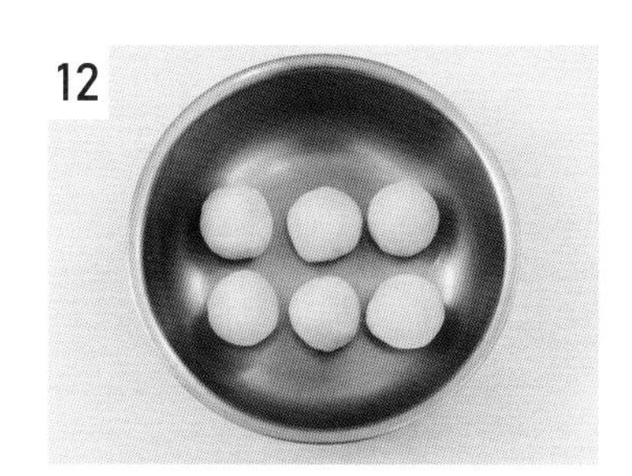

內餡完成。

冷凍可保存 90 天。

13

日式冰皮分割每個 20 公克，揉圓、壓扁。

14

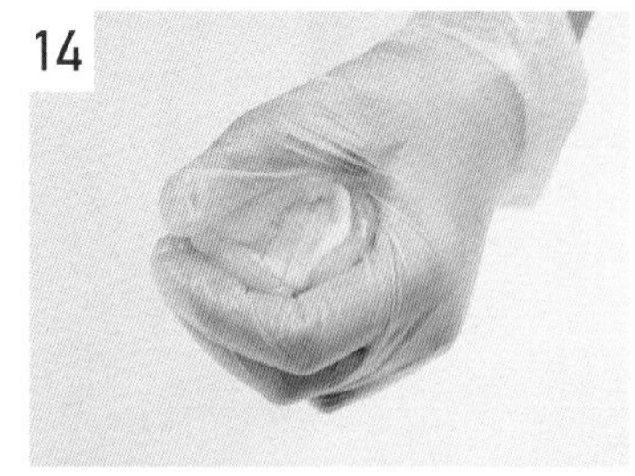

包入內餡，收口處收緊，可以用塑膠袋輔助，更好操作。

15

放入烤熟玉米粉中，均勻裹上熟玉米粉。

玉米粉放入預熱 100℃ 的烤箱裡烤 10 分鐘，取出放涼、過篩、放入保鮮盒中保存。

16

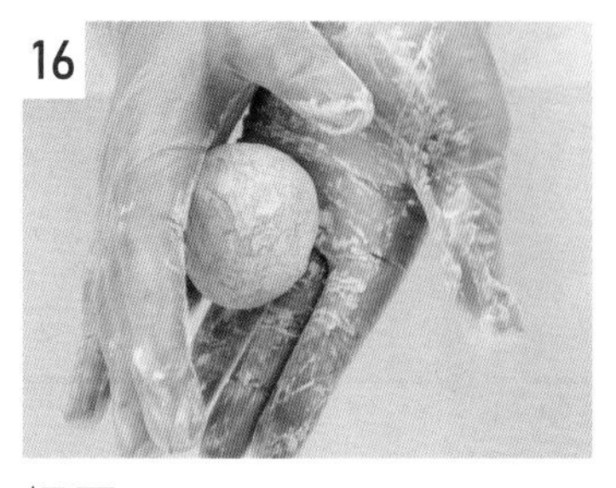

揉圓。

17

在桌面上整形成圓柱形。

18

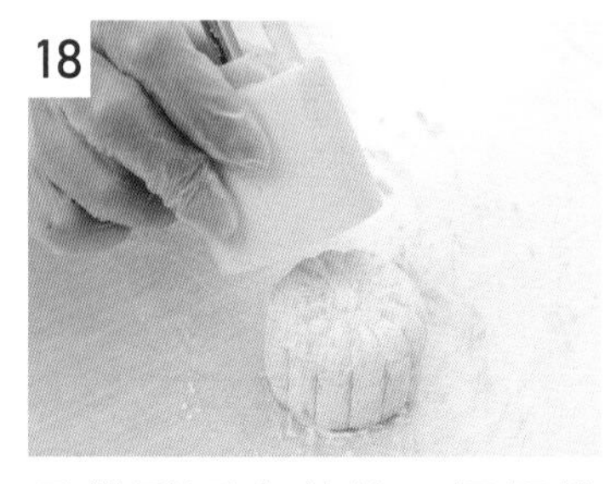

用模型壓出花紋，輕輕推出，完成。

筆記

水蜜桃

份　　量　24 個

保存期限　冷藏可保存 1 星期
冷凍可保存 1 個月

操作方式　日式冰皮

材料 (g)

日式冰皮	
日本白玉粉	185
細砂糖	140
熱開水 (95℃以上)	360
葡萄籽油	35
內餡	
白豆沙餡 [P. 24]	480

染色	
甜菜根粉	適量
抹茶粉	2
裝飾	
熟玉米粉	適量

作法

1

日式冰皮做法請參考 P.121。
分成三份：
480 公克 (白色冰皮)、
120 公克 (粉色冰皮)、
100 公克 (綠色冰皮)。

2

前置作業：
120 公克 (粉色冰皮)
＋甜菜根粉混合拌勻。
100 公克 (綠色冰皮)
＋抹茶粉混合拌勻。

3

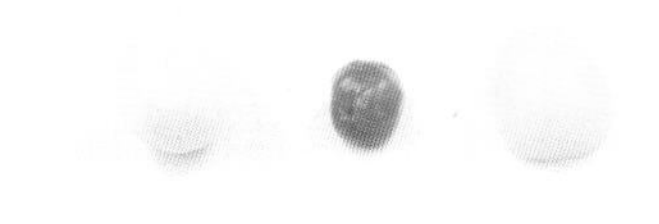

準備每一顆水蜜桃材料：
白色冰皮 20 公克、
粉色冰皮 5 公克、
白豆沙餡 20 公克。

4

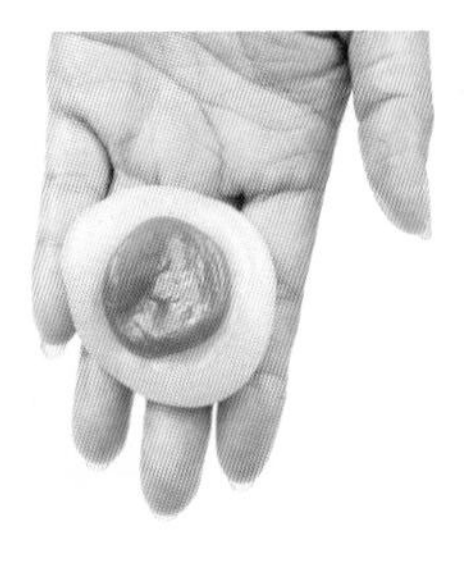

白色冰皮壓扁，中間貼上粉紅色冰皮。

5

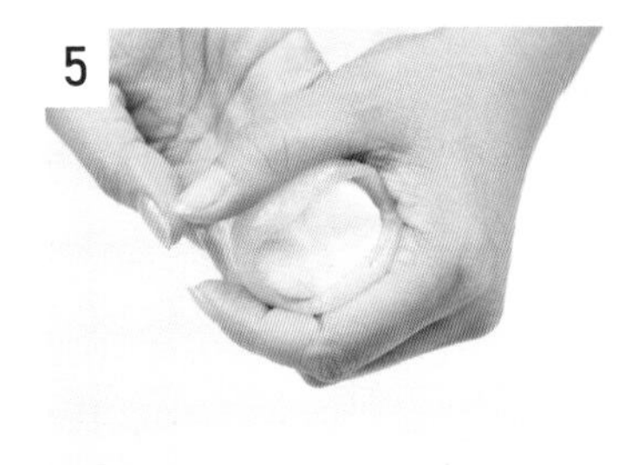

放上內餡，包成圓形。

6

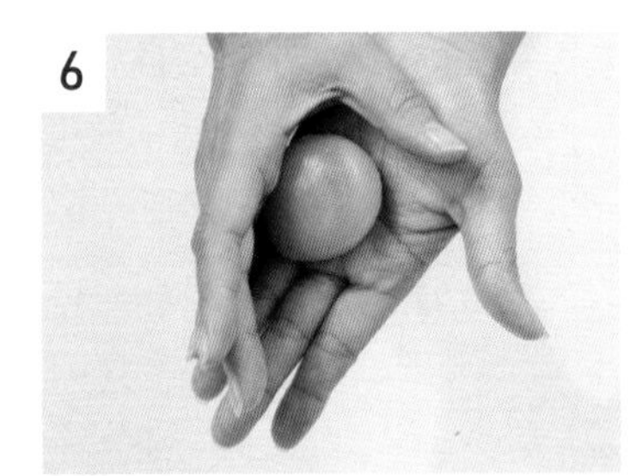

整形成水滴形。

7

一頭用手指頭輕輕捏尖，形成三角形。

#若冰皮會黏手，手上可以抹一點點油，即可防黏。

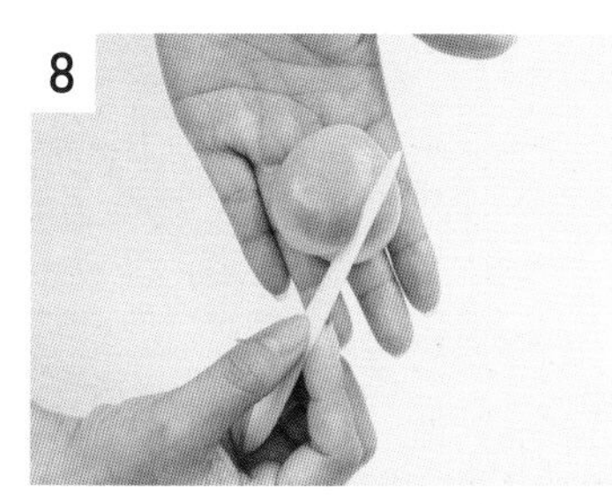

8

工具用細的這頭，從冰皮三角形的底部往中間切一條弧形。

#可使用小刮板輕壓。

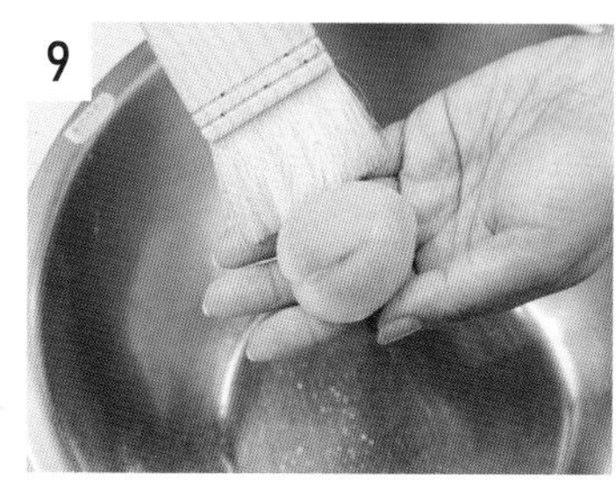

9

刷上熟玉米粉（定型），多餘的粉要清乾淨。

#熟玉米粉的作法：將玉米粉過篩在烤盤上，放入 100℃ 的烤箱，烘烤 10 分鐘，放涼，裝入保鮮盒室温保存。

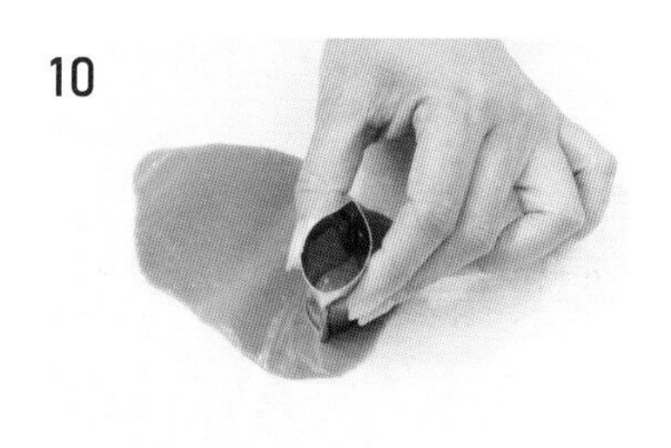

10

綠色冰皮用擀麵棍擀平，放冷凍冰硬，用模型壓出葉子的形狀。

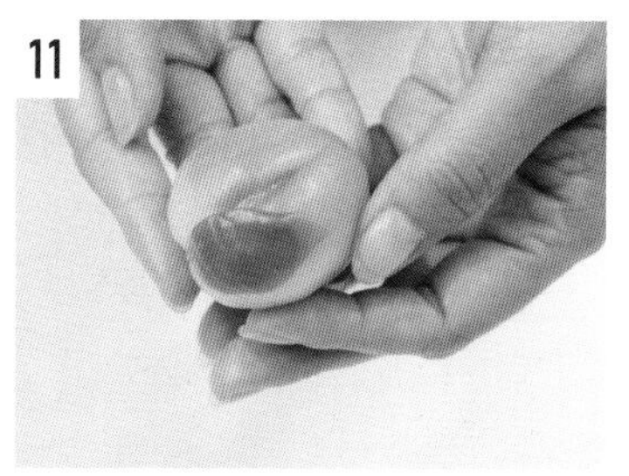

11

貼在水蜜桃側邊上。

12

用工具在葉片上壓出葉脈，在掌心整形，完成。

#可使用小刮板壓出葉脈。

筆記

水金英

份　　量　24 個

保存期限　冷藏可保存 1 星期
　　　　　冷凍可保存 1 個月

操作方式　日式冰皮

材料 (g)

日式冰皮	
日本白玉粉	170
細砂糖	125
熱開水 (95℃ 以上)	345
葡萄籽油	30
內餡	
白豆沙餡〔P. 24〕	480
染色	
甜菜根粉	適量
抹茶粉	適量
天然黃梔子色素	適量
天然梔子藍色素	適量
裝飾	
熟玉米粉	適量

作法

1

日式冰皮做法請參考 P.121。
分成五份：
480 公克（白色冰皮）、
48 公克（粉色冰皮）、
48 公克（黃色冰皮）、
48 公克（藍色冰皮）、
25 公克（綠色冰皮）。

2

前置作業：
48 公克（粉色冰皮）＋甜菜根粉混合拌勻。
48 公克（黃色冰皮）＋天然黃梔子色素混合拌勻。
48 公克（藍色冰皮）＋天然梔子藍色素混合拌勻。
25 公克（綠色冰皮）＋抹茶粉混合拌勻。

3

準備每一顆水金英材料：
白色冰皮 20 公克、
粉色冰皮 2 公克、
黃色冰皮 2 公克、
藍色冰皮 2 公克、
白豆沙餡 20 公克。

4

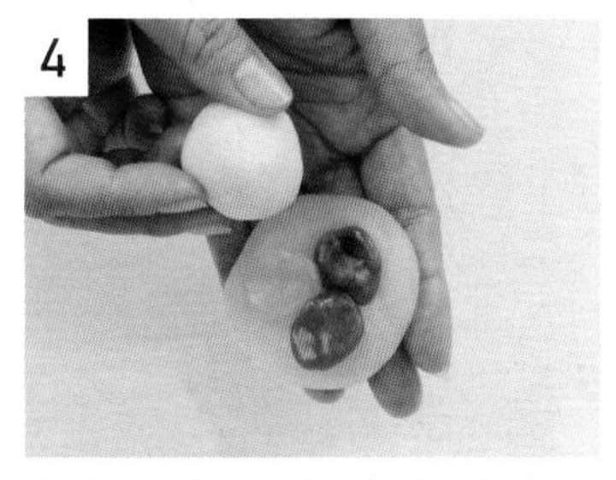

白色冰皮壓扁，粉色冰皮、黃色冰皮、藍色冰皮用三角形的方式貼上，放上內餡。

5

包起整形成圓形。
若冰皮會黏手，手上可以抹一點點油，即可防黏。

6

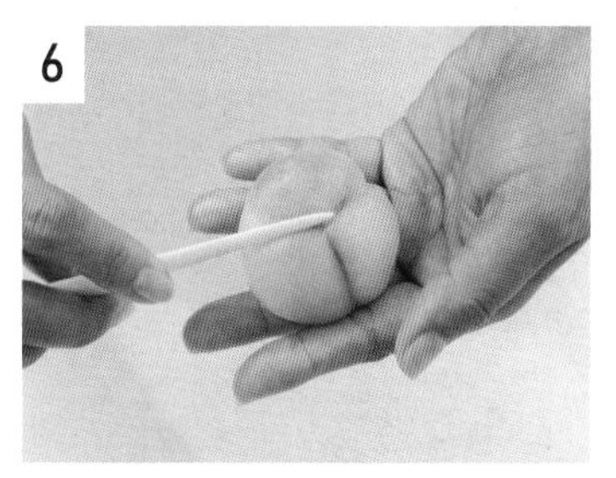

用工具刀壓出三等份。

7

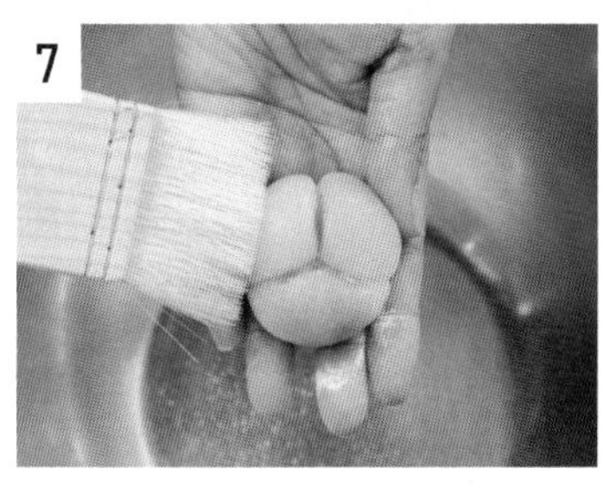

刷上熟玉米粉（定型），多餘的粉要清乾淨。
熟玉米粉的作法：將玉米粉過篩在烤盤上，放入 100℃ 的烤箱，烘烤 10 分鐘，放涼，裝入保鮮盒室溫保存。

8

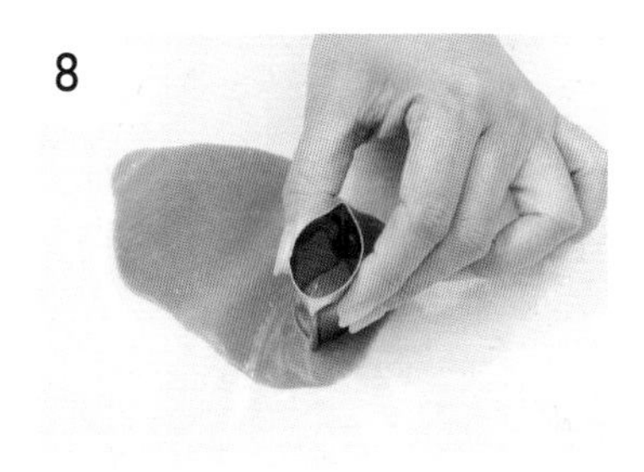

綠色冰皮用擀麵棍擀平，放冷凍冰硬，用模型壓出葉子的形狀。

9

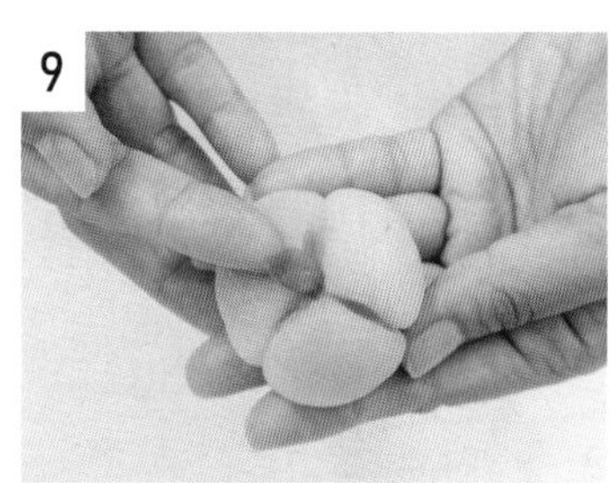

貼在花中間，完成。

幸運草

份　　量　24 個

保存期限　冷藏可保存 1 星期
　　　　　冷凍可保存 1 個月

操作方式　日式冰皮

材料 (g)

日式冰皮	
日本白玉粉	165
細砂糖	120
熱開水 (95℃ 以上)	330
葡萄籽油	30
內餡	
白豆沙餡 [P. 24]	480
染色	
抹茶粉	適量
裝飾	
熟玉米粉	適量

作法

1

日式冰皮做法請參考
P.121。
冰皮 600 公克。

2

前置作業：
600 公克（綠色冰皮）
＋抹茶粉混合拌勻。

3

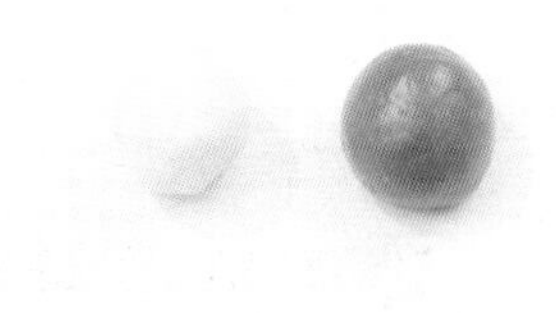

準備每一顆幸運草材料：
綠色冰皮 25 公克、
白豆沙餡 20 公克。

4

綠色冰皮包入內餡。

5

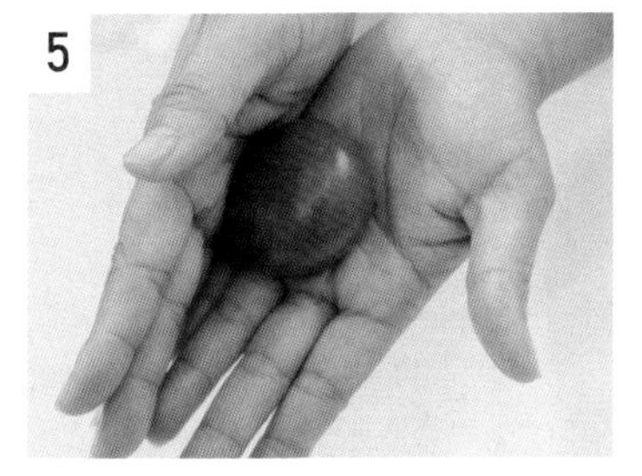

整形成扁圓形。
若冰皮會黏手，手上可以抹一點點油，即可防黏。

6

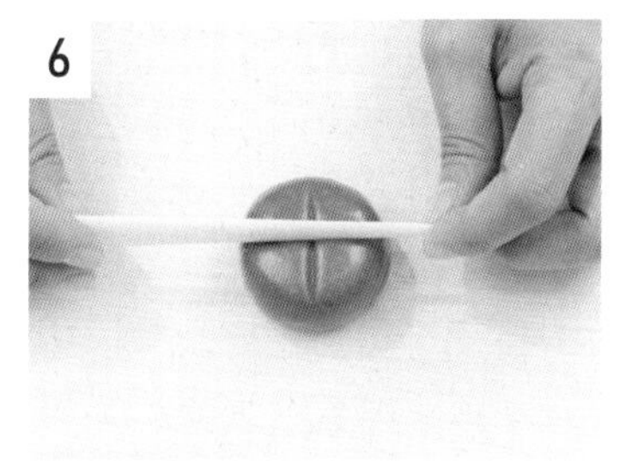

用工具刀壓出四等份。

7

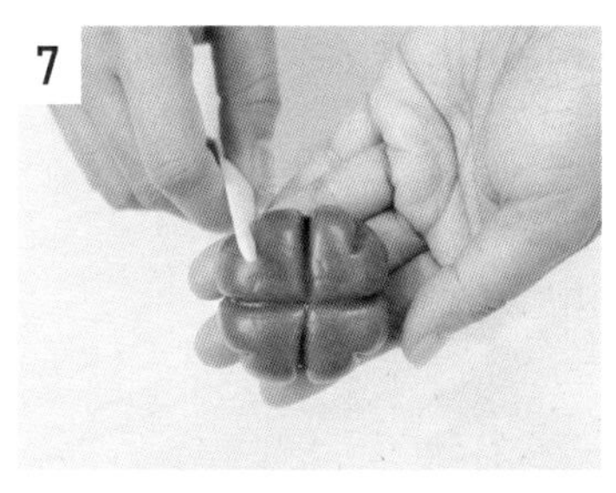

用工具刀在四等份外側的中間，壓一刀。

8

用工具刀在四等份的中間處輕輕壓一刀。

9

刷上熟玉米粉（定型），多餘的粉要清乾淨。
熟玉米粉的作法：將玉米粉過篩在烤盤上，放入 100℃ 的烤箱，烘烤 10 分鐘，放涼，裝入保鮮盒室溫保存。

水仙花

- 份　　量　24 個
- 保存期限　冷藏可保存 1 星期
　　　　　　冷凍可保存 1 個月
- 操作方式　日式冰皮

材料 (g)

日式冰皮	
日本白玉粉	165
細砂糖	120
熱開水 (95℃ 以上)	330
葡萄籽油	30
內餡	
白豆沙餡 [P. 24]	480
染色	
天然黃梔子色素	適量
花蕊	
白豆沙餡 [P. 24]	50
糕仔粉	7
裝飾	
熟玉米粉	適量

作法

1

日式冰皮做法請參考 P.121。
前置作業：
冰皮 600 公克＋天然黃梔子色素混合拌勻。

2

花蕊：白豆沙餡 50 公克加入糕仔粉 7 公克混合成團。

3

準備每一顆水仙花材料：
黃色冰皮 25 公克、
白豆沙餡 20 公克、
白色花蕊麵團一小團。

4

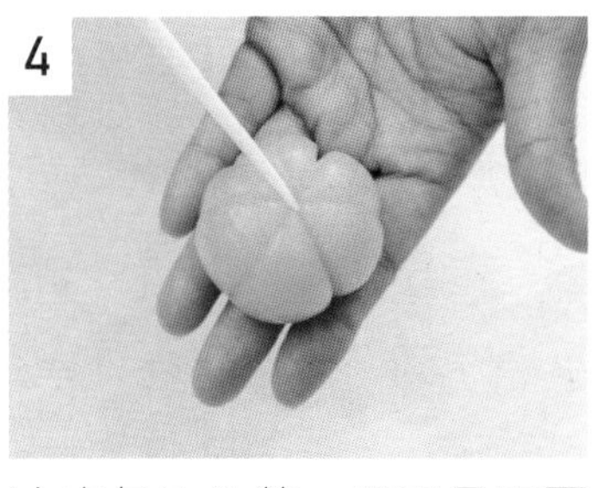

冰皮包入內餡，用工具刀壓出六等份。
若冰皮會黏手，手上可以抹一點點油，即可防黏。

5

每一花瓣捏出尖角。

6

每一等份中間用工具刀壓一小刀。

7

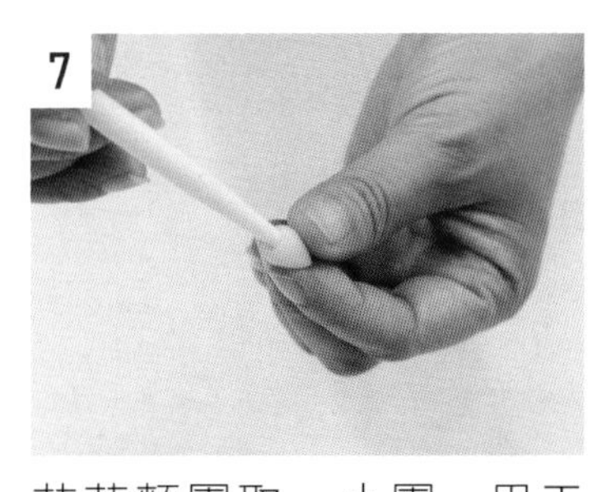

花蕊麵團取一小團，用工具尖頭成型。

8

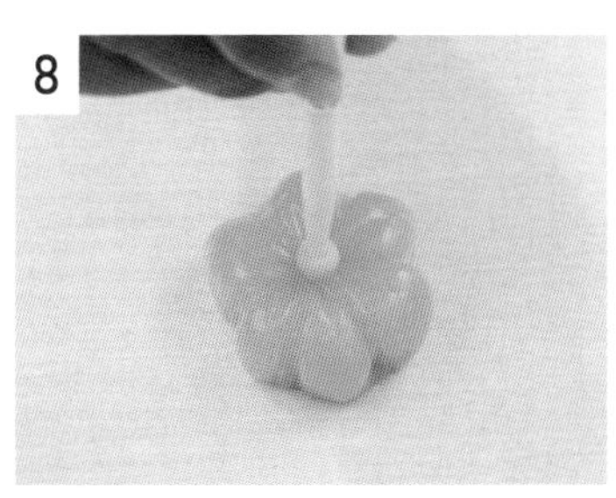

固定在花中間。

9

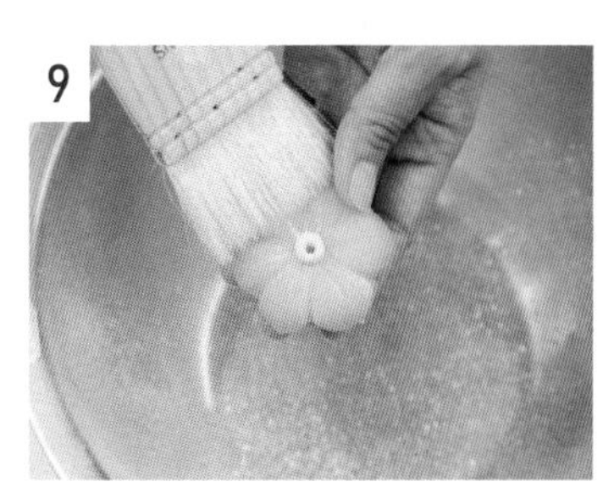

刷上熟玉米粉（定型），多餘的粉要清乾淨。
熟玉米粉的作法：將玉米粉過篩在烤盤上，放入 100℃ 的烤箱，烘烤 10 分鐘，放涼，裝入保鮮盒室溫保存。

韓式雪菓子冰皮

份　　量　成品重量約 550 公克

保存期限　冷凍可保存 1 個月

材料 (g)

韓式雪菓子冰皮			
粳米粉（蓬萊米粉）	95	水	240
糯米粉	95	細砂糖	240

梅子 | P.136

格桑花 | P.138

櫻花 | P.141

作法

1

鋼盆內倒入水 240 公克，細砂糖 240 公克。

2

邊加熱邊攪拌到糖融化，水温約 60℃，攪勻後放涼。

3

另一個鋼盆倒入粳米粉（蓬萊米粉）、糯米粉，混合均匀。

4

先倒入一半放涼的糖水，攪勻。

5

再倒入另一半放涼的糖水，攪勻。

6

攪勻的粉漿過篩。

7

放入大同電鍋，外鍋 4 杯水，蒸熟。

8

用保鮮膜包好，放涼。

9

韓國冰皮冷藏會變硬，若冰皮變硬，使用前及食用前要回蒸一下。

筆記

梅子

份　　量　24 個

保存期限　冷藏可保存 1 星期
冷凍可保存 1 個月

操作方式　韓式雪菓子冰皮

材料 (g)

韓式雪菓子冰皮	
粳米粉（蓬萊米粉）	105
糯米粉	105
水	260
細砂糖	260
內餡	
白豆沙餡 [P. 24]	385
Q 梅（切碎）	95
染色	
抹茶粉	10
天然黃梔子色素	適量
裝飾	
熟玉米粉	適量

作法

1
韓式雪菓子冰皮做法請參考 P.135。
分成兩份：
480 公克（綠色冰皮）、
120 公克（黃色冰皮）。

2
前置作業：
480 公克（綠色冰皮）＋抹茶粉混合拌勻。
120 公克（黃色冰皮）＋天然黃梔子色素混合拌勻。

3
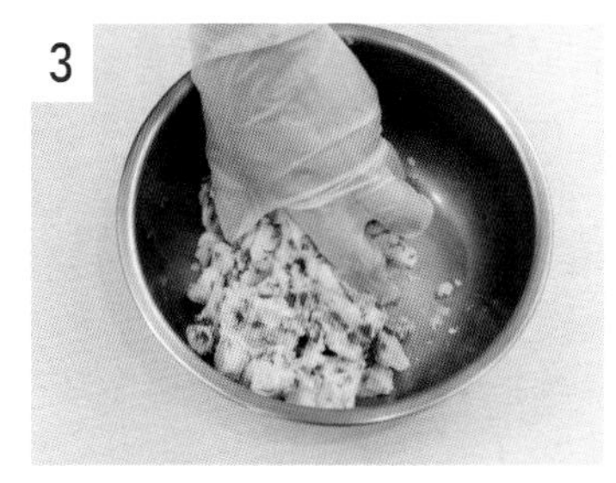
Q 梅去籽，切碎加入白豆沙餡中混合拌勻。

4
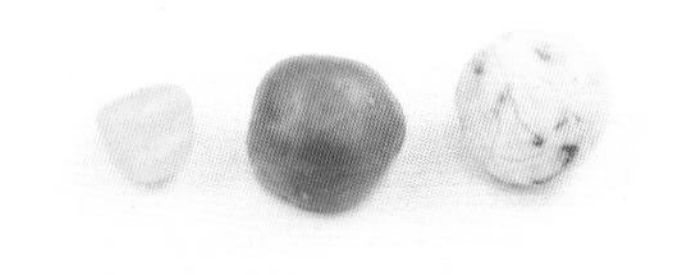
準備每一顆梅子材料：
綠色冰皮 20 公克、
黃色冰皮 5 公克、
梅子白豆沙餡 20 公克。

5
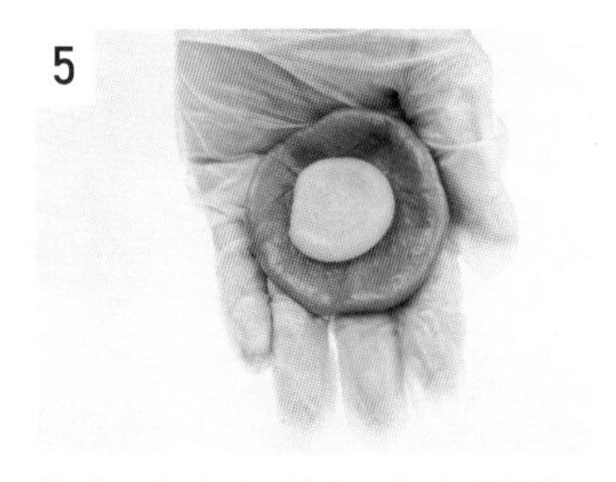
綠色冰皮和黃色冰皮壓扁，重疊。

6
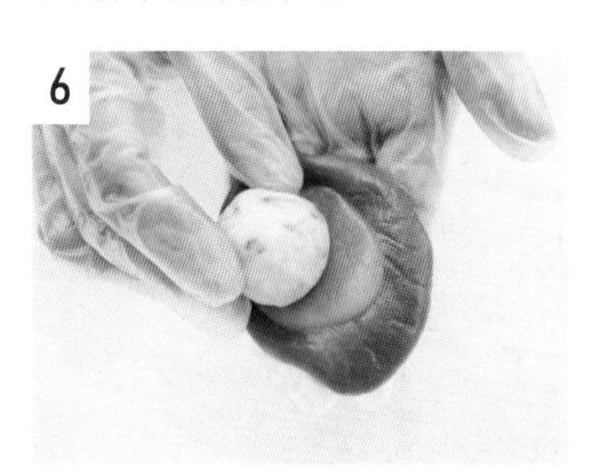
包入一顆梅子白豆沙餡整形成圓形。

7
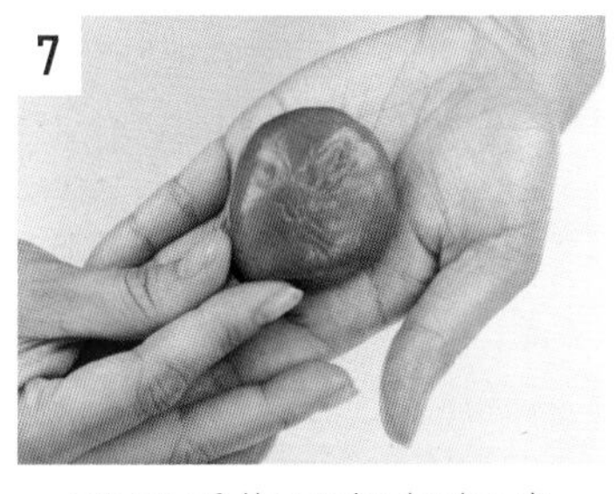
一頭用手指頭輕輕捏尖，形成水滴狀。
若冰皮會黏手，手上可以抹一點點油，即可防黏。

8
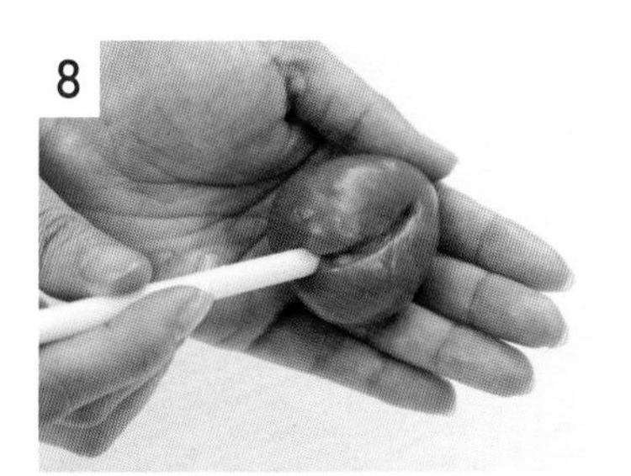
寬的這頭用工具或刮板壓出一條弧形，底部用工具或筷子打一個圓形蒂頭狀小洞。

9
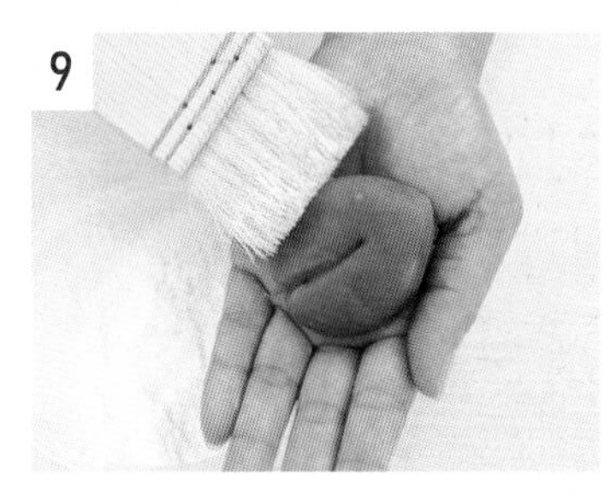
刷上熟玉米粉（定型），多餘的粉要清乾淨，在掌心整形完成。
熟玉米粉的作法：將玉米粉過篩在烤盤上，放入 100℃ 的烤箱，烘烤 10 分鐘，放涼，裝入保鮮盒室溫保存。

格桑花

份　　量　24 個

保存期限　冷藏可保存 1 星期
冷凍可保存 1 個月

操作方式　韓式雪菓子冰皮

材料(g)

韓式雪菓子冰皮	
粳米粉(蓬萊米粉)	120
糯米粉	120
水	305
細砂糖	305
內餡	
百香果柚子餡 [P.34]	480

染色	
甜菜根粉	適量
抹茶粉	適量
花蕊	
白豆沙餡 [P.24]	50
糕仔粉	7
天然黃梔子色素	適量
裝飾	
熟玉米粉	適量

作法

1
韓式雪菓子冰皮做法請參考 P.135。
分成三份：
600 公克(白色冰皮)、
72 公克(粉色冰皮)、
25 公克(綠色冰皮)。

2
前置作業：
72 公克(粉色冰皮)
＋甜菜根粉混合拌勻。
25 公克(綠色冰皮)
＋抹茶粉混合拌勻。

3
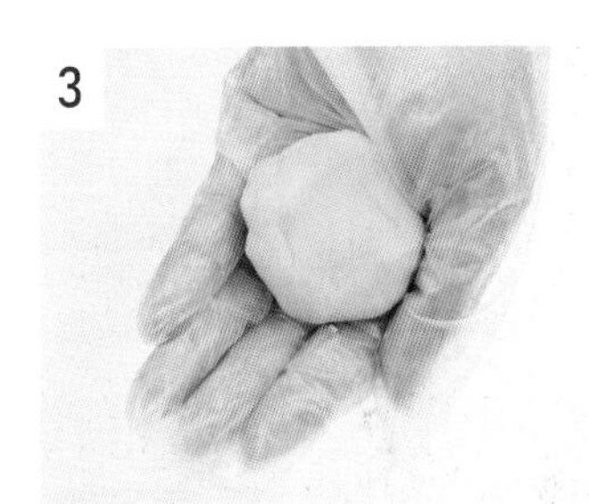
花蕊：白豆沙餡 50 公克加入糕仔粉 7 公克混合成團，滴上 2 小滴天然黃梔子色素，揉均勻。

4
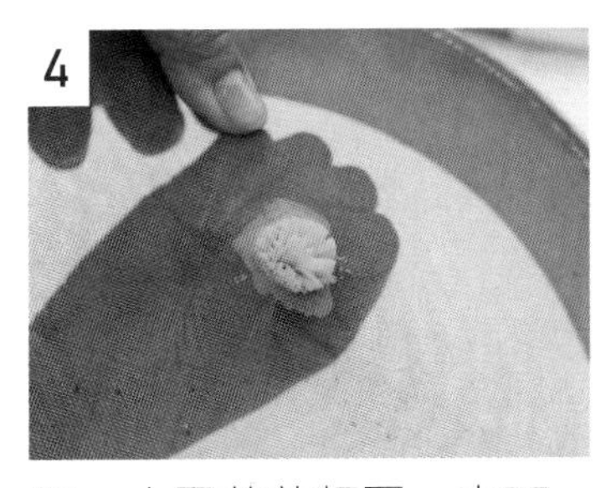
取一小團花蕊麵團，由下往上將麵團壓過篩子，形成細小的花蕊絲，備用。

5

綠色冰皮用擀麵棍擀平，放冷凍冰硬，用模型壓出葉子的形狀，壓好的葉子，先放在冷凍保存。

6

準備每一顆格桑花材料：
白色冰皮 25 公克、
粉色冰皮 3 公克、
百香果柚子餡 20 公克。

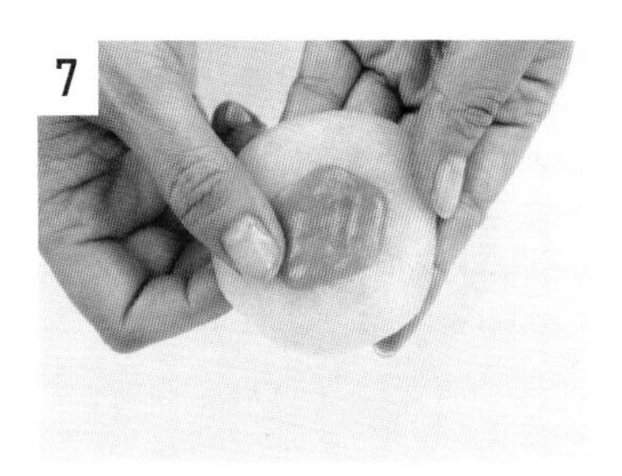

白色冰皮在掌心揉勻，攤開，放上粉色冰皮，輕輕推平。

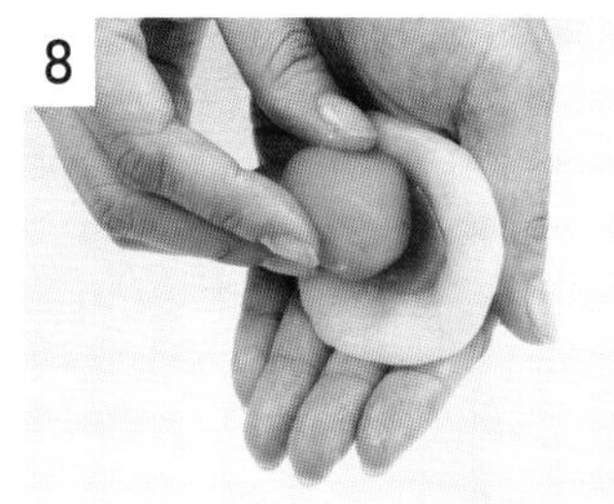

放上內餡，包起，收口收緊。

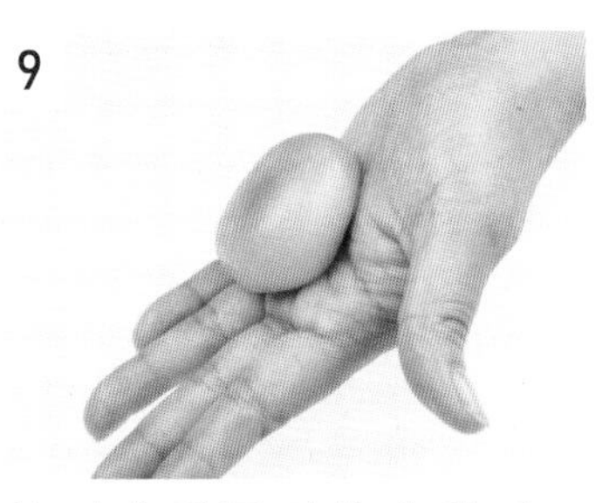

整形成扁圓形若會黏手，就抹一點點油在手上防黏。

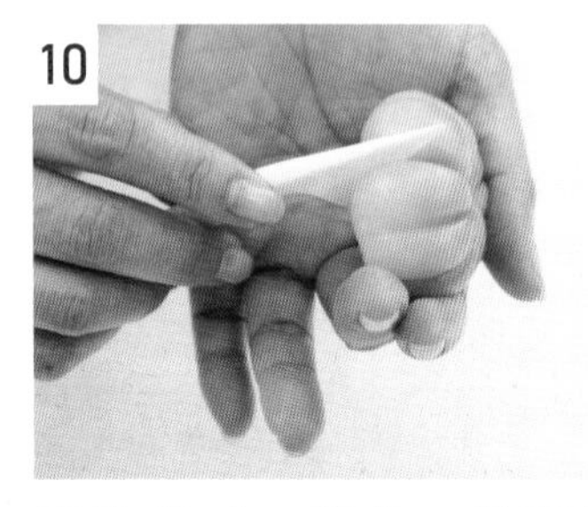

平均分成 8 等分，用工具或刮板壓出線條，清楚的做出 8 等分的花瓣。

刷上熟的玉米粉。

熟玉米粉的作法：將玉米粉過篩在烤盤上，放入 100℃ 的烤箱，烘烤 10 分鐘，放涼，裝入保鮮盒室溫保存。

用牙籤取一片冰皮葉子，移到 8 瓣花菓子中間固定，取一小團花蕊，移到菓子中間，固定，完成。

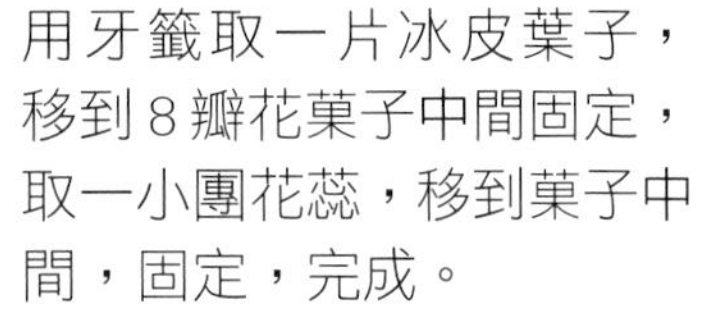

筆記

櫻花

份　　量　24 個

保存期限　冷藏可保存 1 星期
　　　　　冷凍可保存 1 個月

操作方式　韓式雪菓子冰皮

材料 (g)

韓式雪菓子冰皮	
粳米粉（蓬萊米粉）	95
糯米粉	95
水	240
細砂糖	240
內餡	
百香果柚子餡 [P. 34]	480

染色	
天然黃梔子色素	適量
天然梔子藍色素	適量
抹茶粉	適量
花蕊	
白豆沙餡 [P. 24]	50
糕仔粉	7
天然紅色色膏	適量

作法

1

韓式雪菓子冰皮做法請參考 P.135。
分成四份：
552 公克（白色冰皮）、
48 公克（黃色冰皮）、
48 公克（藍色冰皮）
25 公克（綠色冰皮）。

2

前置作業：
48 公克（黃色冰皮）＋天然黃梔子色素混合拌匀。
48 公克（藍色冰皮）＋天然梔子藍色素混合拌匀。
25 公克（綠色冰皮）＋抹茶粉混合拌匀。

3

花蕊：白豆沙餡 50 公克加入糕仔粉 7 公克混合成團。

4

加入天然紅色色膏。

5

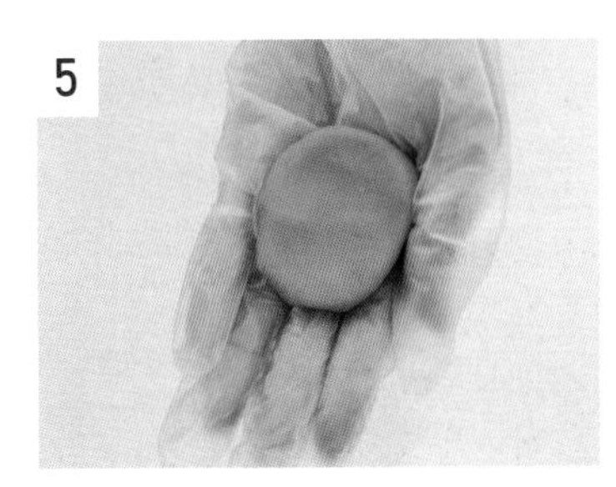

揉均匀成花蕊麵團。

6

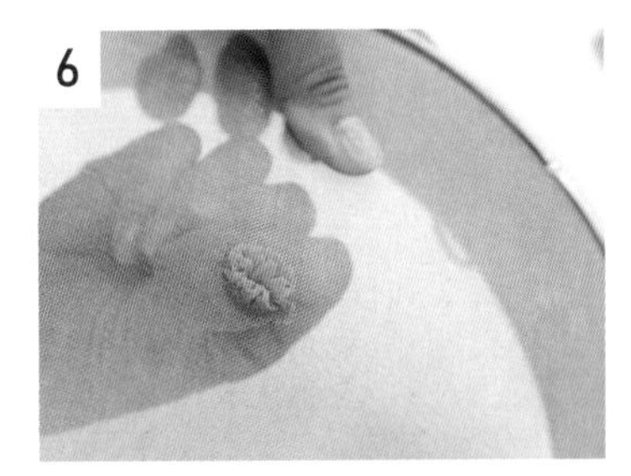

取一小團花蕊麵團，由下往上將麵團壓過篩子，形成細小的花蕊絲，備用。

7

綠色冰皮用葉子模型壓出小片葉子，放在冷凍備用。

8

準備每一顆櫻花材料：
白色冰皮 23 公克、
黃色冰皮 2 公克、
藍色冰皮 2 公克、
百香果柚子餡 20 公克。

9

白色冰皮在掌心揉勻，攤開，放上黃色及藍色冰皮，輕輕推平。

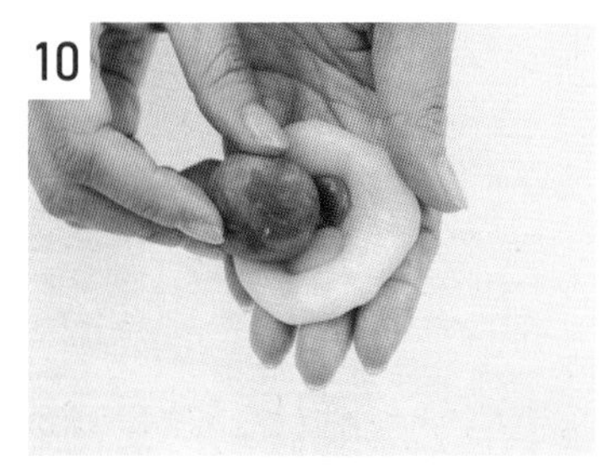

10

放上內餡，包起，收口收緊。

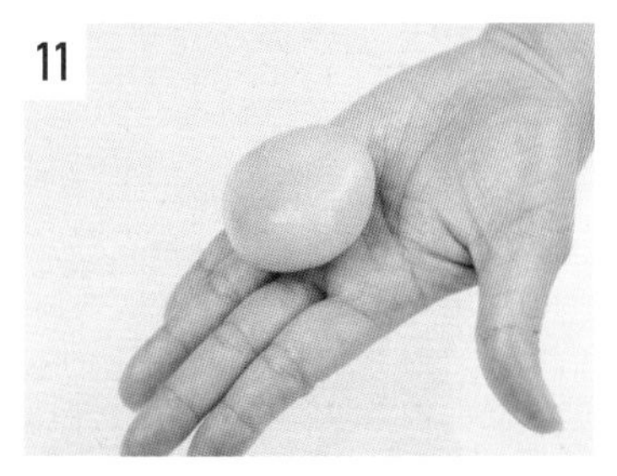

11

整形成飛碟狀的扁圓形。

若冰皮會黏手，手上可以抹一點點油，即可防黏。

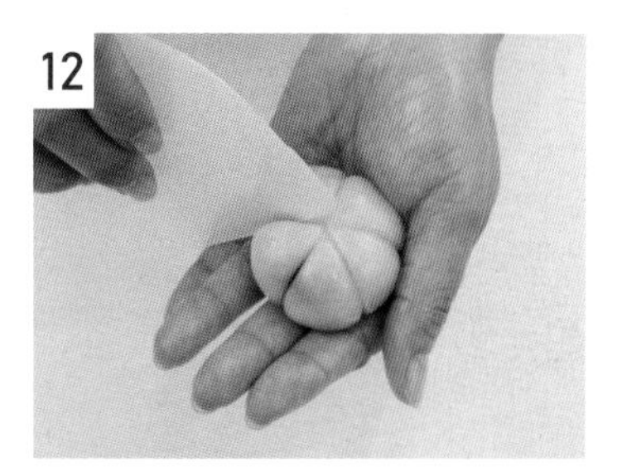

12

平均分成 5 等分，用工具或刮板壓出線條，清楚的做出 5 等分的造型菓子。

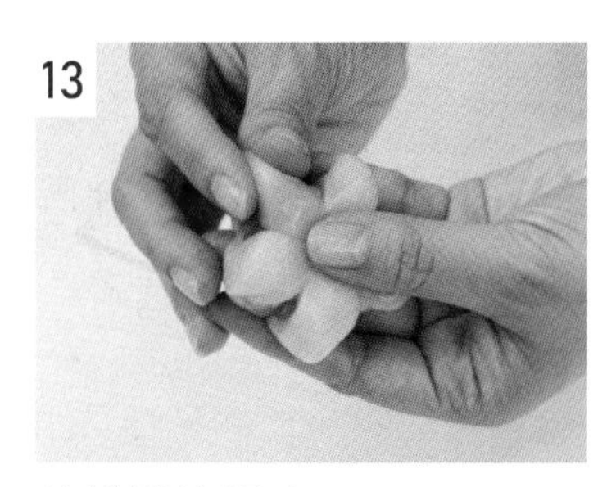

13

花瓣邊緣捏尖。

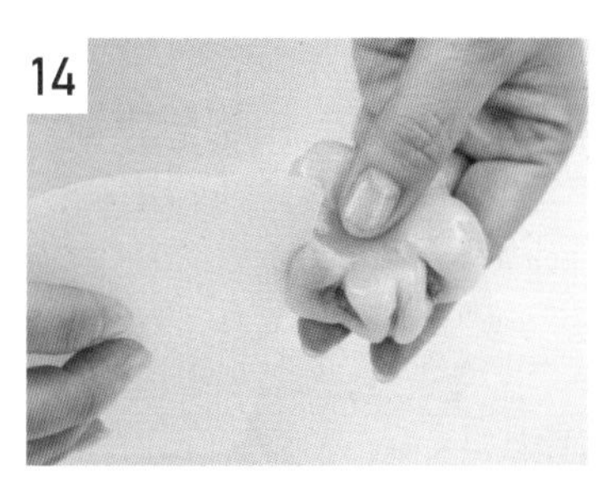

14

用工具或刮板從尖端往內切開，成櫻花的花瓣造型。

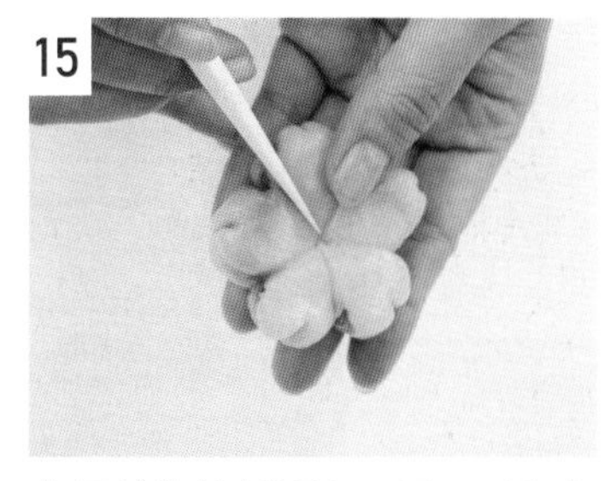

15

在兩瓣花瓣間，用工具畫一條紋路，分割花瓣形狀。

16

用工具在每一片花瓣中間，壓出一條花瓣中心的紋路，成櫻花造型菓子。

17

用牙籤取一片冰皮葉子，移到櫻花菓子中間，固定。

18

用牙籤取一小團花蕊，移到櫻花菓子中間，固定，完成。

Part 5
韓式豆沙皮

求肥

份　　量　成品重量約 100 公克

保存期限　冷藏可保存 4 ～ 7 天

材料 (g)

＊使用細砂糖製作，顏色是白色。

求肥	
糯米粉	20
細砂糖	40
水	40

作法

1 糯米粉加入細砂糖，混合均勻。

2 加入水。

3 攪拌均勻。

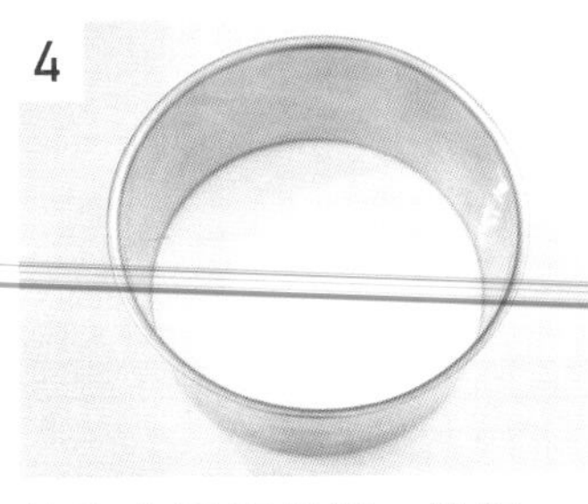

4 放入大同電鍋裡，外鍋 1 杯水，蒸 10 分鐘。

5 蒸完成品重 100 公克，放涼後，放入保鮮盒保存。

韓式豆沙皮

份　　量　成品重量約 580 公克

保存期限　冷藏可保存 4 ～ 7 天

材料 (g)

＊基礎菓子皮的用途很多，可以當外皮，也可以當內餡。

韓式豆沙皮	
白豆沙餡［P. 24］	500
白巧克力	20
求肥［P. 146］	40
糕仔粉	20

作法

1 白巧克力隔水加熱至融化。

2 白豆沙餡加入求肥拌勻。

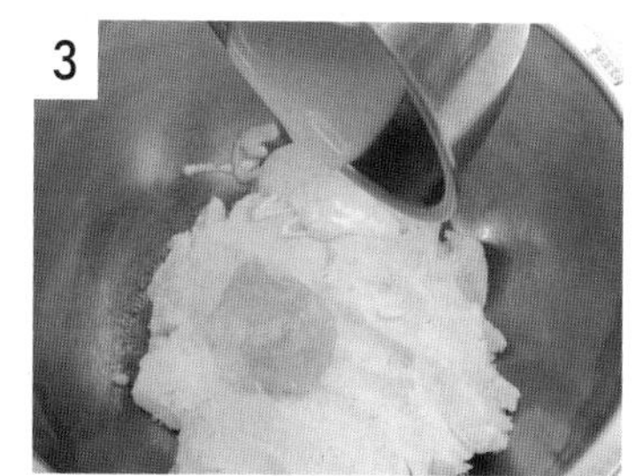

3 加入融化後白巧克力揉勻。

4 加入糕仔粉。

5 揉勻的白色豆沙皮，放涼後，放入保鮮盒保存。

韓式豆沙皮染色法

作法

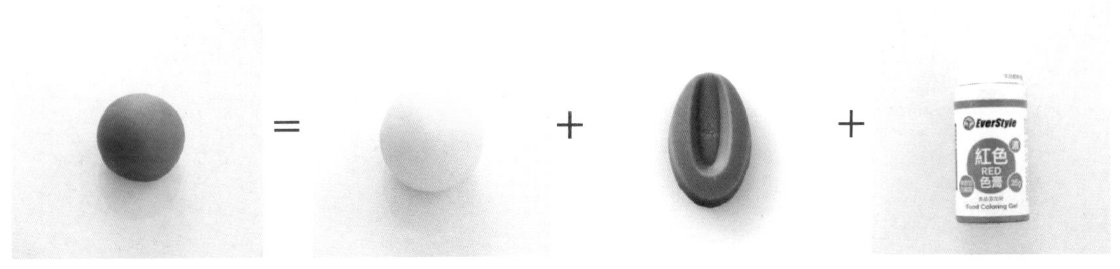

紅色豆沙皮 = 白色豆沙皮 60 公克 + 草莓奇想 20 公克 + 紅色色膏 4 滴

橘色豆沙皮 = 白色豆沙皮 60 公克 + 黃梔子粉 0.3 公克 + 紅色色膏 1 滴

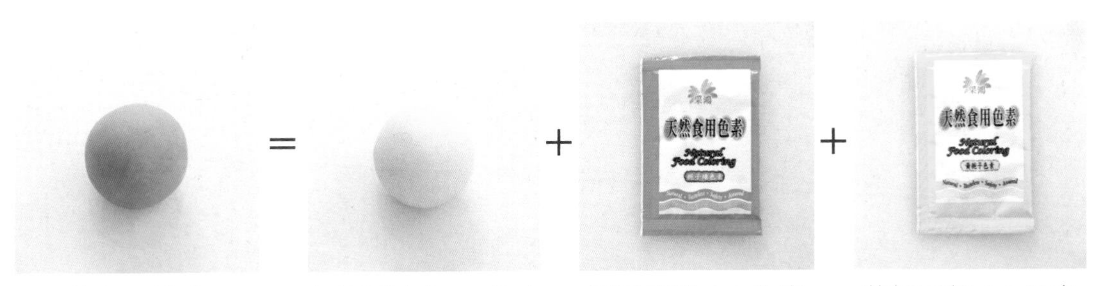

綠色豆沙皮 = 白色豆沙皮 60 公克 + 梔子綠粉 0.3 公克 + 黃梔子粉 0.1 公克

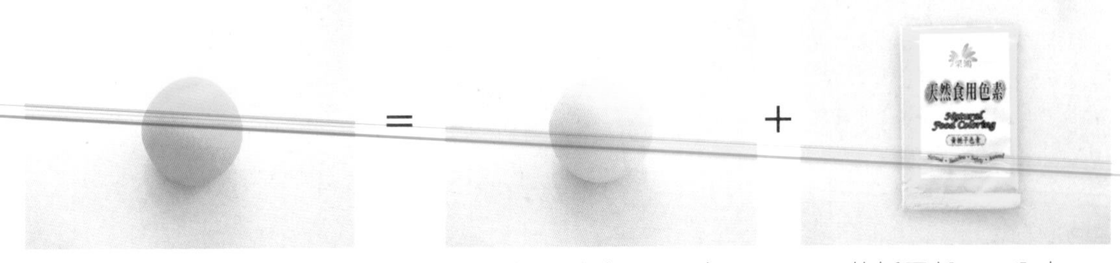

黃色豆沙皮 = 白色豆沙皮 60 公克 + 黃梔子粉 0.1 公克

粉紅色豆沙皮

=

白色豆沙皮 60 公克

+

紅色豆沙皮 20 公克

柿子豆沙皮

=

橘色豆沙皮 60 公克

+

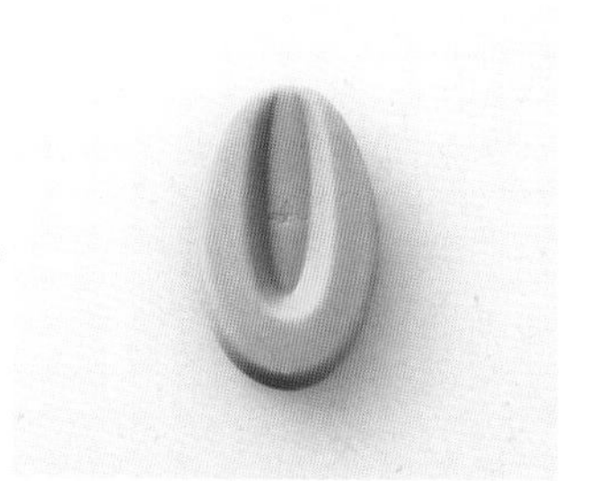
杏仁奇想 12 公克

葉子豆沙皮

=

白色豆沙皮 50 公克

+

梔子綠粉 1 公克

梗豆沙皮

=

白色豆沙皮 20 公克

+

黑巧克力 3 公克

青蘋果

份　　量　6個

保存期限　冷藏可保存 4～7 天

操作方式　韓式豆沙皮

模　　具　圓球矽膠膜，直徑 3 公分

材料 (g)

水晶青蘋果凍	
青蘋果泥	60
冷開水	40
水晶寒天粉	3
細砂糖	5

內皮	
白色豆沙皮 [P. 147]	90

外皮	
綠色豆沙皮 [P. 148]	90
梗豆沙皮 [P. 149]	10
葉子豆沙皮 [P. 149]	20

材料 (g)

一、水晶青蘋果凍

1 水晶寒天粉加入細砂糖，混合拌勻。

2 青蘋果泥、冷開水倒入鍋中，加入拌勻的水晶寒天糖，攪勻、煮滾、熄火。

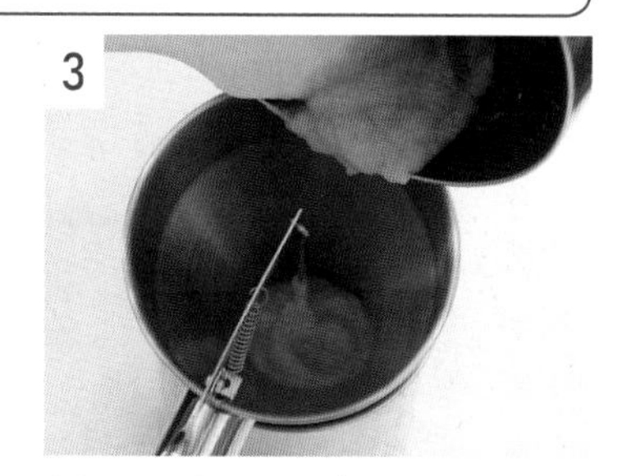

3 倒入三角漏斗中。

4 灌入圓球矽膠模中，放入冷凍 20 分鐘，凍硬。

5 凍硬後脫模。

6 # 水晶青蘋果凍用保鮮盒裝起來放冷凍，可以保存 1 個月。

二、青蘋果菓子製作成型

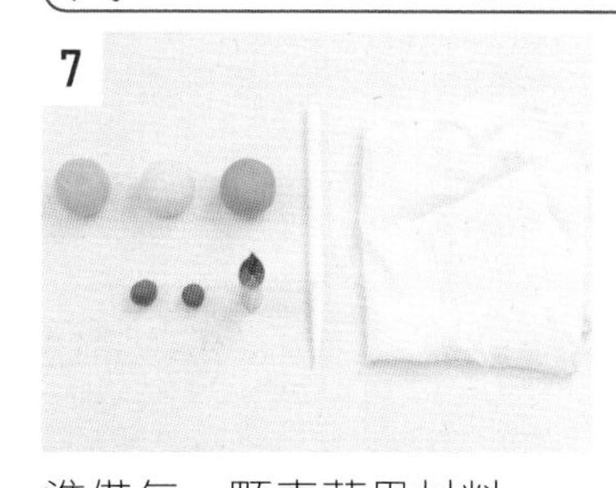

7 準備每一顆青蘋果材料：水晶青蘋果凍 1 顆、白色豆沙皮 15 公克、綠色豆沙皮 15 公克、葉子豆沙皮、梗豆沙皮。

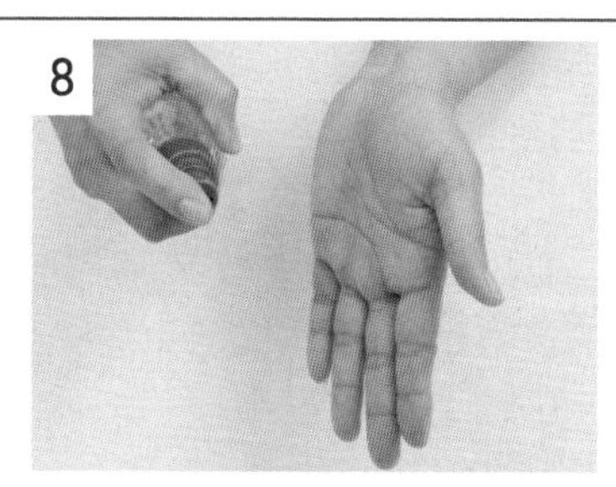

8 手噴上薄薄的冷開水。

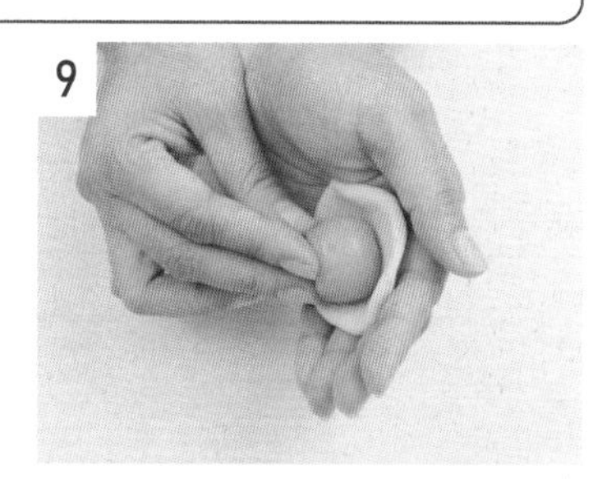

9 白色豆沙皮搓圓、壓扁、包入水晶青蘋果凍。

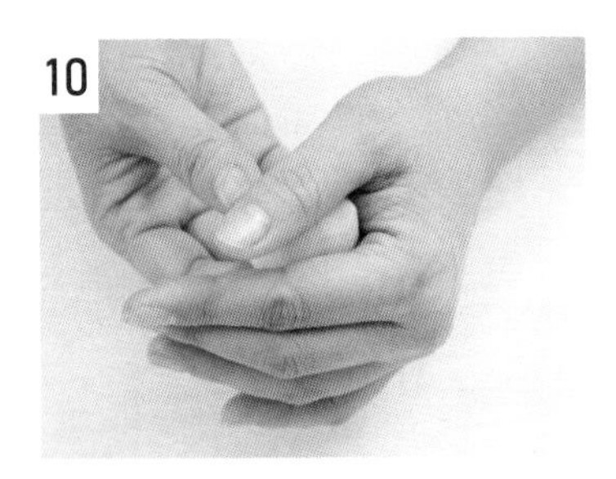

收口，揉圓成內皮內餡。

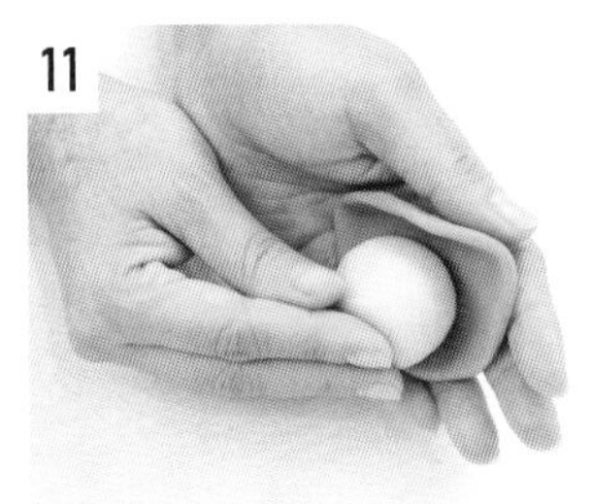

綠色豆沙皮壓成扁薄片，包入內皮內餡。

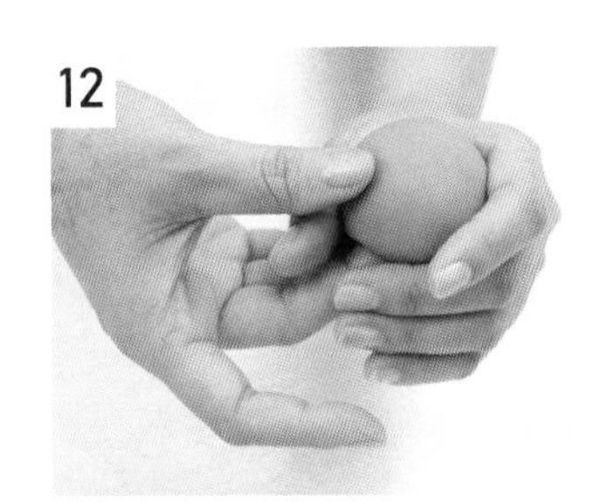

收口。

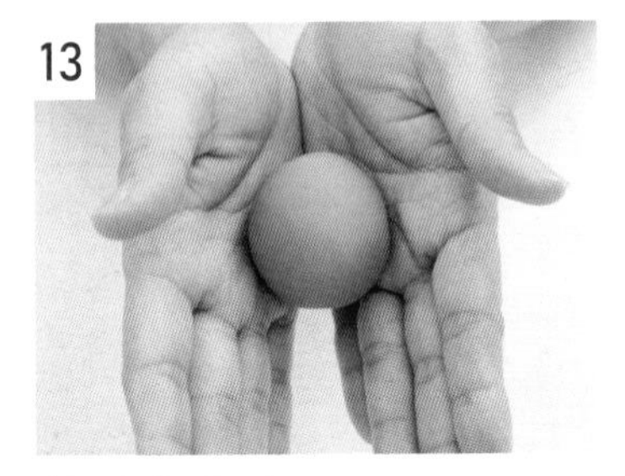

整形成圓形。

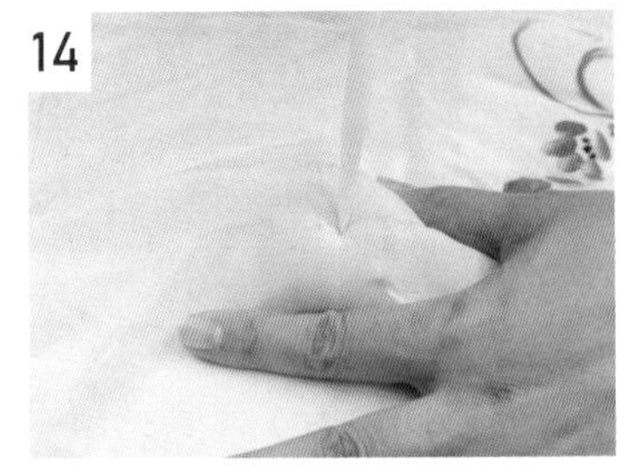

蓋上一片砂布，左手固定布，壓緊，用菓子工具從中間壓出蒂心及蘋果紋路。

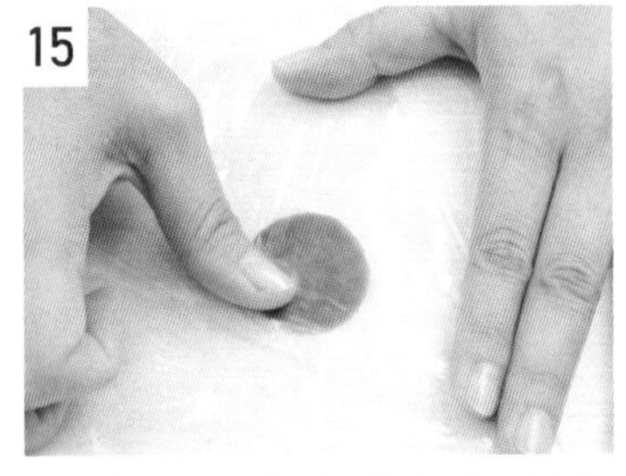

取葉子豆沙皮放在塑膠袋中，用手指壓扁。

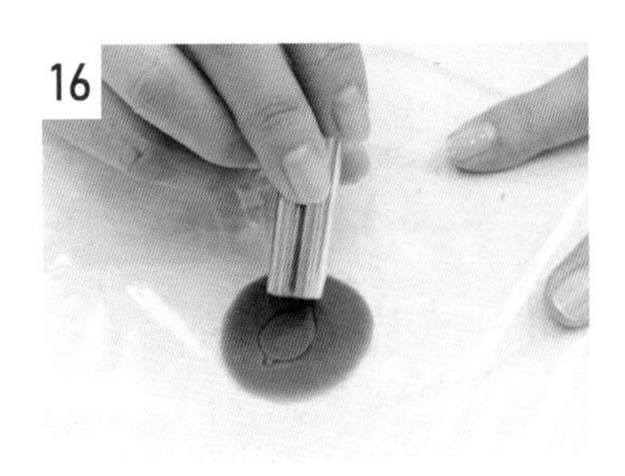

用模型壓出小葉子形狀。
葉子大小請見本書附錄 P.184。

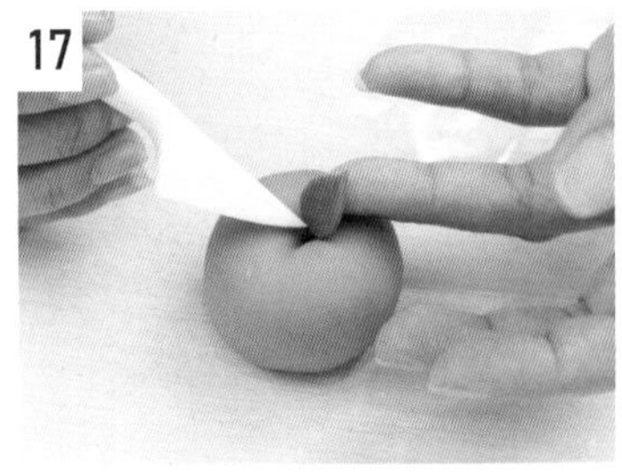

使用工具輔助，將小葉子貼在青蘋果菓子上。

取 1 公分梗豆沙皮，搓成長條，固定在青蘋果中間，完成青蘋果，可用保鮮盒裝好放冷藏。

筆記

柿子

- 份　　量　6個
- 保存期限　冷藏可保存4～7天
- 操作方式　韓式豆沙皮
- 模　　具　圓球矽膠膜，直徑3公分

材料 (g)

水晶榛果凍	
榛果醬	30
牛奶	70
水晶寒天粉	3
細砂糖	5

內皮	
白色豆沙皮 [P. 147]	90

外皮	
柿子豆沙皮 [P. 149]	90
葉子豆沙皮 [P. 149]	30
梗豆沙皮 [P. 149]	10

作法

一、水晶榛果凍

1 水晶寒天粉加入細砂糖，混合拌匀。

2 牛奶、榛果醬倒入鍋中。

3 加入拌勻的水晶寒天糖，攪勻、煮滾、熄火。

4 倒入三角漏斗中。

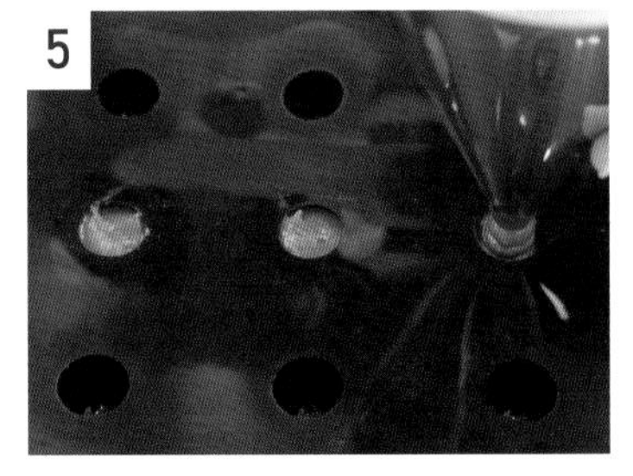

5 灌入圓球矽膠模中，放入冷凍 20 分鐘，凍硬。

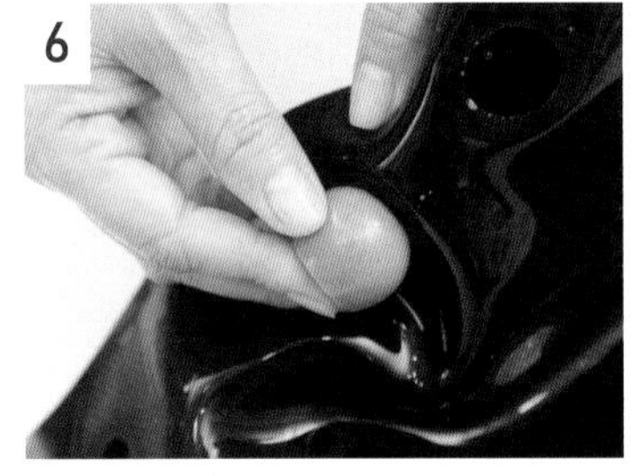

6 凍硬後脫模。

水晶榛果凍用保鮮盒裝起來放冷凍，可以保存 1 個月。

二、柿子菓子製作成型

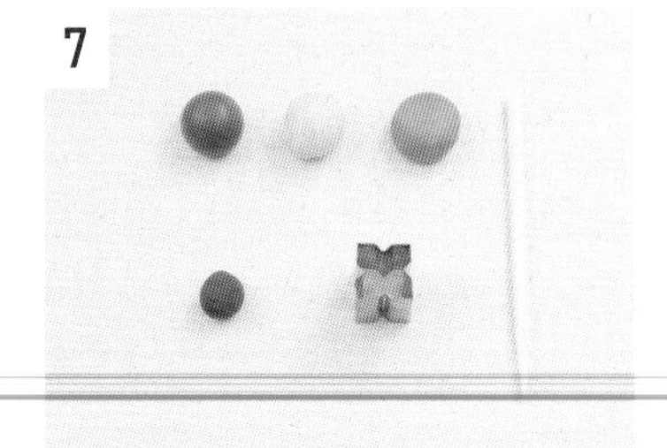

7 準備每一顆柿子材料：水晶榛果凍 1 顆、白色豆沙皮 15 公克、柿子豆沙皮 15 公克、葉子豆沙皮。

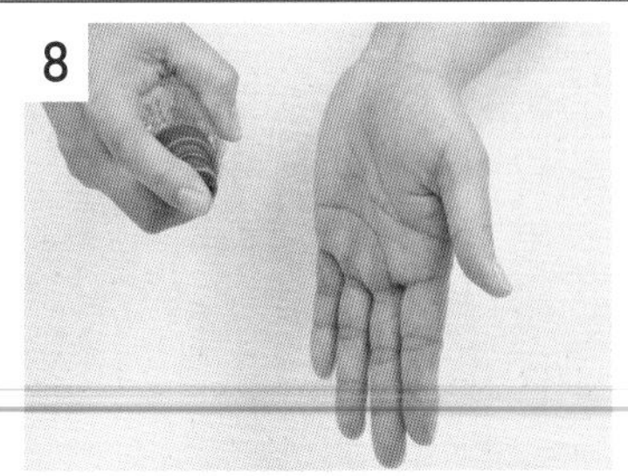

8 手噴上薄薄的冷開水。

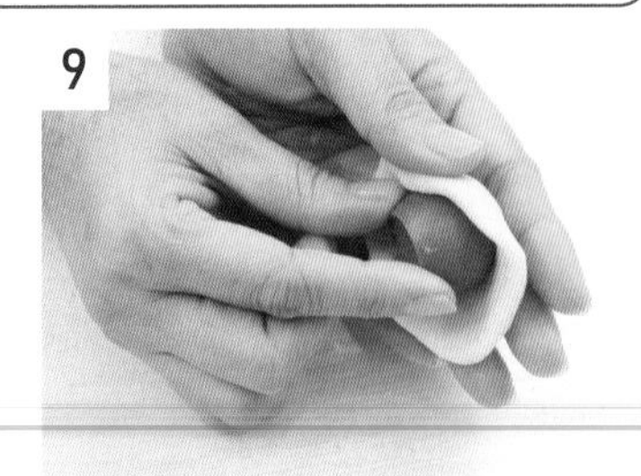

9 白色豆沙皮搓圓、壓扁、包入水晶榛果凍。

10

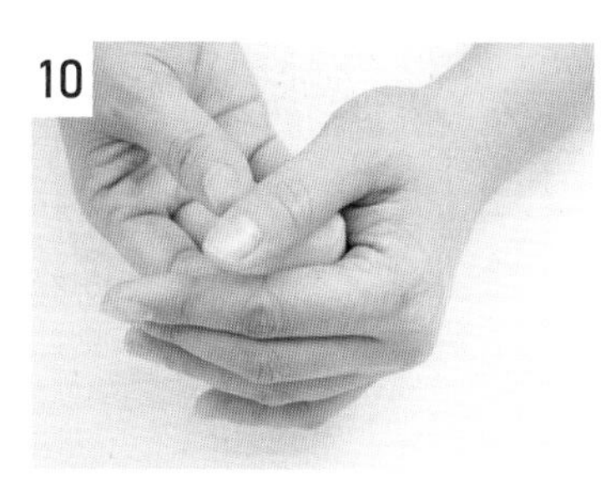

收口，揉圓成內皮內餡。

11

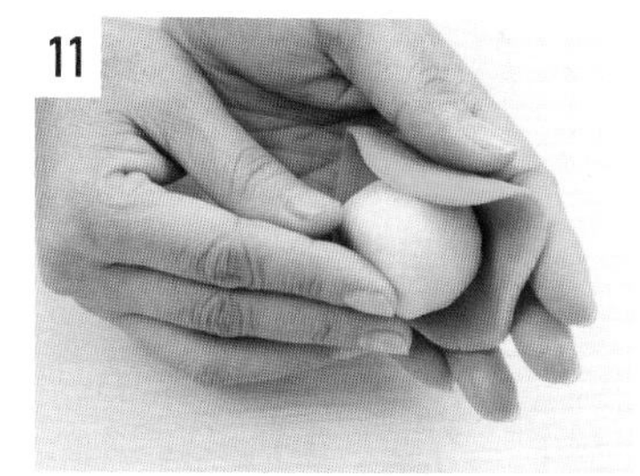

柿子豆沙皮壓成扁薄片，包入內皮內餡。

12

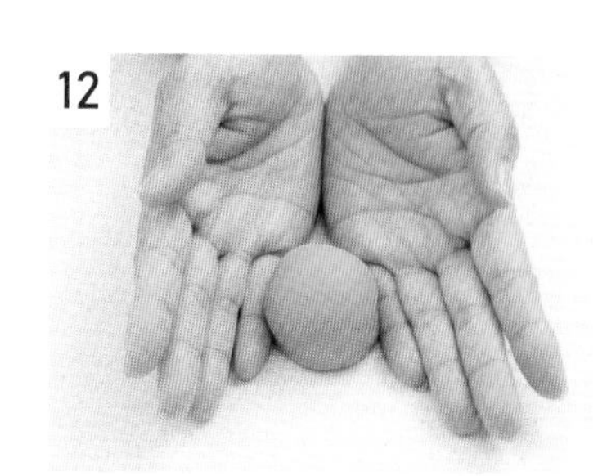

收口。

13

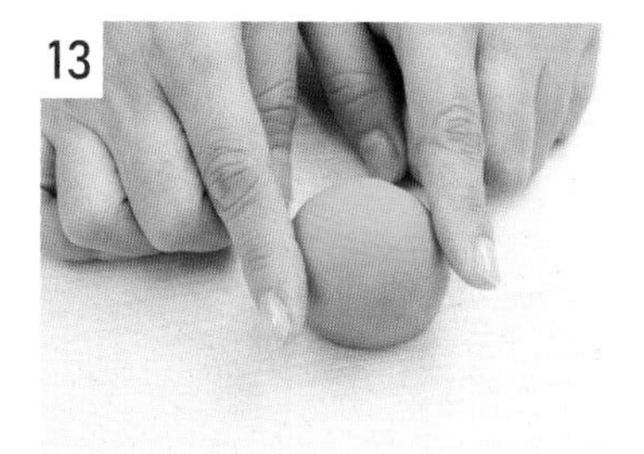

整形成圓形。

14

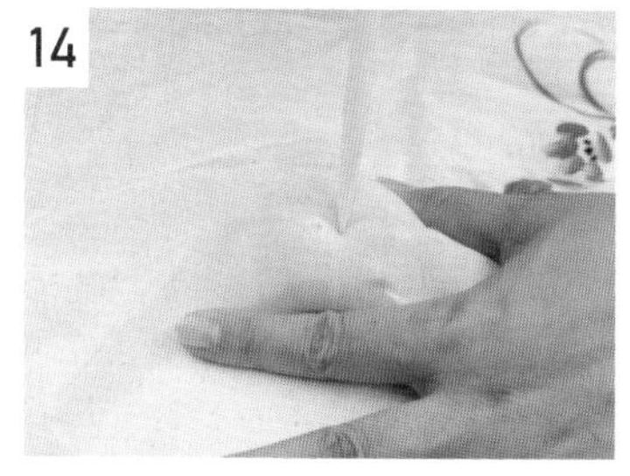

蓋上一片砂布，左手固定布，壓緊，用葉子工具從中間壓出蒂心及柿子紋路。

15

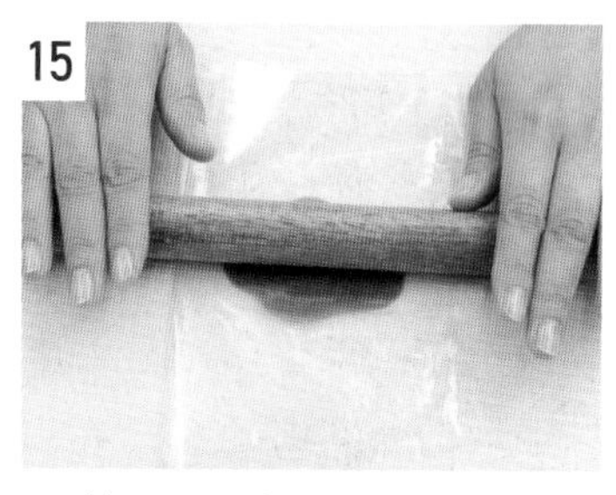

取葉子豆沙皮放在塑膠袋中，用手指壓扁。

16

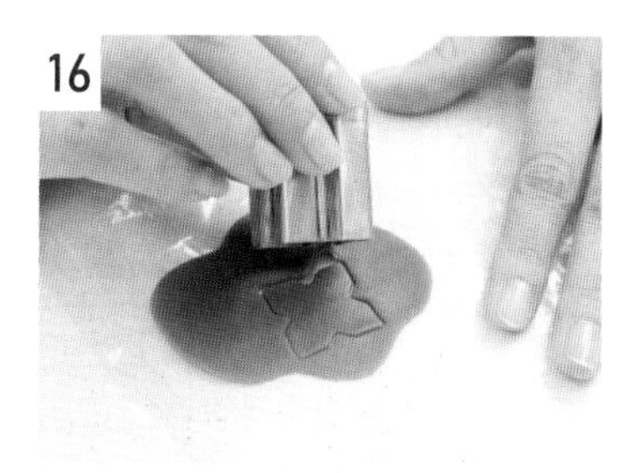

用模型壓出四角葉形狀。
葉子大小請見本書附錄 P.184。

17

使用工具輔助，在葉子上壓出紋路。

18

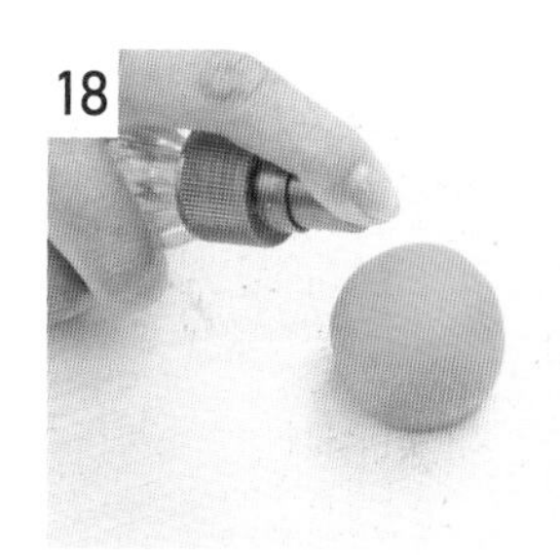

柿子葉子上，噴一點冷開水。

19

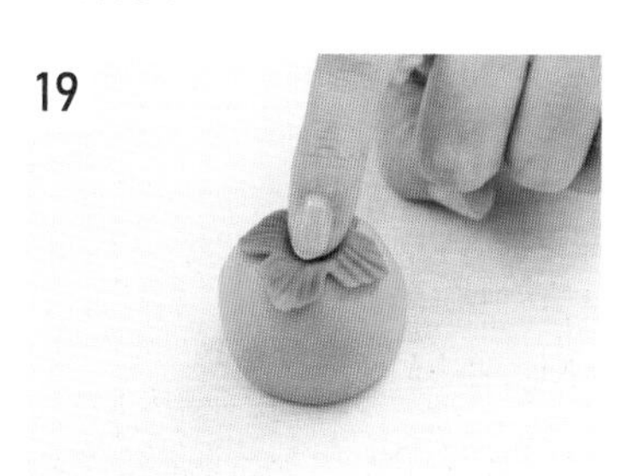

貼上葉子。

20

取梗豆沙皮，搓成 1 公分長，固定在柿子中間。

21

完成，可用保鮮盒裝好放冷藏。

桃子

- 份　　量　6個
- 保存期限　冷藏可保存 4～7 天
- 操作方式　韓式豆沙皮
- 模　　具　圓球矽膠膜，直徑 3 公分

材料 (g)

水晶蜜桃凍	
蜜桃果泥	90
冷開水	10
水晶寒天粉	3
細砂糖	5

內皮	
白色豆沙皮 [P. 147]	90

外皮	
白色豆沙皮 [P. 147]	60
粉色豆沙皮 [P. 149]	30
葉子豆沙皮 [P. 149]	30

作法

一、水晶蜜桃凍

1
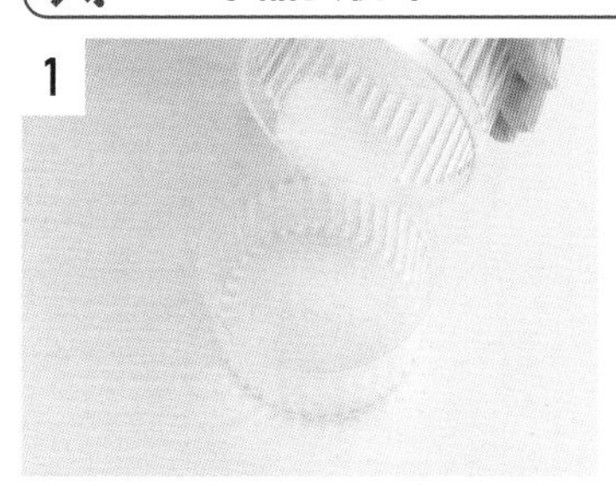
水晶寒天粉加入細砂糖，混合拌勻。

2

蜜桃果泥、冷開水、倒入鍋中混合，加入拌勻的水晶寒天糖，攪勻、煮滾、熄火。

3
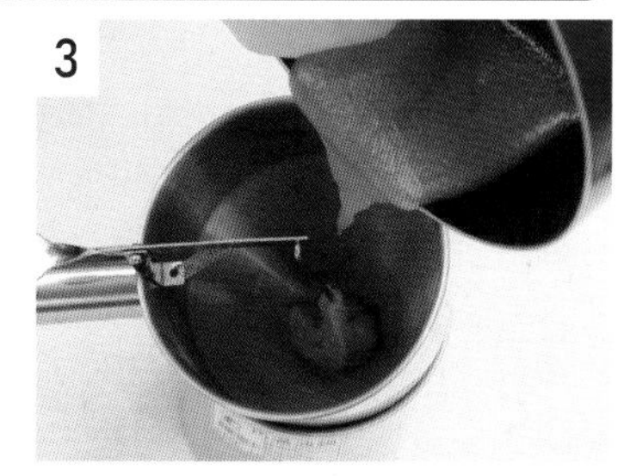
倒入三角漏斗中。

4
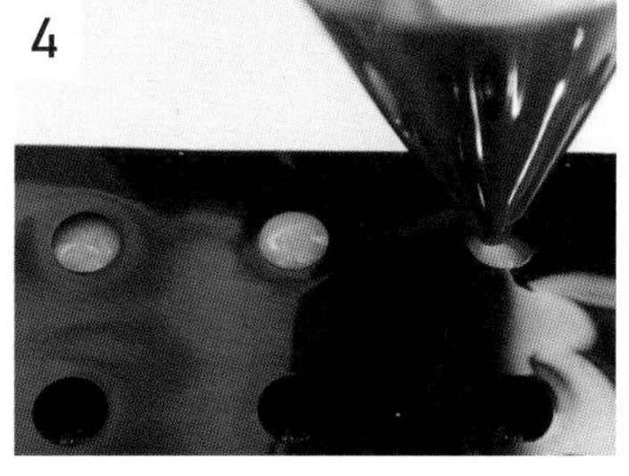
灌入圓球矽膠模中，放入冷凍 20 分鐘，凍硬。

5

凍硬後脫模。

6
水晶蜜桃凍用保鮮盒裝起來放冷凍，可以保存 1 個月。

二、桃子菓子製作成型

7
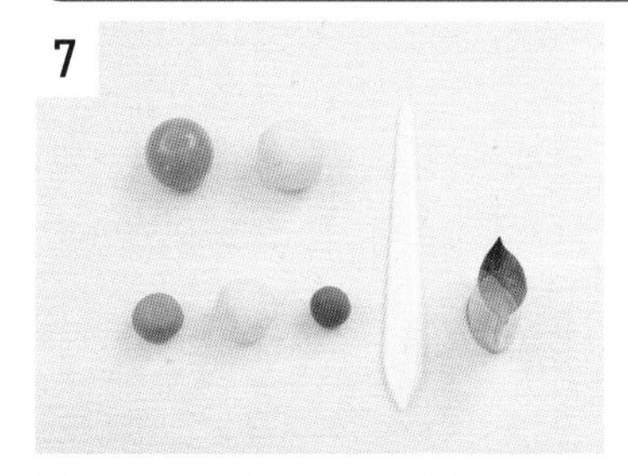
準備每一顆桃子材料：水晶蜜桃凍 1 顆、白色豆沙皮 15 公克、白色豆沙皮 10 公克、粉色豆沙皮 5 公克、葉子豆沙皮。

8
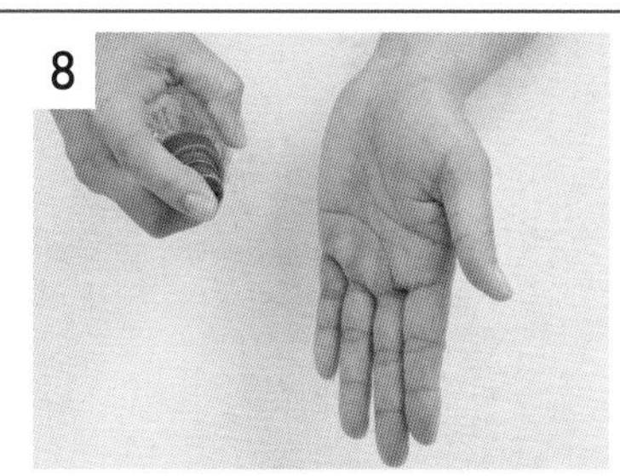
手噴上薄薄的冷開水。

9
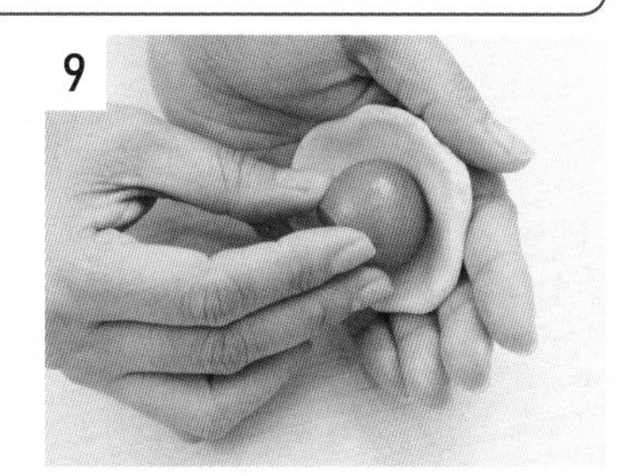
白色豆沙皮搓圓、壓扁、包入水晶蜜桃凍。

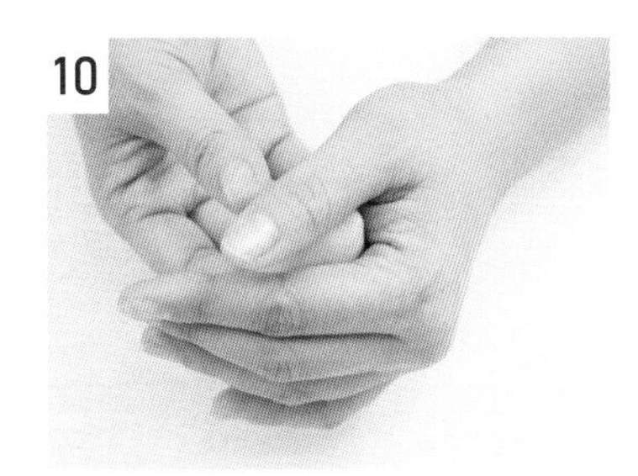

10 收口，揉圓成內皮內餡。

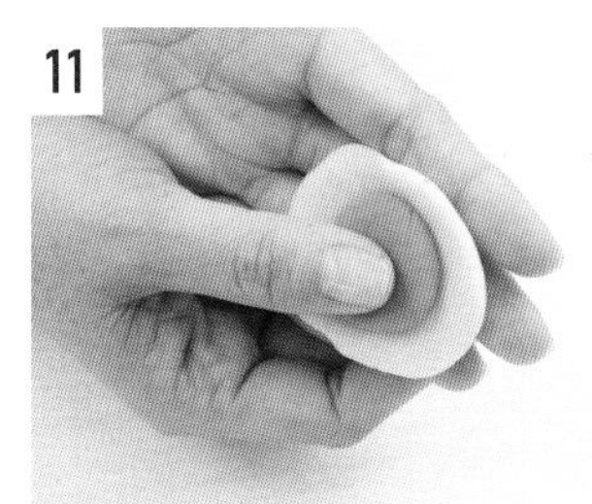

11 白色豆沙皮 10 公克壓扁，包入粉色豆沙皮 5 公克。

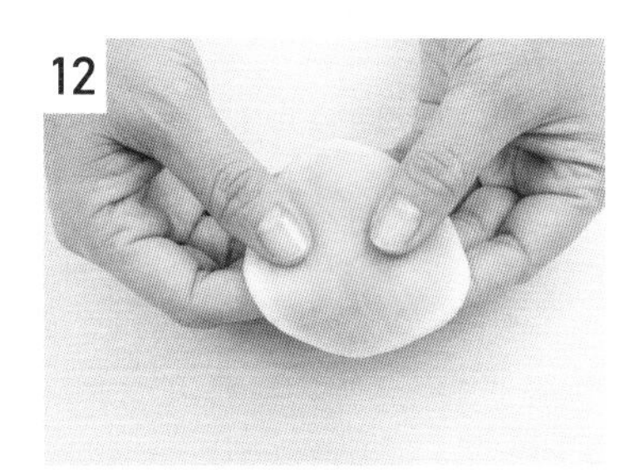

12 壓成扁薄片，用手指輕輕推出粉紅色漸層。

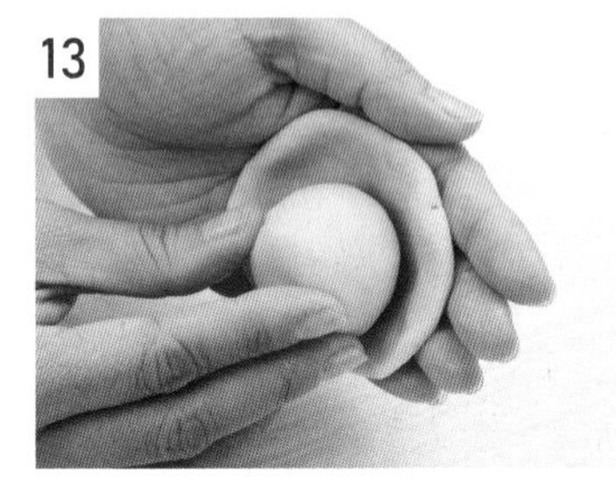

13 包入內皮內餡，整形成圓形。

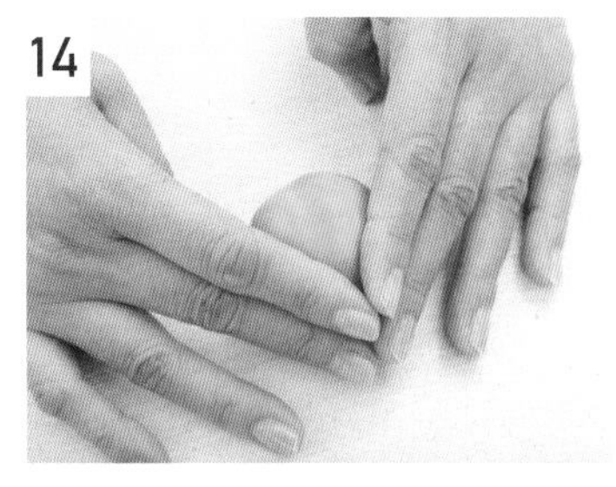

14 正上方推出一個小尖頭，整形成桃子狀。

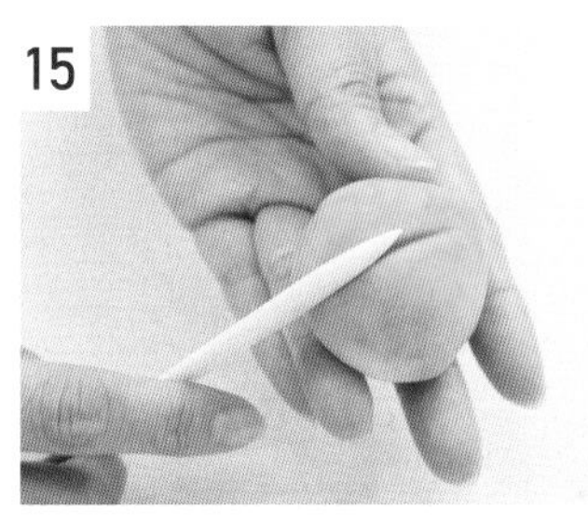

15 用工具在蜜桃上壓出一道刀痕。

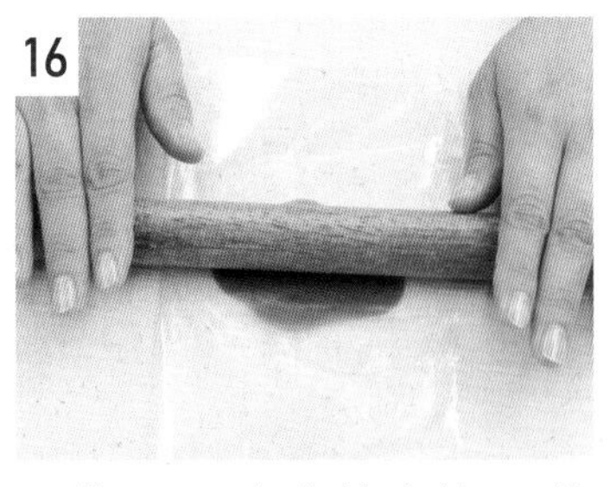

16 取葉子豆沙皮放在塑膠袋中，用手指壓扁。

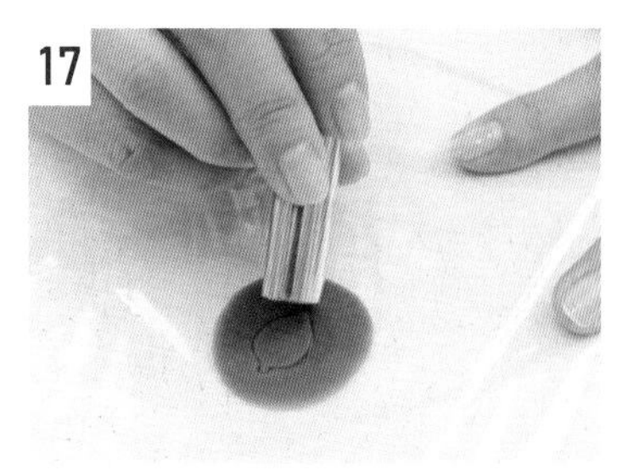

17 用模型壓出葉子的形狀。
#葉子大小請見本書附錄 P.184。

18 桃子噴一點冷開水，貼上葉子。

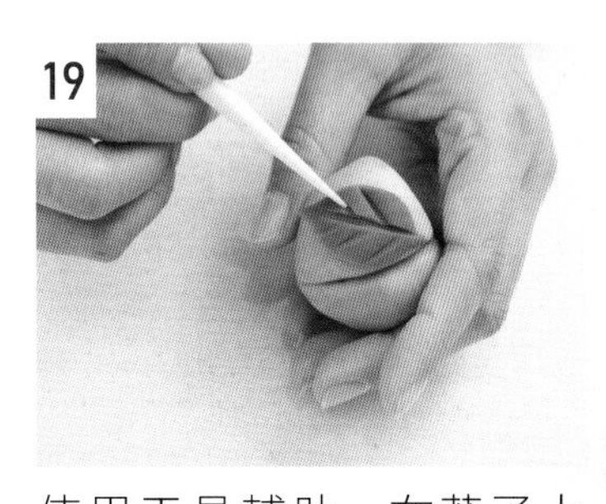

19 使用工具輔助，在葉子上壓出紋路。

20 完成，可用保鮮盒裝好放冷藏。

草莓

- 份　　量　6個
- 保存期限　冷藏可保存 4 ～ 7 天
- 操作方式　韓式豆沙皮
- 模　　具　圓球矽膠膜，直徑 3 公分

材料(g)

水晶草莓凍	
草莓果泥	60
冷開水	40
水晶寒天粉	3
細砂糖	5

內皮	
白色豆沙皮 [P.147]	90

外皮	
紅色豆沙皮 [P.148]	90
葉子豆沙皮 [P.149]	30
熟白芝麻	5

作法

一、水晶草莓凍

1

水晶寒天粉加入細砂糖，混合拌勻。

2

草莓果泥、冷開水、倒入鍋中混合，加入拌勻的水晶寒天糖，攪勻、煮滾、熄火。

3

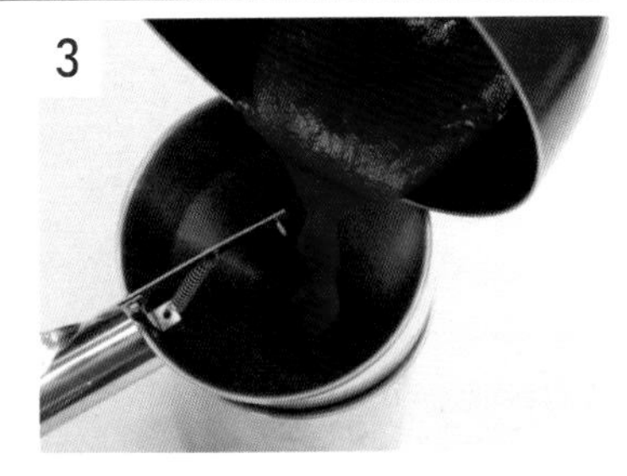

倒入三角漏斗中。

4

灌入圓球矽膠模中，放入冷凍 20 分鐘，凍硬。

5

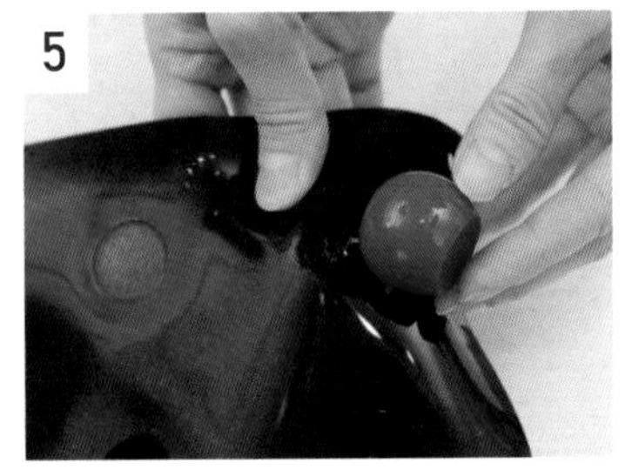

凍硬後脫模。

6

水晶草莓凍用保鮮盒裝起來放冷凍，可以保存 1 個月。

二、草莓菓子製作成型

7

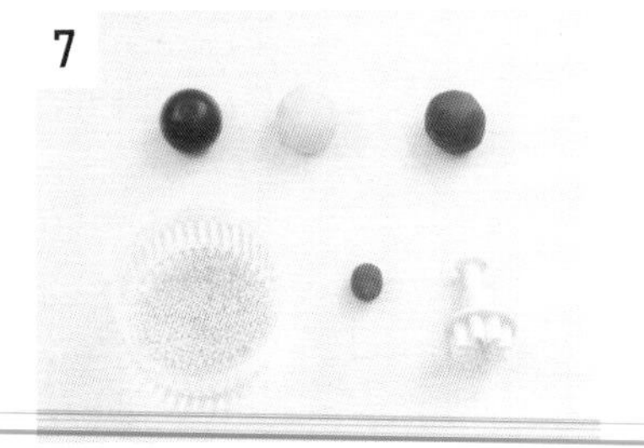

準備每一顆草莓材料：水晶草莓凍 1 顆、白色豆沙皮 15 公克、紅色豆沙皮 15 公克、葉子豆沙皮、熟白芝麻適量。

8

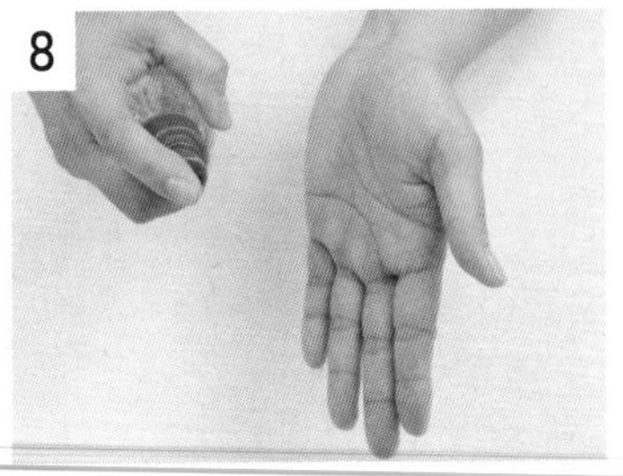

手噴上薄薄的冷開水。

9

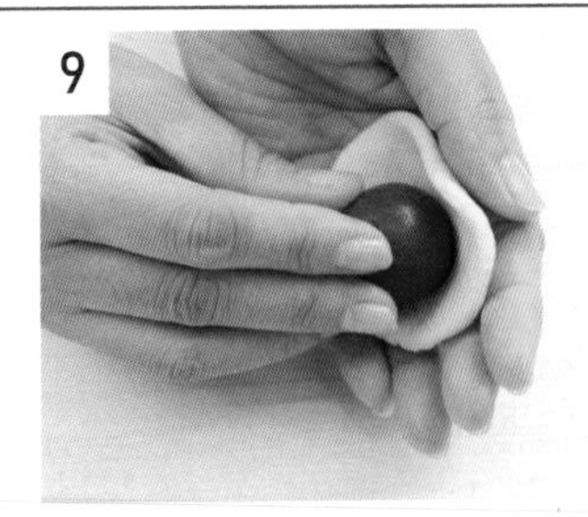

白色豆沙皮搓圓、壓扁、包入水晶草莓凍。

10

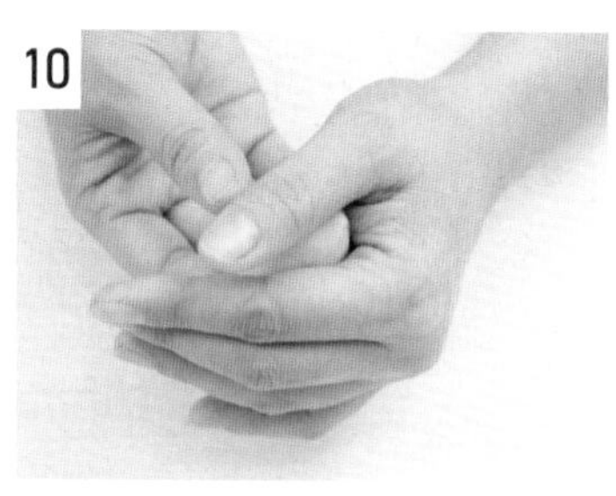

收口，揉圓成內皮內餡。

11

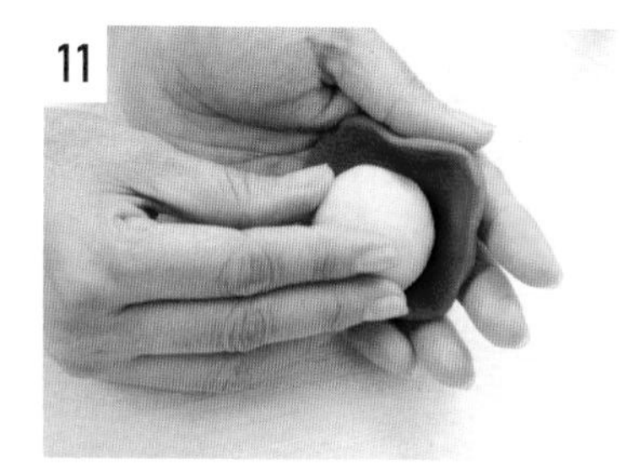

紅色豆沙皮 15 公克，壓成扁薄片，包入內餡。

12

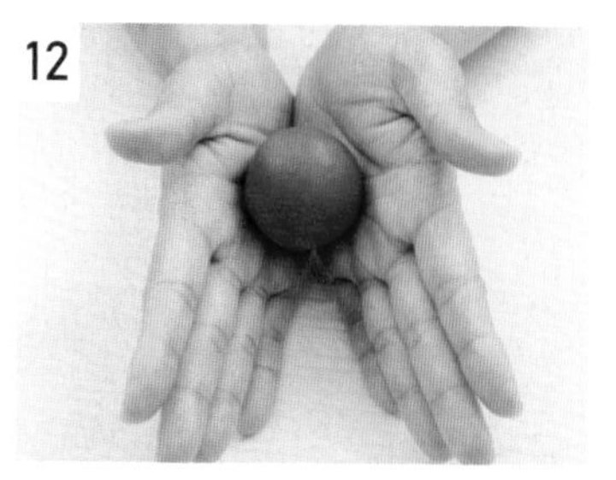

包入內皮內餡，整形成圓形。

13

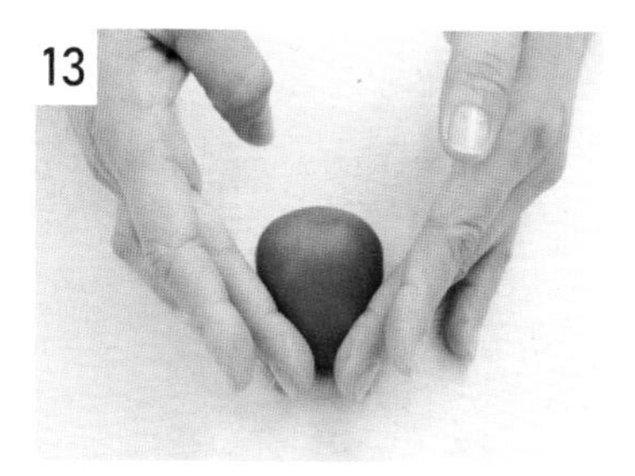

整形成水滴狀。

14

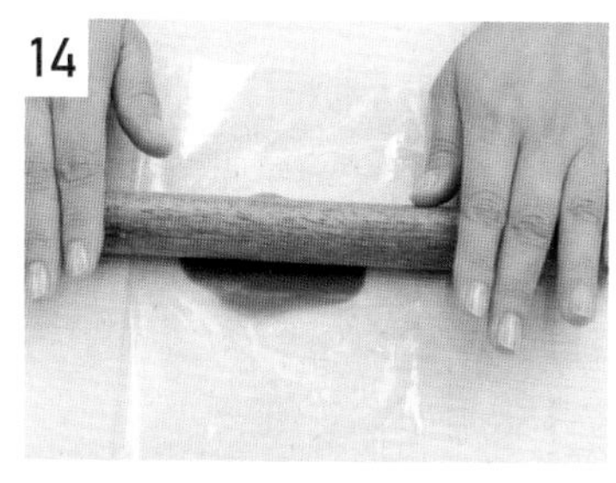

取葉子豆沙皮放在塑膠袋中，用手指壓扁。

15

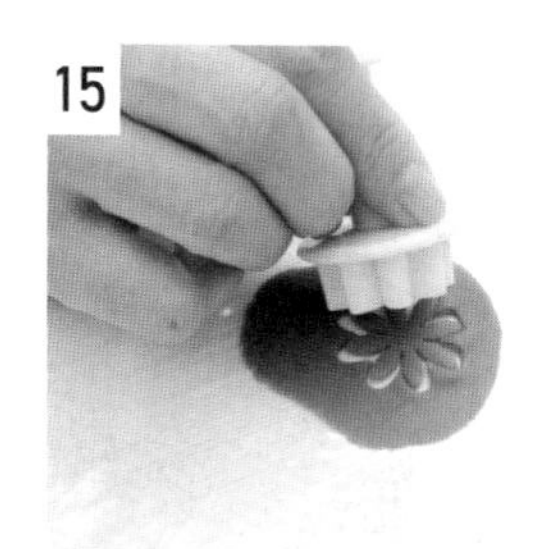

用模型壓出葉子的形狀。
葉子大小請見本書附錄 P.184。

16

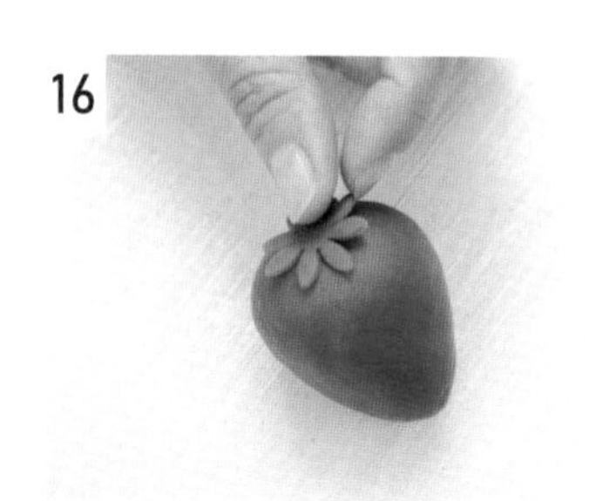

草莓頂端噴一點冷開水，貼上葉子。

17

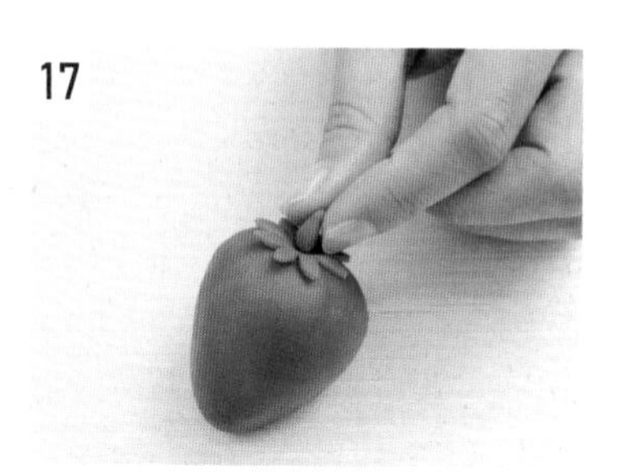

用葉子豆沙皮，做 1 公分綠色的梗，貼在葉子中間。

18

表面噴上薄薄的冷開水，用手指沾熟白芝麻，貼在草莓葉子上，用牙籤固定貼緊，可用保鮮盒裝好放冷藏。

筆記

檸檬

- 份　　量　6個
- 保存期限　冷藏可保存 4～7 天
- 操作方式　韓式豆沙皮
- 模　　具　圓球矽膠膜，直徑 3 公分

材料 (g)

水晶檸檬凍	
檸檬汁	30
冷開水	60
水晶寒天粉	3
細砂糖	20
檸檬皮	1 顆
內皮	
白色豆沙皮 [P. 147]	90
外皮	
黃色豆沙皮 [P. 148]	90
葉子豆沙皮 [P. 149]	30

作法

一、水晶檸檬凍

1

水晶寒天粉加入細砂糖，混合拌勻。

2
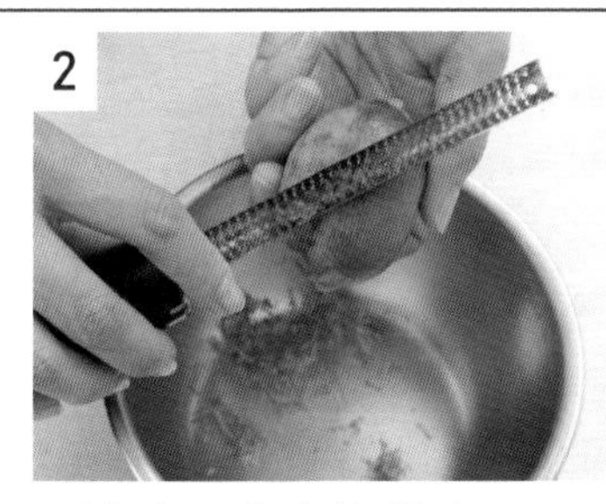
用擦皮器磨出檸檬皮。
注意白色果肉會苦，不要磨到。

3
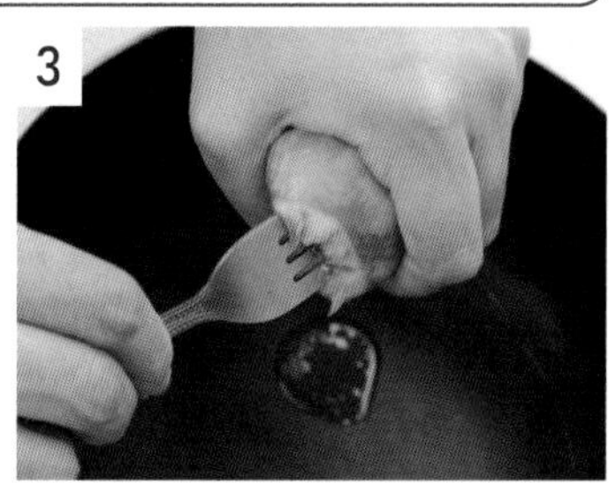
檸檬在桌面上揉軟，用叉子輔助，擠出檸檬汁。

4

將檸檬汁放入鍋中，加入冷開水。

5

再加入拌勻的水晶寒天糖，攪勻、煮滾、熄火。

6

加入磨好的檸檬皮，拌勻。

7
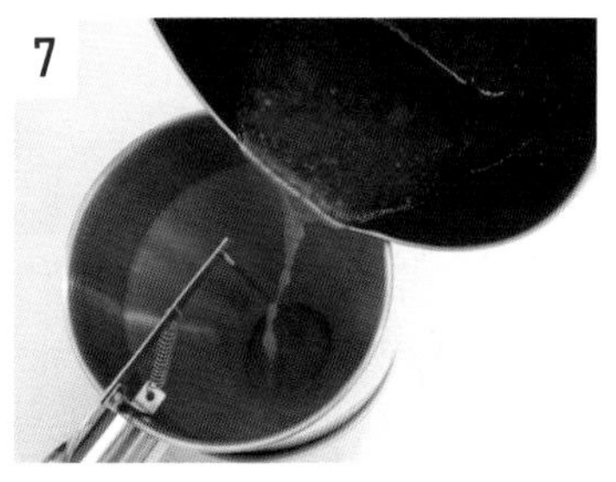
倒入三角漏斗中。

8
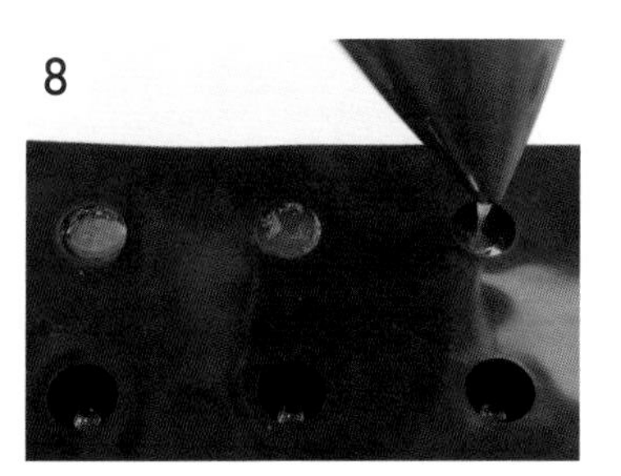
灌入圓球矽膠模中，放入冷凍 20 分鐘。

9

凍硬後脫模。
水晶檸檬凍用保鮮盒裝起來放冷凍，可以保存 1 個月。

二、檸檬菓子製作成型

10
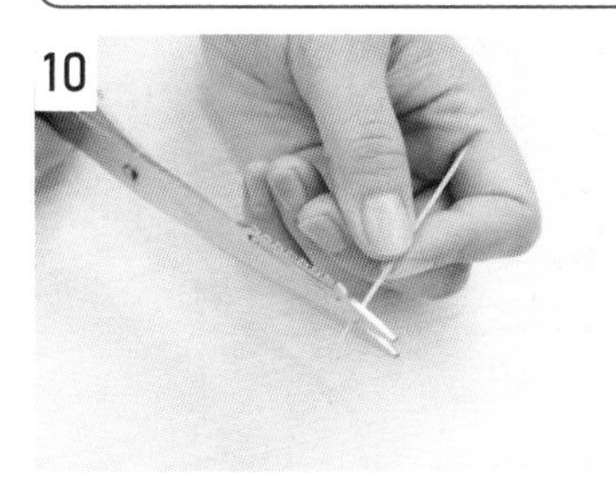
牙籤尖頭的地方剪掉，剪 15 支，用橡皮筋綁成一束，成牙籤串。

11
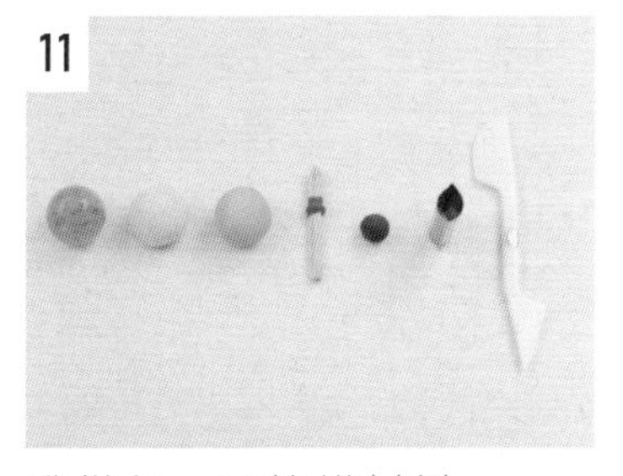
準備每一顆檸檬材料：水晶檸檬凍 1 顆、白色豆沙皮 15 公克、黃色豆沙皮 15 公克、葉子豆沙皮。

12
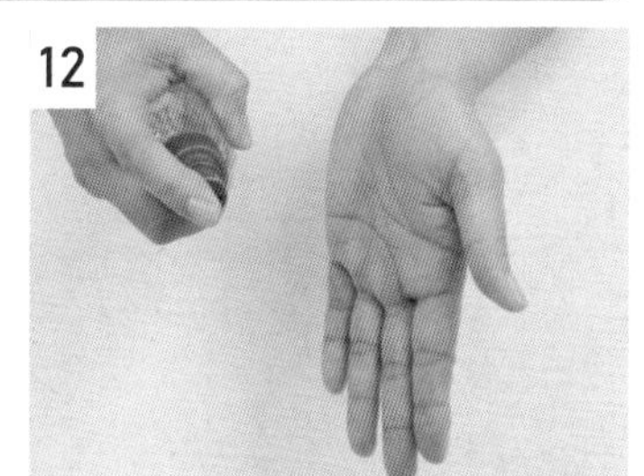
手噴上薄薄的冷開水。

13

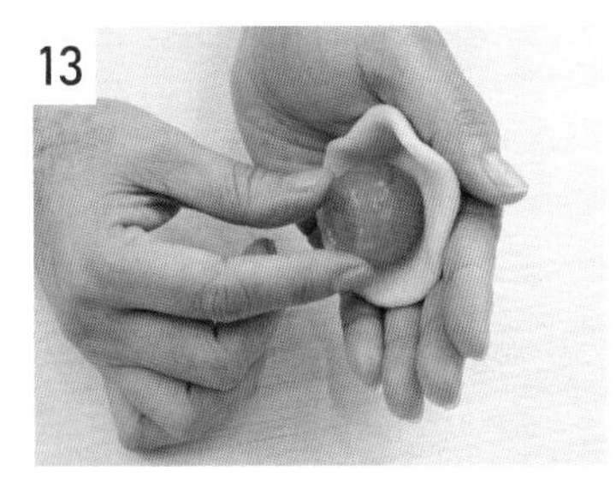

白色豆沙皮搓圓、壓扁、包入水晶檸檬凍內餡。

14

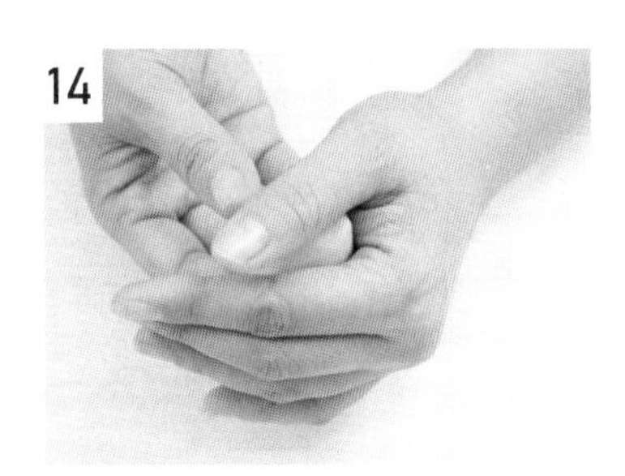

收口，揉圓成內皮內餡。

15

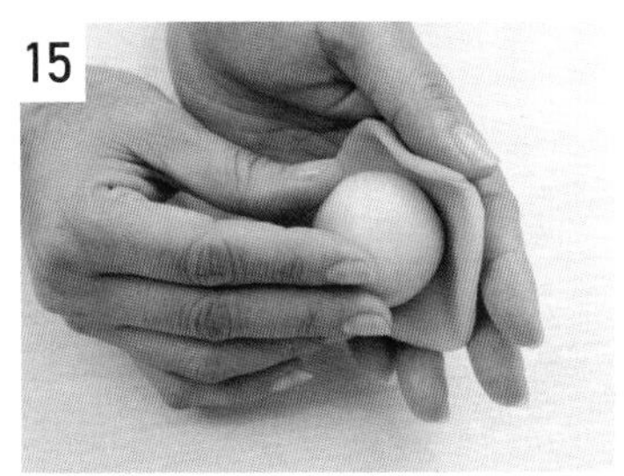

黃色豆沙皮 15 公克，壓成扁薄片，包入內餡，收口。

16

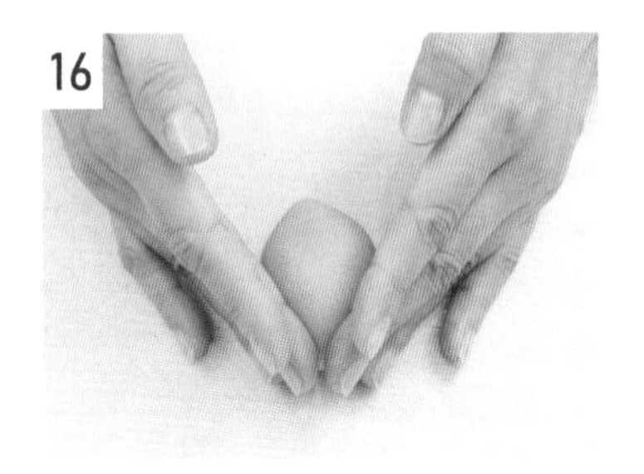

整形成長方形，二端輕輕推成水滴狀。

17

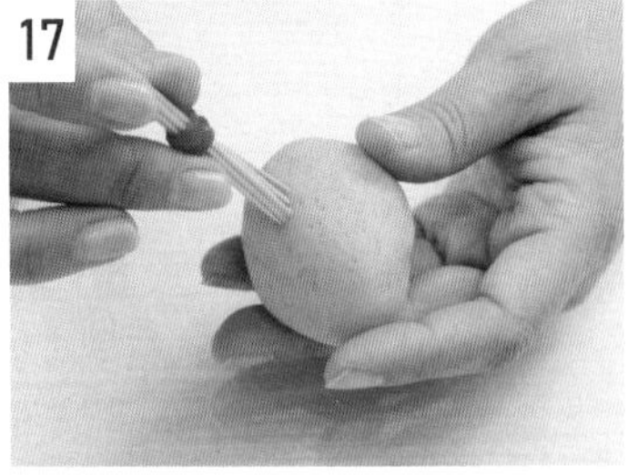

用牙籤串在表面打很多小洞，形成果皮表面凹凸狀。

18

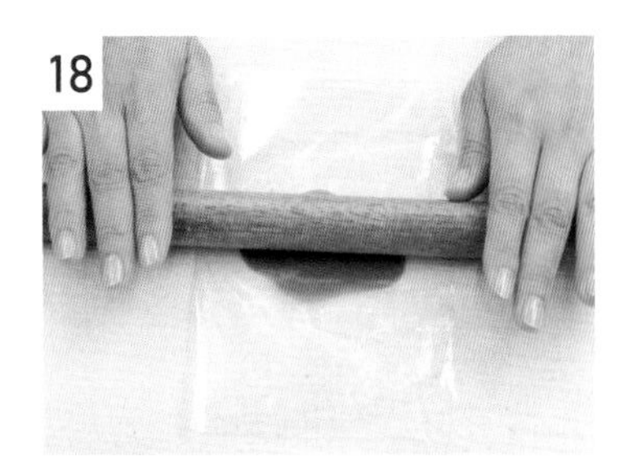

葉子豆沙皮放在塑膠袋中，用擀麵棍擀平。

19

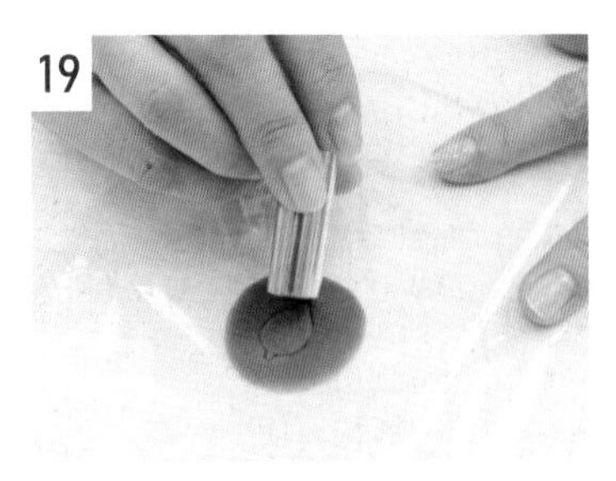

用模型壓出葉子的形狀。

葉子大小請見本書附錄 P.184。

20

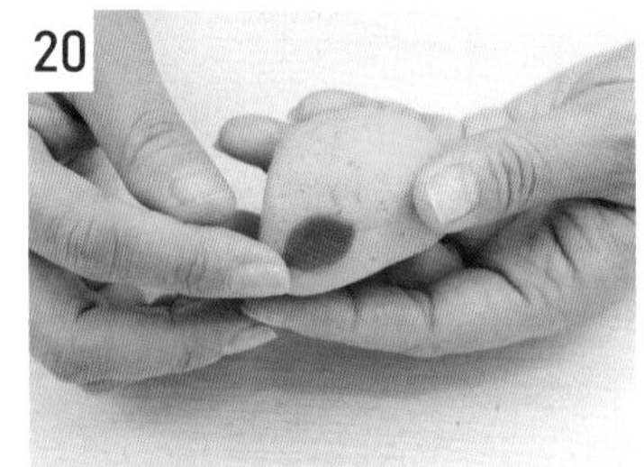

兩端噴上薄薄的冷開水，貼上葉子。

21

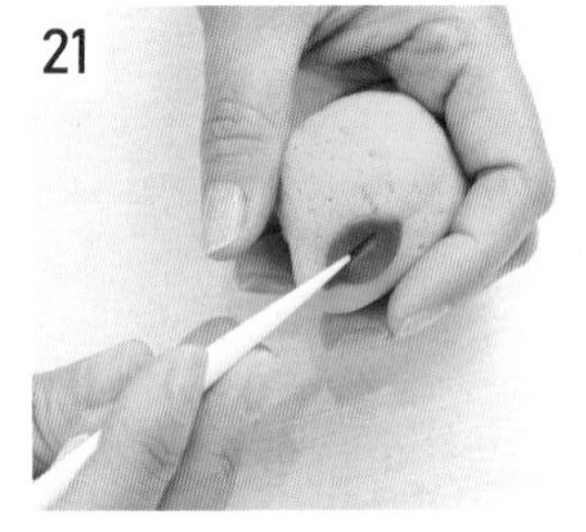

用工具壓出葉子的紋路。

22

同樣的方式貼上另一片，用工具壓出葉子的紋路。

23

完成，可用保鮮盒裝好放冷藏。

橘子

- 份　　量　6 個
- 保存期限　冷藏可保存 4 ～ 7 天
- 操作方式　韓式豆沙皮
- 模　　具　圓球矽膠膜，直徑 3 公分

材料 (g)

水晶橘子凍	
柑橘果泥	100
水晶寒天粉	3
細砂糖	5

內皮	
橘色豆沙皮 [P. 148]	90

外皮	
橘色豆沙皮 [P. 148]	90
葉子豆沙皮 [P. 149]	10
熟玉米粉	適量

材料 (g)

一、水晶橘子凍

1

水晶寒天粉加入細砂糖，混合拌勻。

2

柑橘果泥倒入鍋中，加入拌勻的水晶寒天糖，攪勻、煮滾、熄火。

3

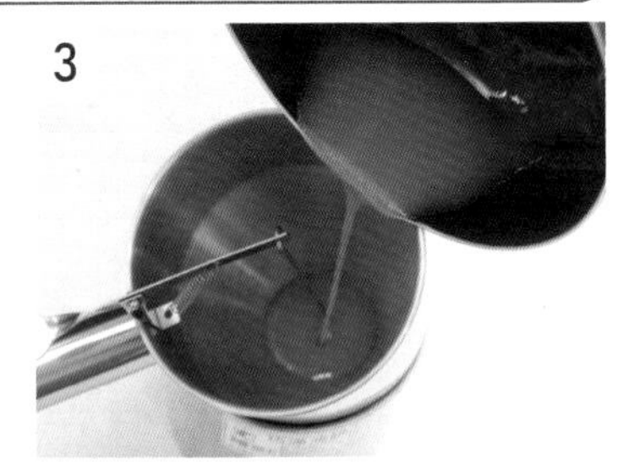

倒入三角漏斗中。

4

灌入圓球矽膠模中，放入冷凍 20 分鐘。

5

凍硬後脫模。

6

水晶橘子凍用保鮮盒裝起來放冷凍，可以保存 1 個月。

二、橘子菓子製作成型

7

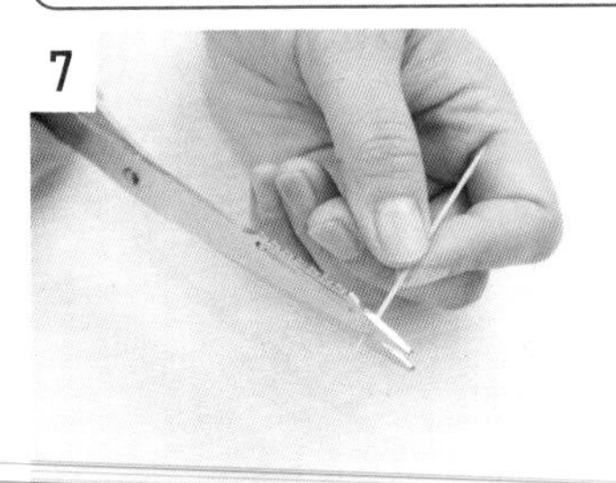

牙籤尖頭的地方剪掉，剪 15 支，用橡皮筋綁成一束，成牙籤串。

8

準備每一顆橘子材料：水晶橘子凍 1 顆、橘色豆沙皮 15 公克 2 顆、葉子豆沙皮。

9

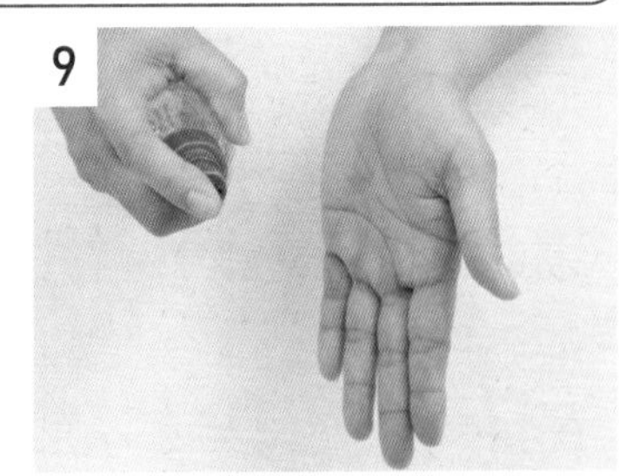

手噴上薄薄的冷開水。

10

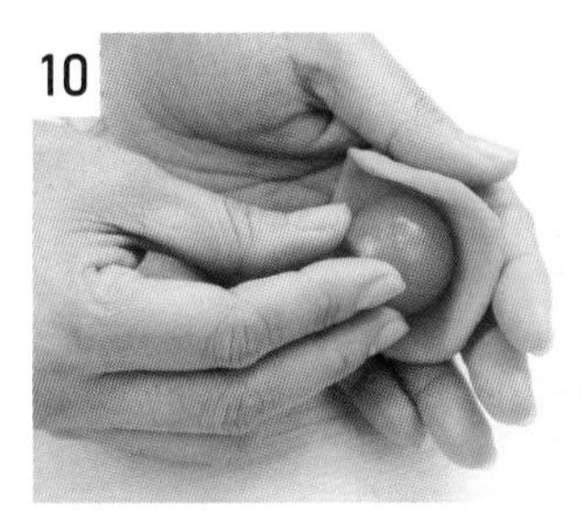

取一顆橘色豆沙皮 15 公克搓圓、壓扁、包入水晶橘子凍內餡，收口，揉圓。

11

取模板，放上包好的橘子內皮內餡，用工具分成十二等份。

12

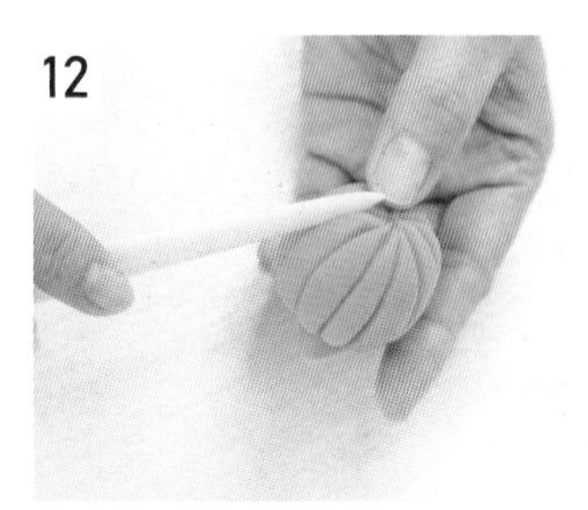

使用工具刀雕出橘子的果瓣。

13

沾上烤熟玉米粉。

玉米粉放入烤箱，上下火 100℃ 烤熟，放涼當手粉。

14

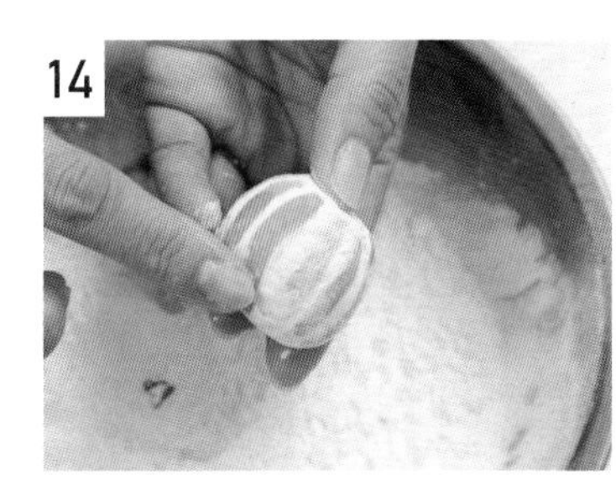

用指腹將果瓣上的粉擦掉。

15

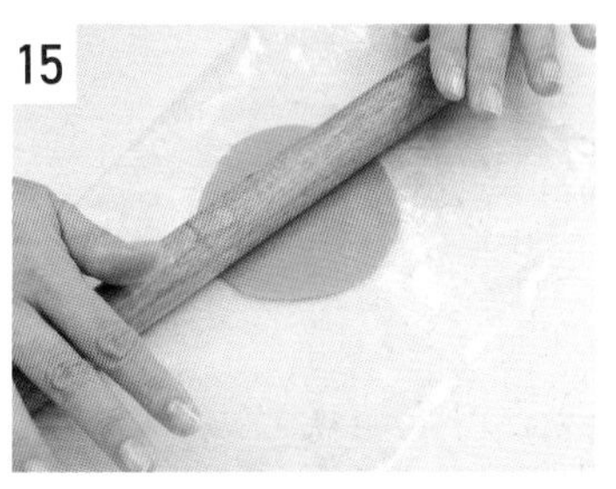

取第二顆橘色豆沙皮放在塑膠袋中，用擀麵棍擀平。

16

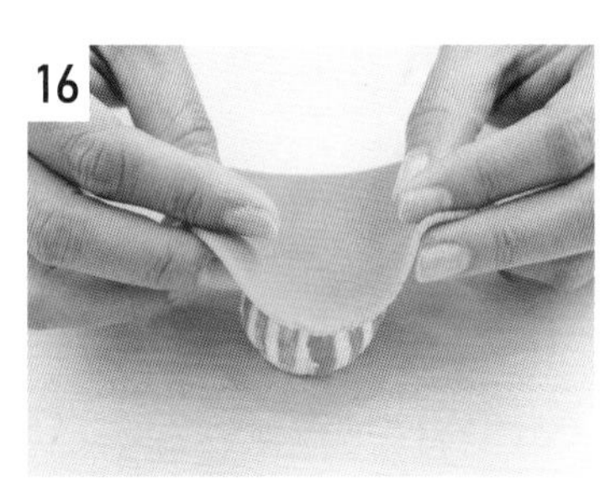

由上往下，包入內餡，收口、包成圓形。

注意果瓣的方向。

17

在頂端噴一點點冷開水，取一小團葉子皮，貼在頂部。

18

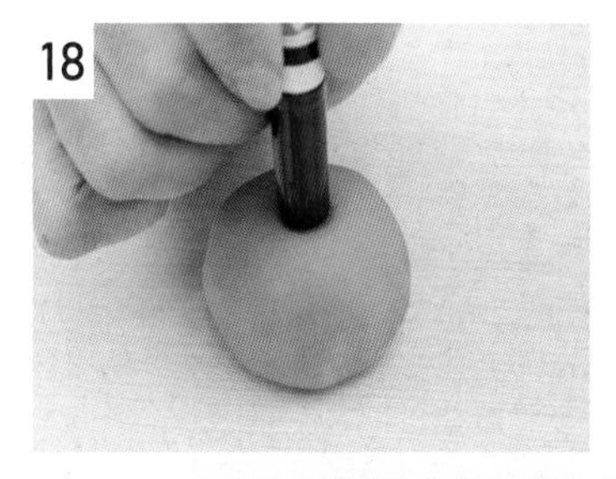

用筆蓋輕壓，整形成橘子蒂頭狀。

19

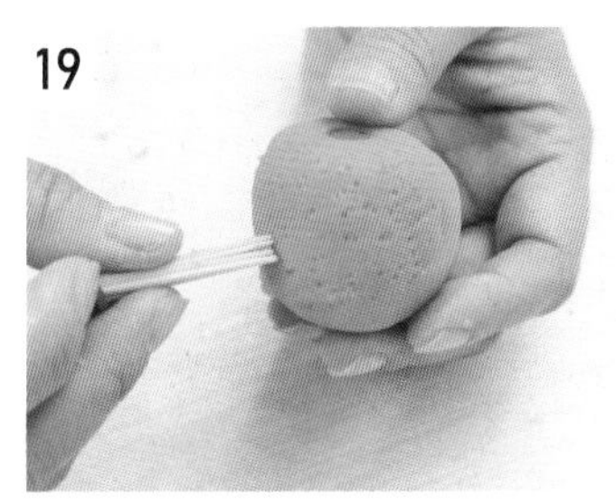

用牙籤串在表面打很多小洞，形成果皮表面凹凸狀。

20

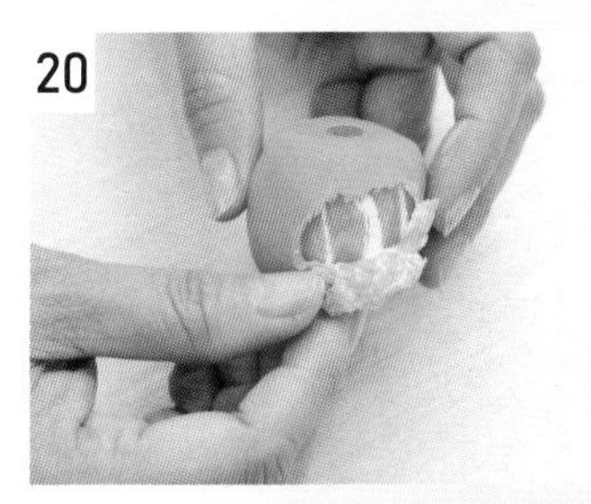

用工具輕輕挑破一小塊外皮，再用手指輕輕將外皮撕開成剝皮的橘子造型，完成，可用保鮮盒裝好放冷藏。

牡丹

份　　量　6個

保存期限　冷藏可保存7天
冷凍可保存1個月

操作方式　韓式豆沙皮

材料 (g)

外皮	
白豆沙餡［P. 24］	200
冷開水	10
甜菜根粉	0.3
糕仔粉	20

內餡	
白豆沙餡［P. 24］	180
法芙娜柚子奇想巧克力	30
烤熟鹹蛋黃［P. 21］	30

花蕊	
白豆沙餡［P. 24］	50
糕仔粉	7
黃梔子粉	0.5

作法

一、內餡

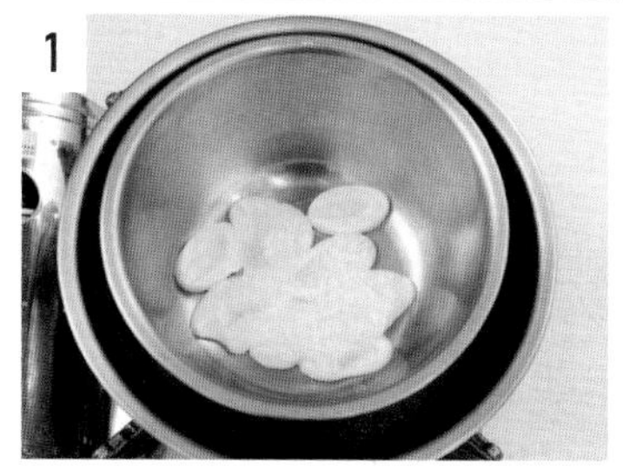

1 法芙娜柚子奇想巧克力，放在 45℃ 的溫水上，隔水加熱融化。

2 加入白豆沙餡中。

3 用刮刀拌勻成內餡，分割每顆 30 公克。

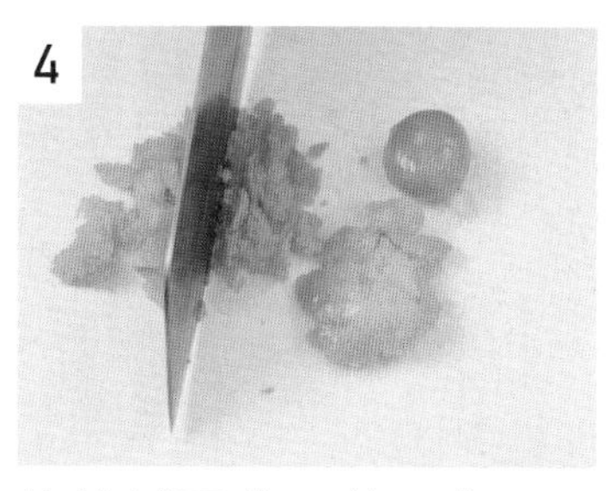

4 烤熟鹹蛋黃用菜刀背面壓扁，切碎。
可用食物調理機打碎。

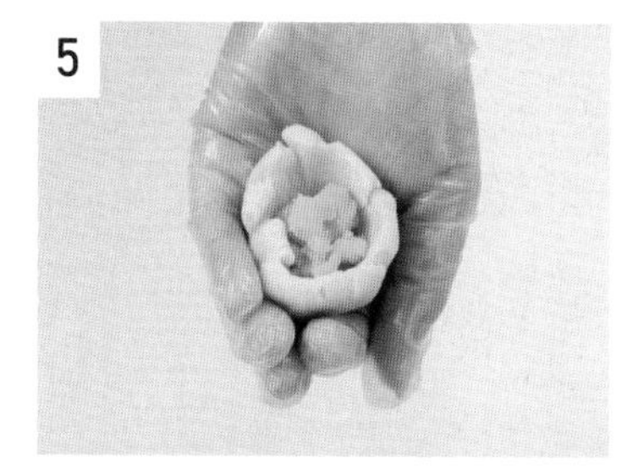

5 取一個 30 公克的柚子豆沙餡，包入 5 公克碎的鹹蛋黃。

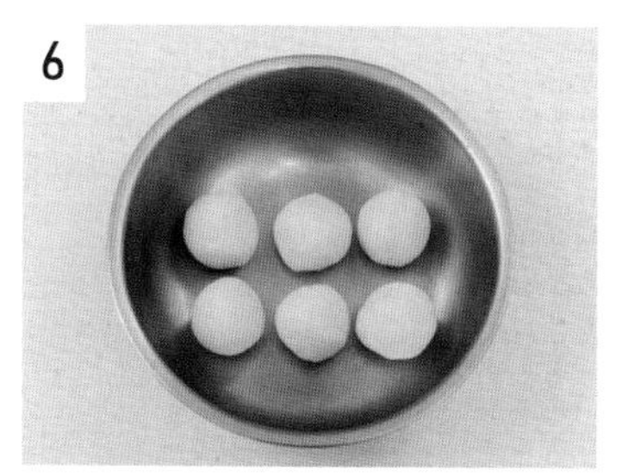

6 內餡完成。
冷凍可保存 90 天。

二、花蕊

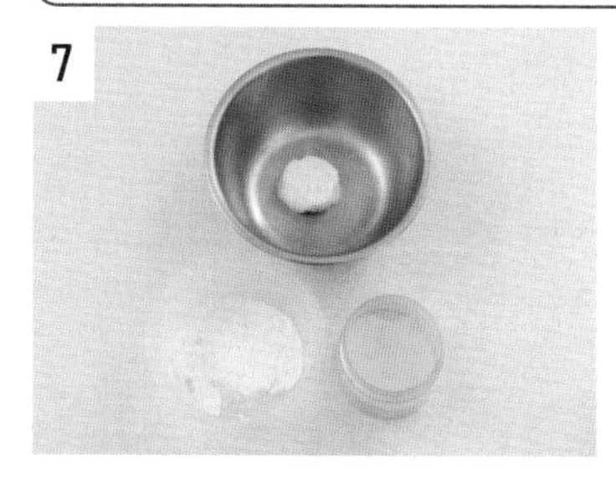

7 準備花蕊材料：
白豆沙餡、黃梔子粉、糕仔粉。

8 取少許黃梔子粉加入白豆沙中，揉勻。

9 加入糕仔粉。

10

揉均勻。

11

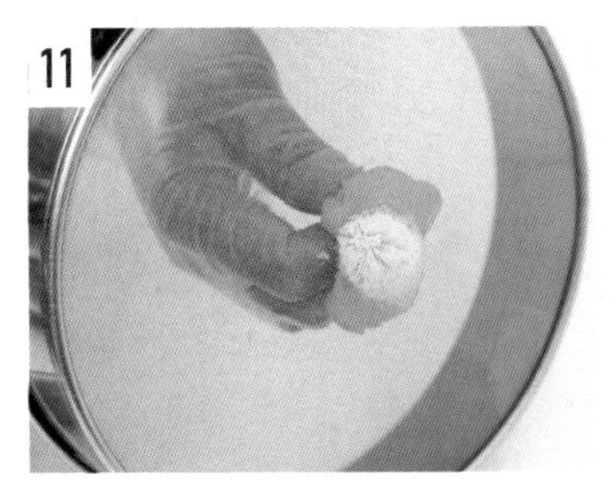

取一小團花蕊麵團壓穿過麵粉篩，形成細小的花蕊絲。

12

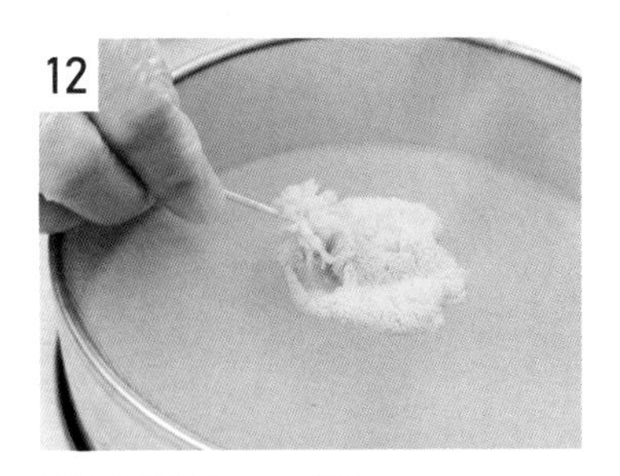

用牙籤取一小團。

13

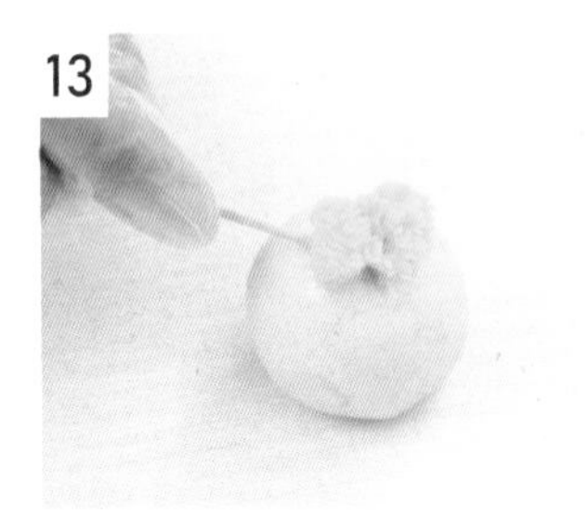

固定在內餡上。

14

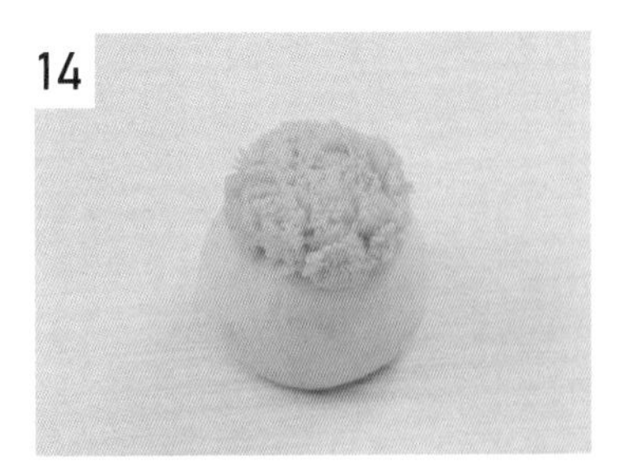

鋪滿表面，形成滿滿的花蕊。

三、外皮、組合

15

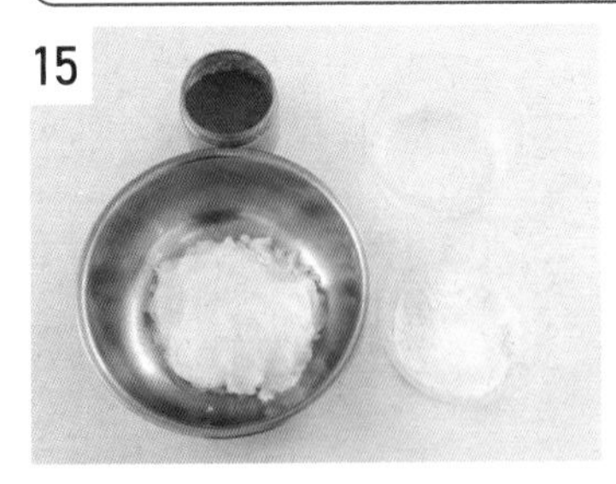

準備外皮材料：
白豆沙餡、冷開水、甜菜根粉、糕仔粉。

16

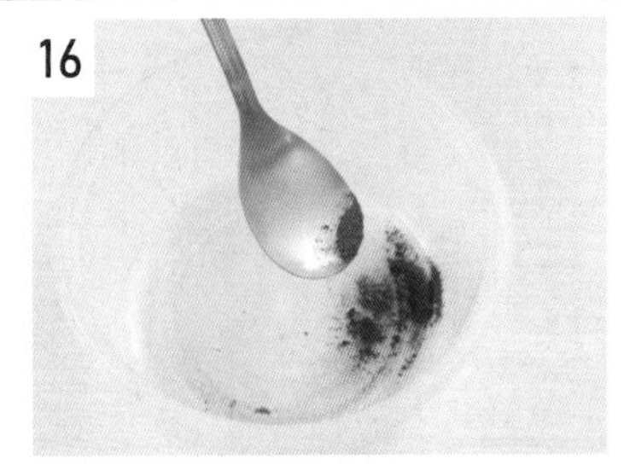

取少許甜菜根粉加入冷開水中，攪勻。

17

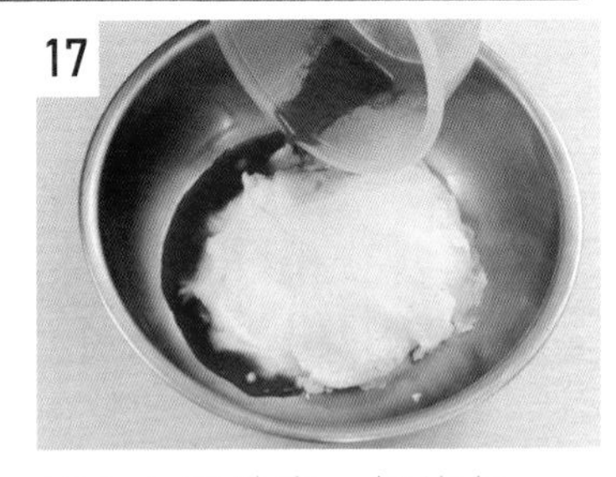

加入白豆沙中，揉均勻。

18

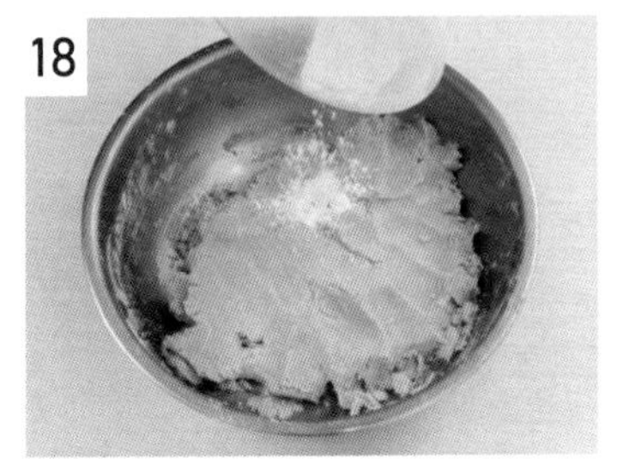

加入糕仔粉。

19

揉勻成外皮，用塑膠袋包好，避免乾掉。
冷藏可保存 7 天。
冷凍可保存 1 個月。

20

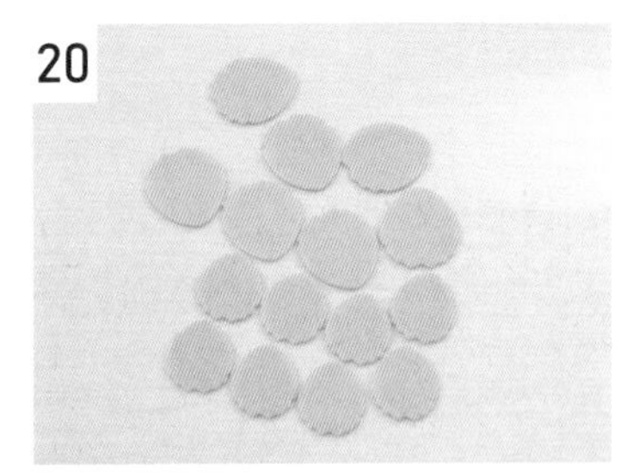

取一小塊皮，刷少許熟玉米粉，在防沾墊上擀開，成厚度 0.1 公分的薄片。
花瓣大小請見本書附錄 P.184。
用模型壓出 16 片花瓣。

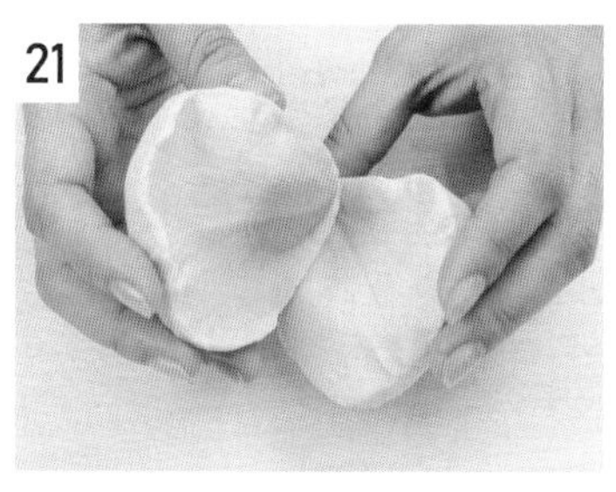

取一片花瓣放在矽膠壓模裡，壓薄及壓出紋路。

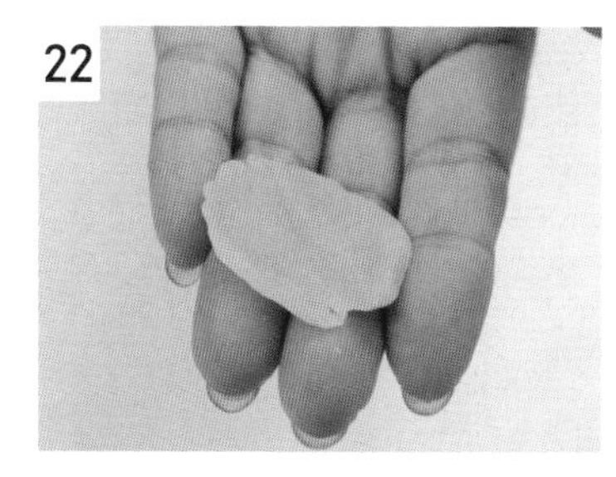

從矽膠模上取下花瓣。

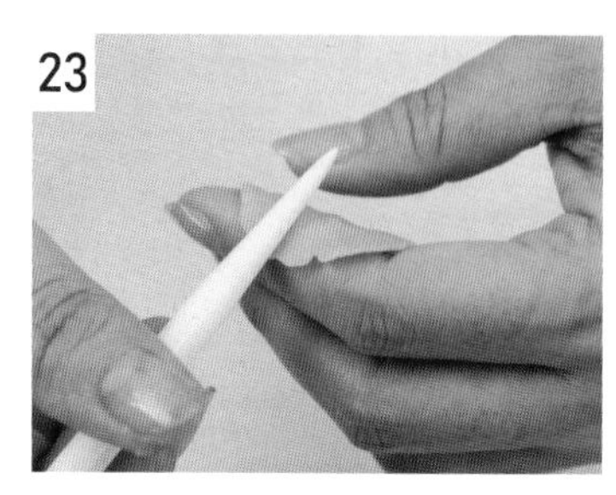

若是沒有矽膠壓模，可以用工具把邊緣推薄。

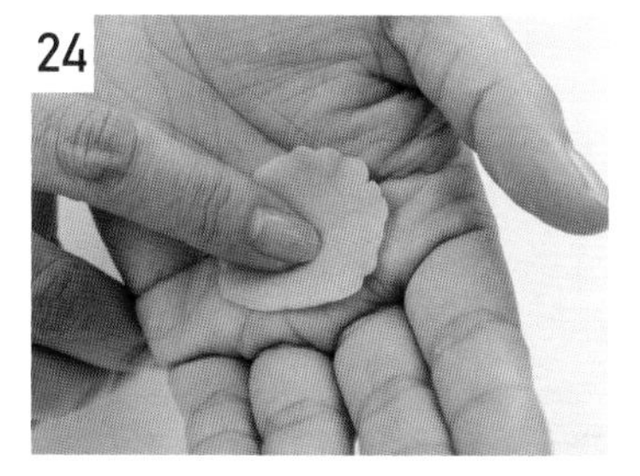

用手指頭把花瓣中間推凹。

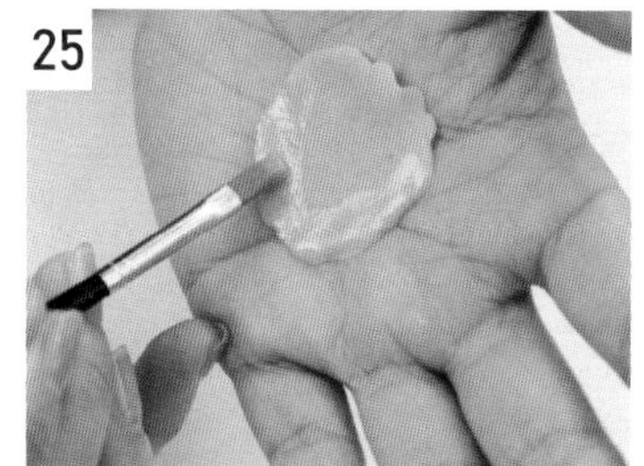

用刷子在花瓣邊緣刷上冷開水。

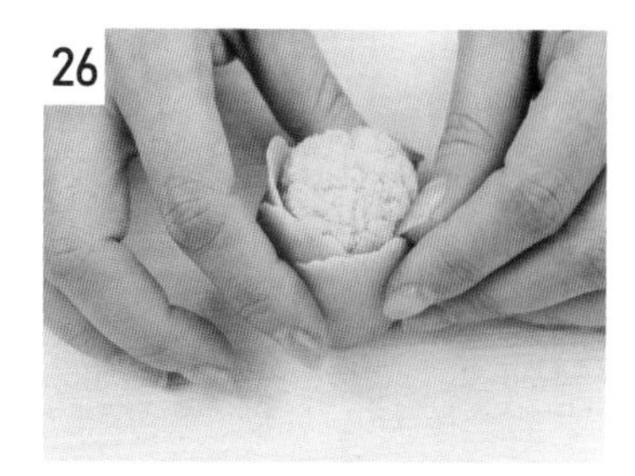

貼上花瓣，第一圈：7 片，對齊上一片花瓣，正中間的角度貼上下一片花瓣。
左右兩邊及底部V形貼緊。

最後一片要塞到第一片的底下，固定。

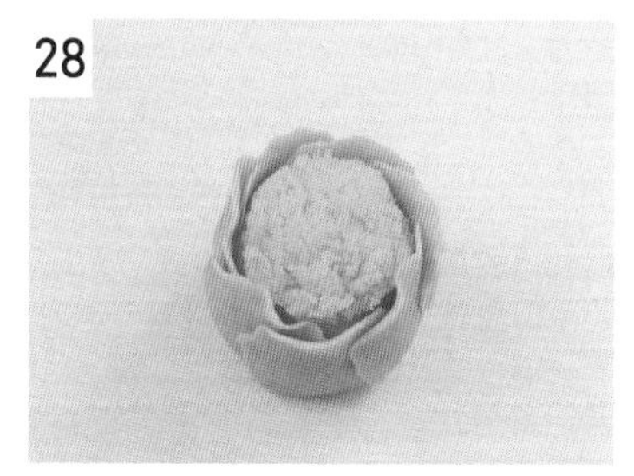

第一圈完成。
注意每一片花瓣的高度要一致。

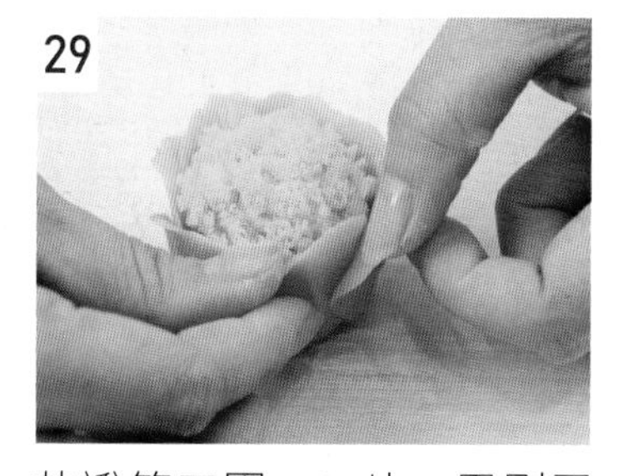

花瓣第二圈：9 片，用刷子在花瓣邊緣刷上水。
一片一片重疊，逆時針方向貼滿一圈。
左右兩邊及底部V形貼緊。

花瓣左邊黏緊，右邊稍微往外翻。
注意每一片花瓣高度一致。

花瓣最後一片塞入第一片花瓣底下。

可再做第三圈：做 11 片花瓣，貼在外面一圈，成品會更大、更漂亮。

玫瑰

份　　量　6個

保存期限　冷藏可保存7天
冷凍可保存1個月

操作方式　韓式豆沙皮

材料 (g)

外皮	
芋頭餡 [P. 28]	200
冷開水	10
紫薯粉	0.5
糕仔粉	20
內餡	
芋頭餡 [P. 28]	180

作法

一、內餡

1

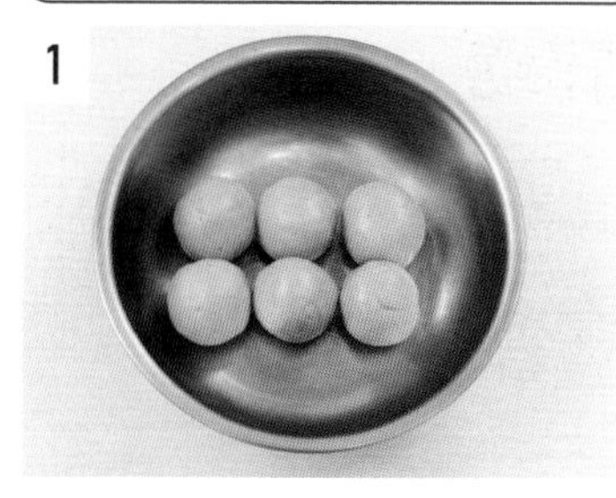

芋頭餡分一顆 30 公克，揉圓。

2

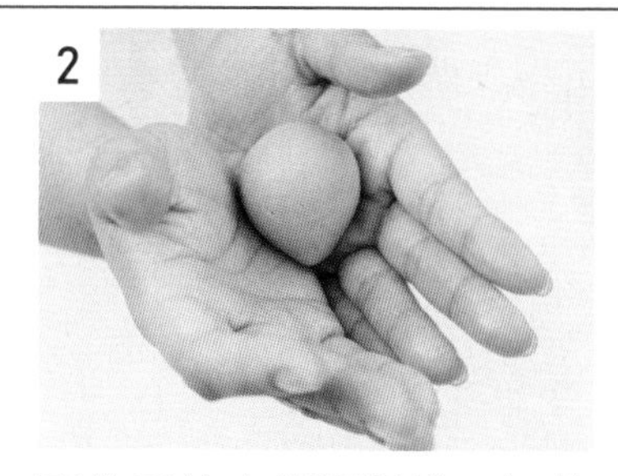

兩隻手的小指頭併攏，把芋頭餡一頭搓尖，成水滴形。

3

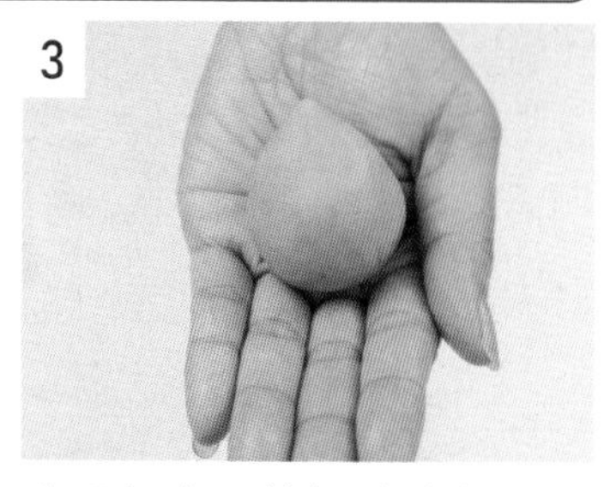

尖頭朝上，蓋好防止乾燥，備用。

二、外皮、組合

4

準備外皮材料：芋頭餡、冷開水、紫薯粉、糕仔粉。

5

取少許紫薯粉加入冷開水中，攪勻。

6

加入芋頭餡中。

7

揉均勻。

8

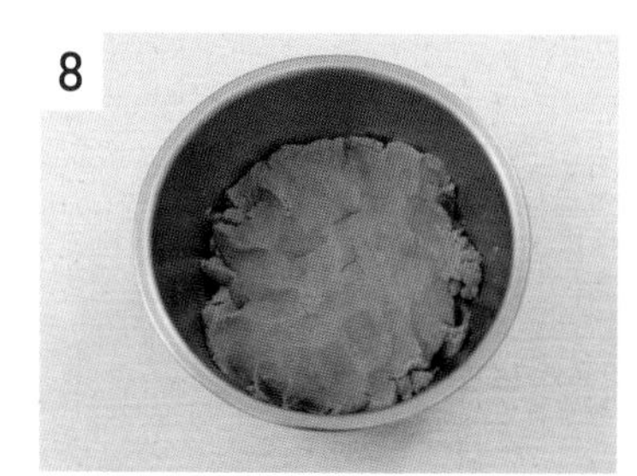

揉至顏色均勻。

9

加入糕仔粉。

10

揉勻成外皮，用塑膠袋包好，避免乾掉。

冷藏可保存 7 天。
冷凍可保存 1 個月。

11

取一小塊皮，刷上少許熟玉米粉。

玉米粉放入預熱 100℃ 的烤箱裡烤 10 分鐘，取出放涼、過篩、放入保鮮盒中保存。

12

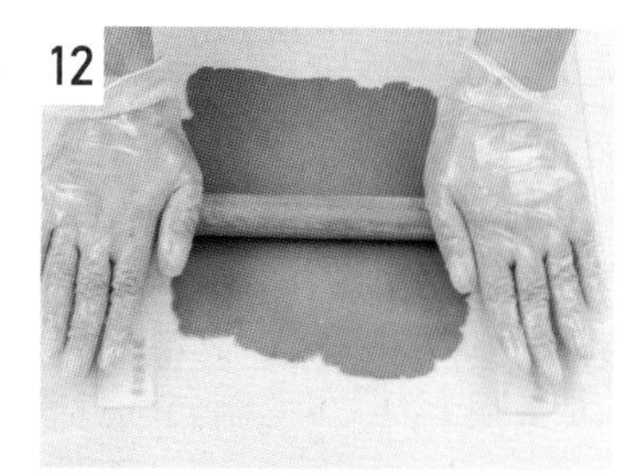

在防沾墊上擀開，成厚度 0.1 公分的薄片。

用模型壓出 10 片花瓣，將不需要的部份取掉。
花瓣大小請見本書附錄 P.184。

蓋一片透明膠片，以防止乾燥。

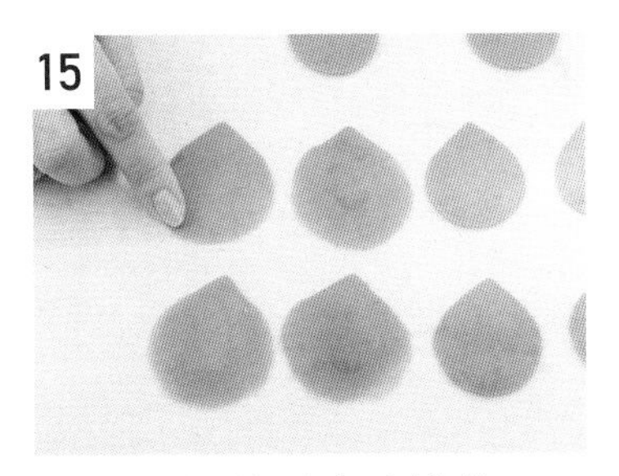

用手指把花瓣邊緣推薄。

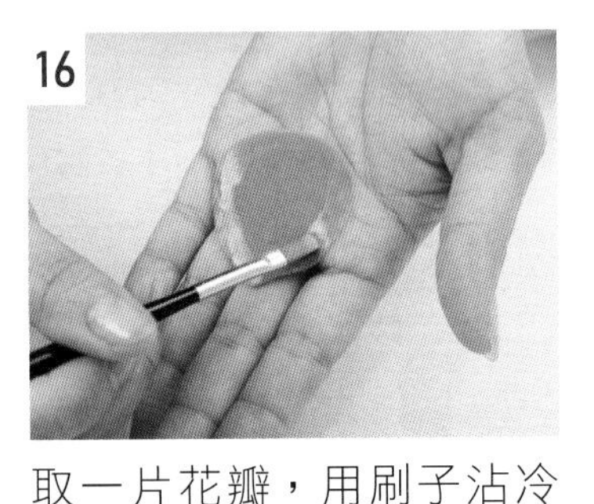

取一片花瓣，用刷子沾冷開水，刷在花瓣邊緣。
每片花瓣黏貼前，都要在花瓣邊緣刷水，才黏的住。

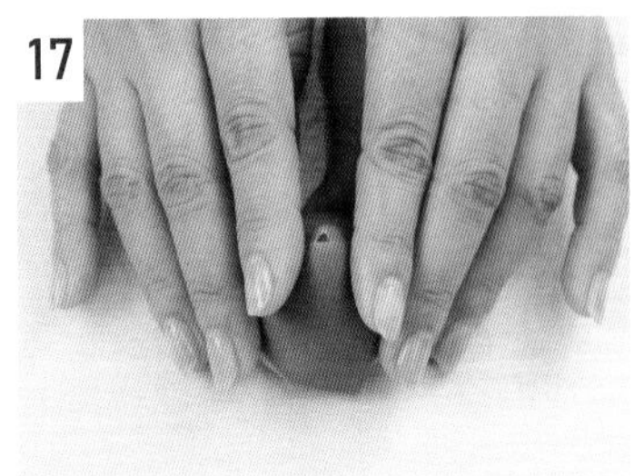

芋頭餡為底座，花瓣第一圈：2 片，中間留 0.2 公分的小圓孔。
花瓣左右二邊都貼緊。

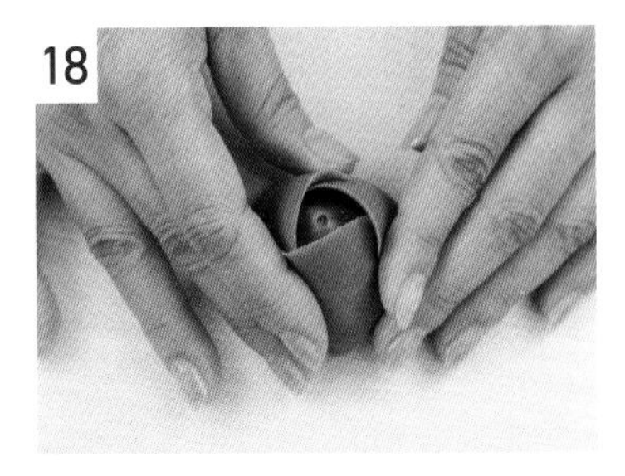

花瓣第二圈：3 片，用三角形的組合角度貼上三片花瓣。
花瓣左邊貼緊，右邊往外翻。

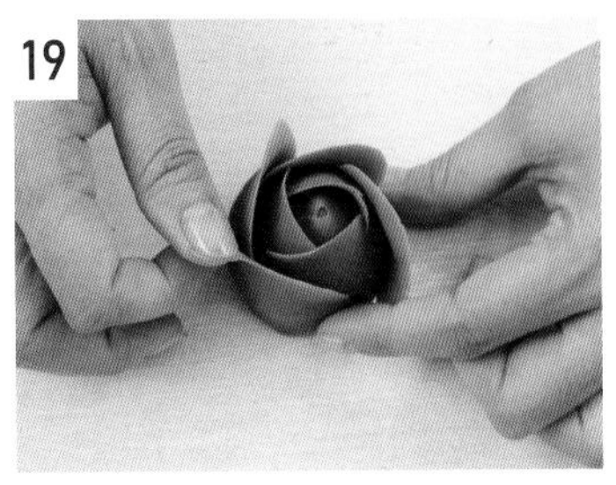

花瓣第三圈：5 片，對齊上一片花瓣正中間的角度貼上下一片花瓣。
花瓣左邊貼緊，右邊往外翻。

最後一片花瓣塞在第一片花瓣底下，黏緊。

可再做第三圈：做 5 片花瓣，貼在外面一圈，成品會更大、更漂亮。

Baking：7

|麥田金老師|
經典月餅時尚菓子

國家圖書館出版品預行編目（CIP）資料

麥田金老師經典月餅&時尚菓子 / 麥田金著. -- 一版. -- 新北市：優品文化, 2021. 08；184 面；19x26 公分. --（Baking；7）
ISBN 978-986-5481-12-4（平裝）
1. 月餅 2. 點心食譜
427.16　　110011316

作　　者　麥田金
總 編 輯　薛永年
美術總監　馬慧琪
文字編輯　董書宜
美術編輯　黃頌哲
封面設計　李育如
攝　　影　蕭德洪

出 版 者　優品文化事業有限公司
地址：新北市新莊區化成路 293 巷 32 號
電話：(02) 8521-2523 / 傳真：(02) 8521-6206
信箱：8521service@gmail.com
（如有任何疑問請聯絡此信箱洽詢）

印　　刷　鴻嘉彩藝印刷股份有限公司

業務副總　林啓瑞 0988-558-575

總 經 銷　大和書報圖書股份有限公司
地址：新北市新莊區五工五路 2 號
電話：(02) 8990-2588 / 傳真：(02) 2299-7900

網路書店　www.books.com.tw 博客來網路書店

版　　次　2021 年 8 月 一版一刷
2021 年 8 月 一版二刷

定　　價　480 元

上優好書網

FB 粉絲專頁

LINE 官方帳號

Youtube 頻道

（黏貼處）

讀者回函

◆ 為了以更好的面貌再次與您相遇，期盼您說出真實的想法，給我們寶貴意見 ◆

<table>
<tr><td>姓名：</td><td>性別：□男　□女</td><td>年齡：　　　　歲</td></tr>
<tr><td colspan="3">聯絡電話：（日）　　　　　　　　（夜）</td></tr>
<tr><td colspan="3">Email：</td></tr>
<tr><td colspan="3">通訊地址：□□□-□□</td></tr>
<tr><td colspan="3">學歷：□國中以下　□高中　□專科　□大學　□研究所　□研究所以上</td></tr>
<tr><td colspan="3">職稱：□學生　□家庭主婦 □職員　□中高階主管　□經營者　□其他：</td></tr>
</table>

● 購買本書的原因是？

□興趣使然　□工作需求　□排版設計很棒　□主題吸引　□喜歡作者　□喜歡出版社

□活動折扣　□親友推薦　□送禮　□其他：＿＿＿＿＿＿＿＿＿＿

● 就食譜叢書來說，您喜歡什麼樣的主題呢？

□中餐烹調　□西餐烹調　□日韓料理　□異國料理　□中式點心　□西式點心　□麵包

□健康飲食　□甜點裝飾技巧　□冰品　□咖啡　□茶　□創業資訊　□其他：＿＿＿＿

● 就食譜叢書來說，您比較在意什麼？

□健康趨勢　□好不好吃　□作法簡單　□取材方便　□原理解析　□其他：＿＿＿＿

● 會吸引你購買食譜書的原因有？

□作者　□出版社　□實用性高　□口碑推薦　□排版設計精美　□其他：＿＿＿＿

● 跟我們說說話吧～想說什麼都可以哦！

※ **即日起至 2021 年 9 月 30 日**，寄出回函即可參加麥田金老師的抽獎活動！！！

抽獎日期：2021 年 10 月 15 日

活動直播將在麥田金老師 FB 粉絲團及上優粉絲團哦！！！有多項大獎等你帶回家，趕快寄出回函吧！

□□□-□□

寄件人 地址：

姓名：

郵票 正貼

24253 新北市新莊區化成路 293 巷 32 號

上優文化事業有限公司 收

（優品）

麥田金老師經典月餅&時尚菓子 **讀者回函**

（請沿此虛線對折寄回）

麥田金老師

經典月餅 時尚菓子

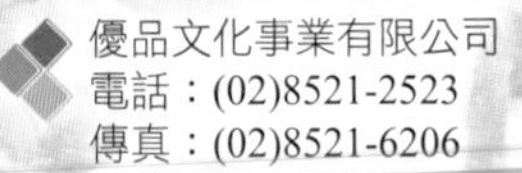

優品文化事業有限公司
電話：(02)8521-2523
傳真：(02)8521-6206
信箱：8521service@gmail.com

上優好書網

FB 粉絲專頁

即日起至 2021 年 9 月 30 日，寄出回函
即可參加麥田金老師的抽獎活動！！！

抽獎日期：2021 年 10 月 15 日

活動直播將在麥田金老師 FB 粉絲團及上優粉絲團哦！！！
有多項大獎等你帶回家，趕快寄出回函吧！

3 等份：水金英 (P.128)

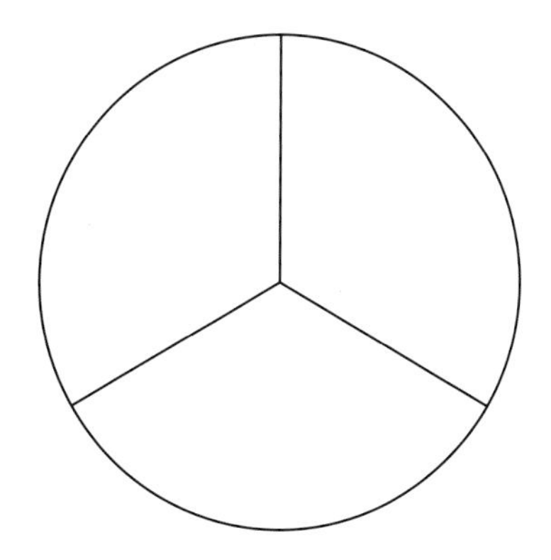

4 等份：幸運草 (P.130)

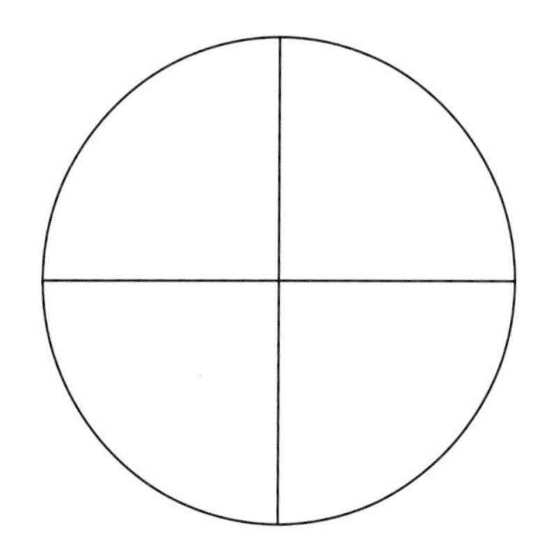

5 等份：櫻花 (P.141)

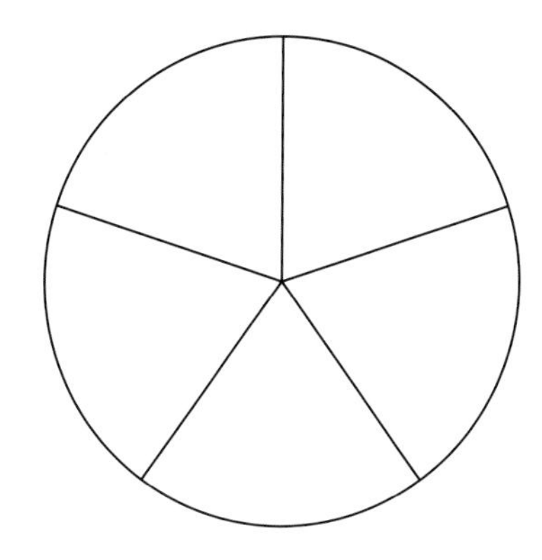

6 等份：水仙花 (P.132)

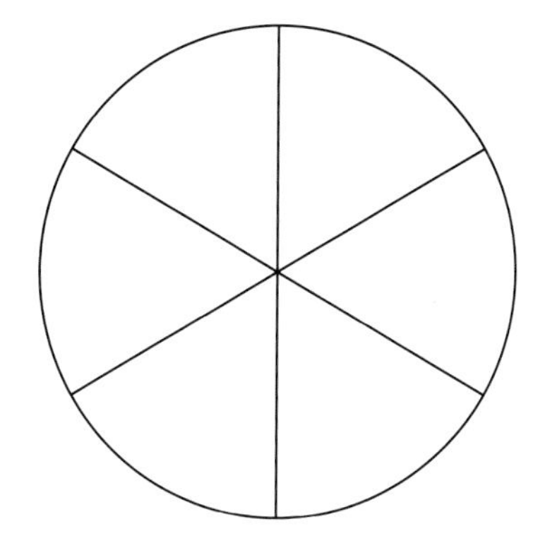

8 等份：格桑花 (P.138)

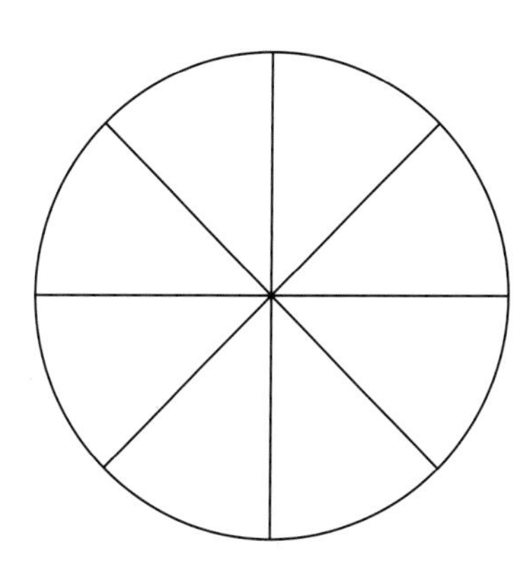

12 等份：橘子 (P.165)

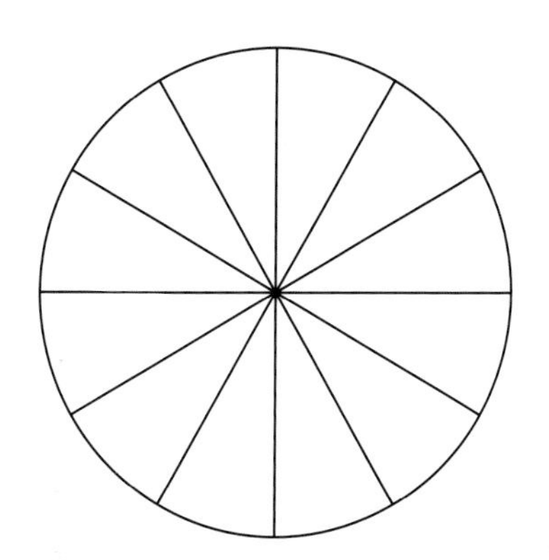

水金英 (P.128)
格桑花 (P.138)
櫻花 (P.141)
青蘋果 (P.150)
檸檬 (P.1162)

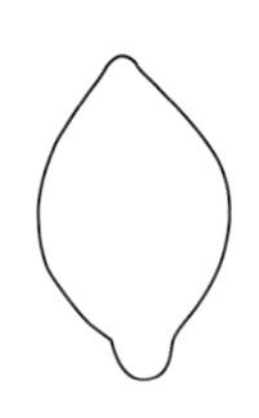

水蜜桃 (P.125)
桃子 (P.156)

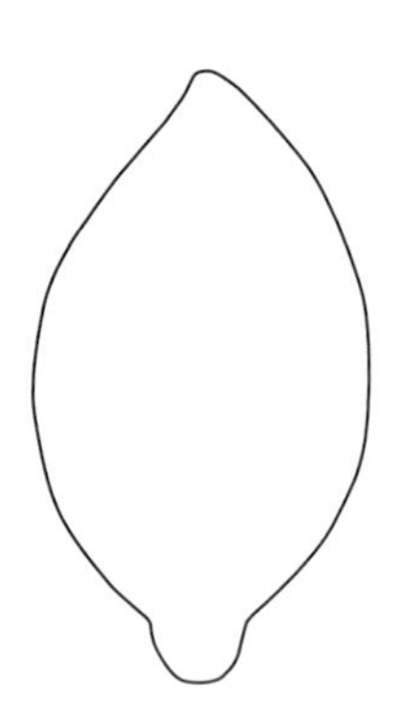

柿子 (P.153)

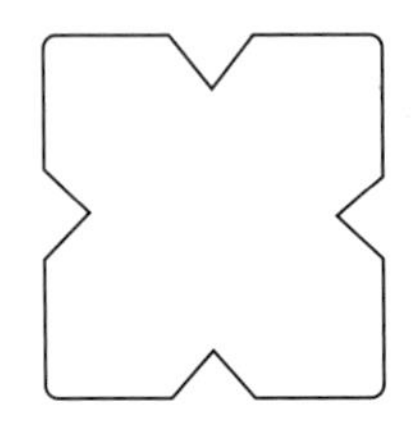

草莓 (P.159)

牡丹 (P.168)

玫瑰 (P.172)

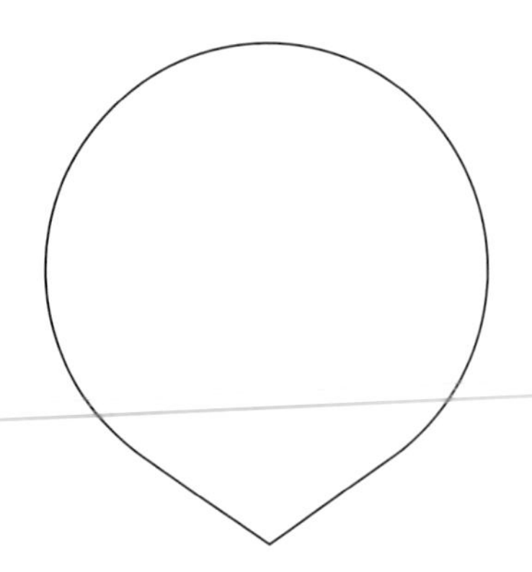